Jörg Witte

Genese des Zahl- und Zeitbegriffs aus der Erinnerung

Jörg Witte

Genese des Zahl- und Zeitbegriffs aus der Erinnerung

Von archaischen Kulturen bis zur Renaissance

WALLSTEIN VERLAG

Bibliografische Information der Deutschen Nationalbibliothek
Die Deutsche Nationalbibliothek verzeichnet diese Publikation in der Deutschen Nationalbibliografie; detaillierte bibliografische Daten sind im Internet über http://dnb.d-nb.de abrufbar.

www.wallstein-verlag.de
Umschlaggestaltung: Susanne Gerhards, Düsseldorf.
Das Foto zeigt die Vorder- und Rückseite des Ischango-Knochens, der 1950 im damaligen Belgisch-Kongo entdeckt wurde und sich im Museum für Naturwissenschaften in Brüssel befindet.
Druck und Verarbeitung: Hubert & Co, Göttingen
ISBN 978-3-8353-3841-8

Inhalt

4 Zahl- und Zeitbegriffe

5 Zeit und Zahl in der antiken griechischen Erinnerungskultur

6 Eine Entwicklungslogik

Vorwort

Mittlerweile blicke ich auf jahrzehntelange Erfahrungen in der Hochschullehre der Mathematik zurück. Immer wieder erlebe ich, dass die abstrakten, mathematischen Begriffe vielen Studierenden erhebliche Schwierigkeiten bereiten. Mitunter sehen sie als Alternative nur das sture Einpauken von Rechenregeln, was jedoch nicht nur an einer Hochschule unbefriedigend ist. Die modernen mathematischen Begriffe sind historisch erst sehr spät, nach einer langen Entwicklungsgeschichte, entstanden. Die Babylonier kannten noch keinen Zahlbegriff, entwickelten aber bereits elaborierte Rechentechniken. Wie also ist der Zahlbegriff historisch entstanden?

Ein zweiter Entwicklungsstrang zu diesem Buch entstand, als ich mich als junger Mann intensiv mit einer These des amerikanischen Linguisten Benjamin Lee Whorf auseinandersetzte. Er war von Haus aus Chemiker und arbeitete in einer Versicherung, wo er die Ursache von Bränden ermittelte. Eines Tages brach ein Feuer aus, als Arbeiter während der Reinigung eines leeren Tanks rauchten. Sie hatten sich unter dem Begriff »leerer Tank« die Abwesenheit von entzündlichen Stoffen vorgestellt. Whorf begann sich neben seiner Versicherungstätigkeit mit dem Einfluss der Sprache auf das Denken auseinanderzusetzen und erforschte zu diesem Zweck die Sprache der Hopi-Indianer. Sie unterscheidet sich erheblich vom Englischen sowie von allen anderen indogermanischen Sprachen. Ihre Grammatik kennt keine Zeiten wie Gegenwart, Vergangenheit und Zukunft. Whorf schloss daraus, dass ein Tag nicht vergehe, der folgende Tag entsprechend kein neuer sei, sondern derselbe Tag. Aus gewisser Sicht schien mir die Schlussfolgerung plausibel, schließlich gibt es keine wahrnehmbare Eigenschaft eines Tages, die auf ein Aufeinanderfolgen der Tage, eine lineare Reihenfolge hinweisen würde. Ich fragte mich, *wie* wir Tage nacheinander in einer linearen, zeitlichen Reihenfolge anordnen. Die Schlussfolgerung Whorfs wurde kontrovers diskutiert und gilt mittlerweile als zweifelhaft; die Frage jedoch, wie wir die

Tage unterscheiden und linear in einer Reihenfolge anordnen, beschäftigte mich weiterhin.

Die beiden Fragen hängen zusammen. Durch einen bestimmten Zahlbegriff kann ich eine lineare Reihenfolge von Tagen (oder Monaten, Jahren) denken und durch Ordinalzahlen ausdrücken: erster Tag, zweiter Tag, dritter Tag usw. ... Ich kann dann eine Zeitbestimmung oder zeitliche Beziehungen verstehen. Wie erfahre ich aber eine lineare Reihenfolge? An den gestrigen Tag kann ich mich wahrscheinlich erinnern. So erfahre ich, dass der heutige Tag dem gestrigen Tag nachfolgt. Wie erfahre ich aber, dass der gestrige Tag dem vorgestrigen Tag nachfolgte? Wenn ich mich gestern an vorgestern erinnerte, dann erfahre ich das heute nur, wenn ich mich heute an die gestrige Erinnerung erinnere. Enthält der Gegenstand einer Erinnerung wiederum eine Erinnerung, dann nennen wir sie eine *rekursive Erinnerung*. Eine zeitliche Reihenfolge kann ich durch rekursives Erinnern erfahren, aber auch eine Quantität z. B. von Tagen.

Von den rekursiven Erinnerungen nahm historisch die Genese des Zahl- und Zeitbegriffs ihren Ausgang. Durch rekursives Erinnern kann ich dasjenige konkret erfahren, was ich mit einem abstrakten Zahlbegriff denke. Damit eröffnen sich neue Perspektiven auf die Kulturgeschichte des Zahl- und Zeitbegriffs, die Erkenntnistheorie sowie das Lernen und Lehren der Mathematik.

Göttingen, den 19.10.2019

Danksagung: Dem Wallstein Verlag danke ich für die Aufnahme des Buches in sein Programm. Frau Ursula Kömen und andere Mitarbeiter und Mitarbeiterinnen des Verlages haben mit viel Engagement und Hingabe das Manuskript zur Druckreife gebracht.

Einleitung

In unserer gegenwärtigen Kultur spielt die Mathematik eine dominante und prägende Rolle. Seit der kopernikanischen Wende ist keine Naturwissenschaft ohne Mathematik denkbar. Nach Kant ist in jeder Naturlehre nur so viel Wissenschaft enthalten, wie in ihr Mathematik enthalten ist (Kant I., 1786). Ihr sind die atemberaubenden Fortschritte in Naturwissenschaft und Technik maßgeblich geschuldet. Auch in den Sozial- und Humanwissenschaften wird sie zunehmend angewendet. Ein überzeugendes Merkmal für den Wahrheitsgehalt einer wissenschaftlichen Theorie oder zumindest für ihre Zuverlässigkeit ist, dass auf ihrer Grundlage zukünftige Ereignisse vorausberechnet werden können – z. B. wenn Astronomen Ereignisse wie eine Sonnenfinsternis voraussagen. Die Vorhersagbarkeit ist eine notwendige Voraussetzung, Naturgesetze technisch zu nutzen. Vorhersagen lässt sich nur eine zeitliche Änderung, wie sie durch eine Bewegung verursacht wird. Ein Ingenieur veranlasst, steuert und kontrolliert mit seinen Maschinen Bewegungsvorgänge, ein Wissenschaftler veranlasst sie mit einer Experimentiervorrichtung. Der Wissenschaftler will Zusammenhänge der Bewegungen erkennen. Eine solche Erkenntnis nennt er ein Naturgesetz. Ein Naturgesetz ist eine Aussage über eine mathematische Beziehung. Eigenschaften einer Bewegung wie Zeit, zurückgelegter Weg, Geschwindigkeit, Beschleunigung, Kraft etc. stehen in einem Zusammenhang, den der Wissenschaftler durch Experimente erkennen will. Ein Ingenieur berechnet auf Grundlage der Naturgesetze Bewegungen einer Maschine voraus, wenn er sie konstruiert. Nicht nur sichtbare Bewegungen wie die einer Antriebsmaschine sind Bewegungen einer Maschine, sondern auch unsichtbare, wie sie beispielsweise bei der Übertragung eines Funksignals auftreten, oder wie die Bewegungen der Elektronen im Prozessor oder Speicher eines Computers. Letztere können auch indirekt durch das Programm eines Programmierers gesteuert werden. Auf der Basis wissenschaftlicher Theorien können Wahrscheinlichkeiten berechnet werden, mit denen ein zukünftiges Ereignis eintreten wird. Zu den Prognosen mit einer gewissen Wahrscheinlichkeit gehören z. B. Wettervorhersagen. Sozialwissenschaftler prognostizieren ebenfalls mit den Methoden der Statistik Voraussagen über gesellschaftliche Entwicklungen, die mit bestimmten Wahrscheinlichkeiten eintreten werden. Die beeindruckenden Erfolge der Neurowissenschaften, und mit ihnen die darin angewendete Mathematik, beeinflussen erheblich unser Selbstverständnis, insbesondere unsere Vorstellungen über Bewusstsein, Selbstbewusstsein, Wahrnehmen, Denken, Willensfreiheit und Verantwortlichkeit.

Warum ist die Mathematik eine Grundlage einer wissenschaftlichen, zumindest einer naturwissenschaftlichen Erkenntnis und der Technik? Woher kommt ihre enorme Bedeutung für unsere wirtschaftlichen und technischen Lebensumstände, unser naturwissenschaftliches Weltbild und unser Selbstverständnis? Wie hat sich ihre Bedeutung historisch entwickelt? Was offenbart die historische Entwicklung über die Menschen, die Mathematik betreiben oder anwenden? Was verrät sie über uns selbst und über die Gesellschaft, in der wir leben? Auf den folgenden Seiten versuche ich, auf diese Fragen eine Antwort zu finden.

Diese Fragen verweisen auf eine kulturelle Diskrepanz, denn die Haltung sehr vieler Zeitgenossen zur Mathematik steht in einem deutlichen Kontrast zu deren zentraler Position in unserem naturwissenschaftlichen Weltbild. Die Mathematik erscheint vielen lebensfern. Einige prahlen geradezu damit, nie etwas von der Mathematik verstanden zu haben. Die Beschäftigung damit sei sinnlos. Zur Bestätigung stellen sie gerne zur Schau, dass ein Mangel mathematischer Kompetenzen zu keinerlei Einschränkung ihrer Lebensqualität geführt habe. Sogar Studierende einer Natur- oder Ingenieurwissenschaft verstehen häufig nicht, warum die Mathematik eine Grundlage ihres Studiums ist, mit dramatischen Folgen bis zum Studienabbruch.

Die Diskrepanz zwischen der Bedeutung der Mathematik und der ihr entgegengebrachten ablehnenden Haltung spiegelt eine Ungewissheit der Wissenschaftler wider. Auch sie können im Allgemeinen nicht begründen, warum die Mathematik in der modernen Welt eine derart zentrale Rolle spielt.

Auch Einstein fragte sich: »Wie ist es möglich, dass die Mathematik, die doch ein von aller Erfahrung unabhängiges Produkt menschlichen Denkens ist, auf die Gegenstände der Wirklichkeit so vortrefflich passt?« (Einstein, 1921) Anders Galileo Galilei (1564-1641), der konstatierte, das Buch der Natur sei in der Sprache der Mathematik geschrieben (Galilei, 1623).

Während sich Einstein also darüber wunderte, dass die Mathematik auf die Gegenstände der Naturwissenschaft so vortrefflich passt, scheint dies für Galilei nicht rätselhaft zu sein. Folgerichtig fallen für ihn Gegenstände oder Ereignisse der Natur unter gewisse mathematische Begriffe. Galilei lebte über 300 Jahre vor Einstein, zu einer Zeit, als es noch keine moderne Mathematik gab. In der Renaissance verfügte man über die antike griechische Geometrie, wie sie von Euklid (ca. 285–212 v.Chr.) überliefert worden war. Sie fand Anwendung in den verschiedenen Bereichen des gesellschaftlichen, wirtschaftlichen und kulturellen Lebens, wie Navigation, Kartographie, Astronomie oder auch in der Malerei. Galilei verwendete die Euklidische Geometrie für die Kinematik, die Lehre der Bewegungen, und begründete so die moderne Physik. Die beiden Zitate legen die Vermutung nahe, dass sich die Begriffsbildung der modernen Mathematik erheblich von der der Euklidischen Geometrie unterscheidet. Dazu passt, dass man in Überlieferungen aus der Renaissance vergeblich nach einer ablehnenden Haltung der Mathematik gegenüber sucht. Künstler studierten mathematische Abhandlungen und wandten die Strahlensätze auf ihre Perspektivkonstruktionen an. Durch sie wird auch der eigene Standpunkt dargestellt. Auch Kartographen und Seefahrer nutzten die Strahlensätze, ebenfalls in der Absicht, den eigenen Standpunkt zu bestimmen. Das Wissen um den eigenen Standpunkt ist ein Ausdruck des Selbstbewusstseins der Renaissance. Den eigenen Standpunkt habe ich selbst eingenommen – im Gegensatz zu den physischen Gegenständen, die ich dort vorfinde. Im Kontrast zu den Gegenständen kann ich mich auch dazu entschließen, meinen Standpunkt wieder zu verlassen. Die Menschen der Renaissance stellten sich mit der Euklidischen Geometrie zu der Welt in Beziehung. Die Mathematik wurde keinesfalls als weltabgewandt empfunden – ganz im Gegenteil! Mittels der Mathematik wandte man sich selbstbewusst der Welt zu.

Welche Entwicklung nun nahm die Mathematik in der Neuzeit, bis sie einerseits erheblich zu wissenschaftlichem Erkenntnisgewinn und technischem Fortschritt beitrug, doch andererseits den Zeitgenossen immer fremder wurde und lebens- und wirklichkeitsfremd erschien? Die Begriffe der modernen Mathematik sind deutlich abstrakter, weniger anschaulich, als sie es in der griechischen Antike waren. Der moderne Mathematiker definiert mit seinen Begriffen Strukturen. Er versteht unter einer Struktur eine Menge von Objekten, die in gewissen Beziehungen zueinander stehen – eine Struktur bilden. Z. B. ist die Menge der natürlichen Zahlen eine Menge von Objekten, die nicht näher bestimmt werden. Näher bestimmt werden nicht die Objekte, sondern die Beziehungen zwischen den Objekten. Es wird beispielsweise gefordert, dass jedes Objekt der Menge der natürlichen Zahlen einen Nachfolger in der Menge hat, und dass es in der Menge der natürlichen Zahlen genau ein Objekt gibt, das kein Nachfolger ist. Dieses nennen wir ›Eins‹. Durch diese Nachfolgerbeziehung werden die Beziehungen zwischen den natürlichen Zahlen charakterisiert. Jede natürliche Zahl kann durch Nachfolgerbeziehungen eindeutig bestimmt werden. So bestimmen wir etwa beim Zählen Schritt für Schritt den Nachfolger der zuletzt gezählten Zahl. Dadurch ist jede gezählte Zahl bereits eindeutig bestimmt. Zusätzliche Merkmale jeder einzelnen natürlichen Zahl braucht es nicht. Die mathematischen Begriffe bestimmen die Beziehungen zwischen den Objekten einer Struktur, von weiteren Eigenschaften der Objekte wird abgesehen, sie bleiben unbestimmt. Sie sind dann inhaltsleer, und wir können uns unter ihnen nichts vorstellen. Daher rührt die Abstraktheit mathematischer Begriffe. Ein Bezug zur eigenen Erfahrung kann nicht mehr oder nur noch schwer erkannt werden, die Objekte erscheinen als ein von der Erfahrung unabhängiges Produkt menschlichen Denkens. Nach Dedekind (1831–1916) sind Zahlen eine freie Schöpfung des menschlichen Geistes.

Die moderne Mathematik wird als eine Wissenschaft der abstrakten Strukturen charakterisiert. Eine abstrakte Struktur wird definiert – sie ist nicht empirisch vorgegeben, sondern eine Schöpfung des menschlichen Geistes. Die Merkmale einer Struktur, wie z.B. Rechenregeln, werden auf möglichst wenige Aussagen, die Axiome, logisch zurückgeführt. Ein beliebiges Merkmal einer Struktur soll dann logisch aus den frei gesetzten Axiomen hergeleitet werden können. Eine abstrakte Struktur erscheint jedoch ausgedacht – ähnlich den Regeln des Schachspiels. Wir werden der Mathematik aber nicht gerecht, wenn wir sie als ein bestenfalls amüsantes, aber letztlich nutzloses Spiel abtun. Schließlich ist sie eine Grundlage der Naturwissenschaft und des technischen Fortschrittes.

Mit dem vorliegenden Buch möchte ich Aufschluss über die Bedeutung der Mathematik geben. Durch eine historische Betrachtung – gleichsam archäologisch – werde ich unter Sedimenten Verborgenes freilegen. Die Bildung eines mathematischen Begriffs findet am Ende einer häufig sehr langen Entwicklung statt. Dafür gibt es viele Beispiele, etwa die Differential- und Integralrechnung, die von Leibniz und Newton bereits im 17. Jahrhundert entdeckt wurde. Um sie begrifflich zu erfassen, brauchte es den Grenzwertbegriff, der aber erst im 19. Jahrhundert von Cauchy und Weierstraß formuliert wurde. Doch haben Newton und Leibniz wohl kaum etwas entdeckt oder zumindest erahnt, was sich Cauchy und Weierstraß erst im 19. Jahrhundert ausgedacht hätten. Die alten Babylonier kannten schon vor über 3000 Jahren elaborierte Rechentechniken, die zum Teil noch heute angewendet werden. Da ihre Sprache jedoch kein Wort für Zahl besaß, kannten sie auch keinen Zahlbegriff (Damerow, Englund, & Nissen, 1994). Ein Zahlbegriff ist uns erst von den antiken Griechen überliefert. Er ist ein Begriff über eine Anzahl. Der italienische Mathematiker Guiseppe Peano publizierte Ende des 19. Jahrhunderts den modernen Zahlbegriff, indem er die Struktur der natürlichen Zahlen durch eine Nachfolgerbeziehung charakterisierte. Durch die Nachfolgerbeziehung sind die natürlichen Zahlen linear angeordnet, nämlich in der Reihenfolge, in der wir sie zählen: 1, 2, 3 ... usw. Daher werden die so definierten Zahlen auch Ordnungszahlen genannt. Jedoch wurde bereits im 16. Jahrhundert eine Aussage über die natürlichen Zahlen aus der Nachfolgerbeziehung hergeleitet. Also hat sich Guiseppe Peano die Struktur der natürlichen Zahlen nicht ausgedacht. Die Menschen zählten und rechneten schon seit etlichen Jahrtausenden. Sie entdeckten Rechenregeln. Nach und nach entdeckten sie aber auch, dass die Rechenregeln logisch von gewissen Merkmalen der Zahlen abhängen, und allmählich wurden den Mathematikern diese Merkmale bewusst. Das Bewusstsein über die Merkmale ist eine notwendige Voraussetzung, sie zu einem Begriff zusammenzufassen.[1] Die Merkmale wurden also nicht aus den Axiomen hergeleitet, sie waren vor den Axiomen bekannt. Die Entdeckung bestand darin, dass man erkannte, sie aus gewissen Aussagen herleiten zu können. Anders als häufig angenommen, sind nicht etwa die Axiome zuerst da, und dann ihre logischen Folgerungen, sondern es ist umgekehrt: zuerst die logischen Folgerungen und dann die Axiome. Axiome sind zwar logisch ursprünglich, aber genetisch stehen sie am Ende einer mathematischen Begriffsbildung. Wenn die Menschen schon mit Zahlen gezählt und gerechnet, Rechenregeln erkannt und Eigenschaften über Zahlen ausgesagt haben, bevor ein Zahlbegriff gebildet wurde, dann stellt sich die Frage nach der Herkunft der Zahlen. Was ist ihre Genese?

Nicht unerheblich ist dabei die Frage, warum die antike griechische Geometrie in der Renaissance so populär war, eine weit verbreite Anwendung fand und sich auf ihrer Grundlage das moderne wissenschaftliche Weltbild entwickelt hat. Die von Euklid überlieferten geometrischen Begriffe haben einen anderen Charakter als die Begriffe der modernen Strukturmathematik. Die Definitionen Euklids bestimmen keine Beziehungen von Objekten einer Struktur, sondern sie charakterisieren die Objekte selbst. Euklid appellierte in seinen Schriften, sich unter

1 Die Zusammenfassung von Merkmalen zu einem Begriff kann man, unabhängig davon, *wie* einem die Merkmale bewusst geworden sind, durchaus als eine freie Schöpfung des Geistes charakterisieren.

den Eigenschaften mathematischer Gegenstände, wie z.B. Punkt und Gerade, etwas vorzustellen. Nach zweieinhalb Jahrtausenden fällt uns heute das Verständnis nicht immer ganz leicht, die euklidischen Definitionen hinterlassen durchaus Rätsel und Interpretationsbedarf. Wir können aber in den Begriffen der Euklidischen Geometrie Merkmale der Bewegung erkennen. Z.B. definiert er eine »Linie« als eine breitenlose Länge. Wenn wir uns nun unter einer Linie etwas vorstellen wollen, dann stellen wir uns im Allgemeinen eine gezeichnete Linie vor. Ein naheliegender Einwand ist, dass eine gezeichnete Linie doch sehr wohl eine Breite habe. Dem wird üblicherweise erwidert, dass eine gezeichnete Linie auch nur die Darstellung einer euklidischen Linie sei, eine Euklidische Linie ist dagegen eine idealisierte Linie. Was ist aber eine idealisierte Linie? Eine idealisierte Linie erhalte man, wenn man von der Breite einer gezeichneten Linie absehe. Das aber hilft nur bedingt weiter, denn was bleibt dann von ihr übrig?

Ich will daher einen anderen Zugang zu den Begriffen der Euklidischen Geometrie vorschlagen. Versuchen Sie einmal mit geschlossenen Augen Ihre Nasenspitze mit einem Zeigefinger zu berühren! Dabei vollziehen Sie eine Bewegung. Um sie zielgerichtet und kontrolliert auszuführen, müssen Sie Eigenschaften der Bewegung wahrnehmen. Um das besser nachzuvollziehen, können Sie das Experiment etwas abwandeln. Nehmen Sie einen Stift in eine Hand, und versuchen Sie, mit der Spitze des Stiftes Ihre Nasenspitze zu berühren. Mit geschlossenen Augen dürfte Ihnen das sehr viel schwerer fallen. Sie nehmen so auch keine Eigenschaften der Bewegung des Stiftes wahr, sondern nur Eigenschaften ihrer eigenen Körperbewegung. Was sind das für Eigenschaften? Nun bin ich nicht so töricht, Sie darüber belehren zu wollen, was Sie wahrnehmen. Stattdessen fordere ich Sie auf, selbst auf das zu achten, was sie in ihrem Körper spüren, wenn Sie Ihren Zeigefinger bewegen. Zunächst spüren Sie in jedem Augenblick die Lage Ihrer Körperteile zueinander. Die spüren Sie aber auch, wenn Sie sich nicht bewegen. Während der Bewegung spüren Sie zusätzlich, wie schnell sie ihren Zeigefinger bewegen, und auch, in welche

Richtung. Für das Wahrnehmungsphänomen gibt es eine physiologische Erklärung. Es gibt Sinneszellen in den Muskeln, Sehnen und Gelenken, auf die Eigenbewegungen in jedem Moment einen Eindruck machen. Richtung und Geschwindigkeit einer Eigenbewegung erfahren wir permanent als Sinneseindruck. Er wird uns selten bewusst, da wir meistens routiniert, also unbewusst darauf reagieren. Wenn wir die in jedem Moment wahrnehmbare Richtung einer Eigenbewegung als euklidische Länge interpretieren, dann können wir mithilfe dieser Eigenbewegung eine euklidische Linie erfahren. Eine Bewegung ist nur in einer Richtung, der euklidischen »Länge«, möglich. Eine Bewegung in eine andere Richtung, etwa in die Senkrechte, die euklidische »Breite«, ist nicht gleichzeitig, mit ein und derselben Bewegung möglich. Dafür ist eine zweite Bewegung nötig. Ich werde den Zusammenhang zwischen Bewegung und der Euklidischen Geometrie im ersten Kapitel vertiefen. An dieser Stelle möchte ich jedoch festhalten, dass die Begriffe der Euklidischen Geometrie Merkmale der Bewegung aufweisen. Diese Merkmale haben es den mobilen Menschen der Renaissance erlaubt, die antike Geometrie anzuwenden.

Während im Mittelalter die Menschen vorwiegend ortsgebunden lebten und sogar weitgereiste Ritter, Adlige oder Kreuzfahrer kaum Vorstellungen über die zurückgelegten Distanzen entwickelten,[2] wurden die Menschen während der Renaissance mobil. Weite Handelsreisen auf Land und zur See wurden unternommen, neue Kontinente und Seewege entdeckt. Bereits ab dem späten Mittelalter gingen die jungen Gesellen nach ihrer Lehrzeit in einem städtischen Handwerksbetrieb auf Wanderschaft und entwickelten so im Gegensatz zur ortsgebundenen Landbevölkerung eine gewisse Weltläufigkeit. Die Mobilität brachte es mit sich, dass die Euklidische Geometrie mit ihren Merkmalen der Bewegung Anwendung fand – z.B. in Kartographie und Navigation. Galilei begründete die Physik mit der Kinematik, der Lehre der Bewegungen. Er experimentierte mit der schiefen Ebene und Pendeln und entdeckte so mathematische Beziehungen zwischen

2 Dazu mehr in Kapitel 1.

Bewegungsvorgängen. Nach Newton (1643–1727) bestand die Aufgabe der Physik darin, »[…] aus den Erscheinungen der Bewegung die Kräfte der Natur zu erklären, und hierauf durch diese Kräfte die übrigen Erscheinungen zu erklären« (Newton, 1872). Bis heute hängen die physikalischen Größen wie Weg, Zeit, Masse oder elektrische Ladung direkt oder indirekt mit Bewegungsvorgängen zusammen. Jede Messung einer physikalischen Größe beruht auf Bewegungen – es wird eine Ortsveränderung gemessen.

Eine Bewegung hat neben räumlichen auch zeitliche Eigenschaften. Eine räumliche Eigenschaft kann durch die Geometrie erfasst werden, eine zeitliche durch die Arithmetik. So kann man durch Ordinalzahlen eine zeitliche Reihenfolge ausdrücken: erstes Ereignis, zweites Ereignis, drittes Ereignis usw. Der Schwerpunkt der antiken griechischen Mathematik lag auf der Geometrie. Die zeitlichen Eigenschaften einer Bewegung spielten nur eine untergeordnete Rolle – ganz anders als in der Neuzeit. Der Grund dafür ist eine andere Zeitvorstellung. Zeitliche Eigenschaften von Bewegungen wurden in der griechischen Antike in dem Lauf der sieben damals bekannten Wandelsterne Mond, Sonne, Merkur, Venus, Mars, Jupiter, Saturn erkannt. Die griechischen Astronomen machten in ihnen periodische Wiederholungen aus. Ein Wandelstern kehrt stets zu jedem Ort auf seiner Bahn zurück. Seine Bahn besitzt daher keine Vergänglichkeit. Platon glaubte gar, dass sich auch die Konstellationen der sieben Wandelsterne sowie der Fixsterne wiederholen. Ihm zufolge waren die astronomischen Konstellationen dasjenige, was man in der griechischen Antike Zeit nannte. Platon drückte damit, wie vor ihm bereits die Pythagoreer, die zyklischen Zeitvorstellungen der griechischen Antike aus (Platon, 2009). Ganz anders seit der Renaissance: Nun setzten sich lineare Zeitvorstellungen durch. Demzufolge ist ein Ereignis, das vergangen ist, ein für alle Mal vergangen. Es kehrt nicht mehr wieder – und das ist ein fundamentaler Unterschied zur zyklischen Zeit.

Vergänglichkeit erfahren wir durch persönliche Erinnerungen. Wenn ich mich an ein Ereignis erinnere, das ich erlebte, dann ist für mich das Ereignis vergangen. Es bleibt mir nur noch die Erinnerung. Den neuzeitlichen linearen Zeitvorstellungen liegt eine Erinnerungskultur zugrunde: Sie ist maßgeblich von Erinnerungen an persönlich Erlebtes geprägt. Dabei erfährt das Individuum, dass es während des Wechsels der Erscheinungen stets dasselbe bleibt. Diese Erfahrungen brachten das neuzeitliche Selbstbewusstsein hervor. Doch auch zyklische Zeitvorstellungen hatten sich aus Erinnerungen heraus entwickelt. Um zu erkennen, dass gewisse Ereignisse immer wiederkehren, müssen sie als solche wiedererkannt werden. Dafür muss ich mir Merkmale der Ereignisse in das Gedächtnis eingeprägt, gemerkt haben. Ein Wiedererkennen der Merkmale eines Ereignisses ist nicht notwendigerweise eine Erinnerung an persönlich Erlebtes, sondern ein Wissen über ein Ereignis, es setzt zumindest ein solches Wissen voraus. Es erscheint das gleiche Ereignis immer wieder, wenn es jedes Mal die gleichen Merkmale hat. An den Erscheinungen eines Ereignisses wird immer wieder der gleiche Begriff mit seinen Merkmalen, immer wieder, platonisch gesagt, die gleiche Idee erkannt. So erscheint alle vier Wochen der gleiche Vollmond, an jeder Erscheinung eines Vollmondes kann ich die gleichen Merkmale erkennen, denn die Vollmonde unterscheiden sich nicht. Wenn ich mich jedoch persönlich daran erinnere, dass ich bereits einen Vollmond erlebt habe, während ich einen Vollmond sehe, dann habe ich nacheinander zwei Erscheinungen eines Vollmondes erfahren. Während der moderne Mensch in der linearen Zeit erfährt, dass er im Wechsel der Erscheinungen stets derselbe bleibt, erfährt ein Mensch mit einer zyklischen Zeitvorstellung, dass wiederkehrende Ereignisse, die ihm erscheinen, stets dieselben sind. Eine Vorstufe der bewussten Erinnerung ist das Vertrautsein mit gewissen Merkmalen. Das Vertrautsein ist eine Voraussetzung für sensomotorische Fertigkeiten, etwa beim Fahrradfahren mit Merkmalen der Gleichgewichtslage und des Fortbewegens, ohne sich bewusst an sie zu erinnern. Stattdessen ist die Reaktion eine routinierte und unbewusste. Eine bewusste Erinnerung würde sogar zu einer Beeinträchtigung der sensomotorischen Fertigkeiten führen. Eine Kultur des Vertrautseins finden wir in vor- und frühgeschichtlichen Kulturen. Sie führt zu einer Handlungszeit, d.h. die Zeit erscheint in der Art und Weise, wie Handlungen strukturiert sind. Die Menschen dieser Kulturen waren mit den Merkmalen zyklisch wiederkehrender Ereignisse der Natur vertraut und reagierten auf sie mit landwirtschaftlichen und rituellen Verrichtungen. Ihre Handlungen wurden durch periodisch wiederkehrende Ereignisse der Natur strukturiert.

Wir haben bis hier drei Gedächtnisoperationen unterschieden: persönliches Sich-Erinnern, Wissen und Vertrautsein. Ihnen entsprechen die drei Zeiten: lineare Zeit, zyklische Zeit und Handlungszeit.

Parallel zur Gedächtnis- und Zeitentwicklung verlief die Genese des Zahlbegriffs. Archaische Darstellungen einer Anzahl sind gekerbte Knochen oder Hölzer, Knotenschnüre, Mengen von Kieselsteinen oder Muschelschalen. Sie sind vermutlich Merkzeichen, ähnlich den Strichen auf einer Strichliste. Strichlisten und Ähnliches können auch ohne Zahlkenntnis verwendet werden, sie dienen der Unterstützung des Gedächtnisses. Die Existenz eines Merkzeichens verweist auf die Existenz eines der gemerkten Gegenstände. Ein Mensch, der mit dem Merkmal der Existenz vertraut ist, kann ein Merkzeichen verwenden. Wie kann sich ein Mensch mit dem Merkmal der Existenz vertraut machen? An dieser Stelle soll ein kurzer Hinweis genügen, das Thema wird im ersten Kapitel noch vertieft: Wenn ich mich an einem physischen Gegenstand stoße, dann spüre ich seine Existenz – mehr noch: ich spüre auch meine eigene Existenz. Ich merke, dass es außer mir bzw. meinem Körper noch einen anderen Gegenstand gibt. Ich erlebe eine Mehrzahl. Manchmal kann man Menschen dabei beobachten, wie sie beim Zählen mit dem Zeigefinger auf den gezählten Gegenstand zeigen – als ob sie ihn leicht anstoßen wollten, um sich seiner Existenz zu vergewissern. Ein Merkzeichen hat mit einem gemerkten Gegenstand das Merkmal der Existenz gemeinsam. Nehmen wir einmal an, dass ein Mensch, der nicht zählen kann, sich die Existenzen mehrerer Gegenstände einprägen will. Wenn er kein äußeres Medium zur Verfügung hat, in das er Merkzeichen einprägen kann, dann muss er sich die Existenz jedes einzelnen Gegenstandes ins Gedächtnis einprägen. Wie wird er vorgehen? Zuerst nimmt er einen der Gegenstände wahr und bildet sich ein Existenzurteil: »Es gibt einen Gegenstand.« Dieses prägt er sich ins Gedächtnis ein. Dann nimmt er einen weiteren Gegenstand wahr und urteilt: »Es gibt einen zusätzlichen Gegenstand.« Das Existenzurteil prägt er sich ein. Da er aber das vorangegangene Existenzurteil nicht vergessen darf, prägt er sich zusätzlich eine Erinnerung an das vorangegangene Existenzurteil an. Sukzessive führt er Merkschritte aus. In einem Merkschritt prägt er sich Folgendes ein:

→ ein Existenzurteil und
→ eine Erinnerung an den vorangegangenen Merkschritt, insofern er stattgefunden hat.

In einem Merkschritt wird gegebenenfalls eine Erinnerung an den vorangegangenen Merkschritt eingeprägt, in dem selbst wiederum eine Erinnerung an einen Merkschritt eingeprägt worden sein kann. Eine solche Erinnerung an eine Erinnerung nennen wir *rekursive Erinnerung*. Dieser Begriff ist zentral für das vorliegende Buch. Die Erinnerung eines Merkschrittes kann eine Erinnerung im Sinne von Wissen sein, oder eine im Sinne eines persönlichen Sich-Erinnerns. Nehmen wir einmal an, dass die Erinnerung eines Merkschrittes ein Wissen ist. Was genau wissen wir dann? Wir wissen, dass es einen Gegenstand gibt, und gegebenenfalls, dass es noch einen weiteren Gegenstand gibt, und dass es vielleicht noch einen zusätzlichen Gegenstand gibt usw. Das Wissen eines Merkschritts liefert uns eine Menge von Existenzurteilen – wir kennen dann die Anzahl der Gegenstände. Wenn wir z.B. wissen, dass es einen Gegenstand gibt, und dass es noch einen Gegenstand gibt, und dass es noch einen weiteren Gegenstand gibt, dann wissen wir, dass es drei Gegenstände gibt. Die Aussage »Es gibt drei Gegenstände« und die Aussage »Es gibt einen Gegenstand, und es gibt noch einen Gegenstand, und es gibt noch einen weiteren Gegenstand« sind äquivalent. Wenn wir uns nun in einem Merkschritt persönlich an den unmittelbar vorangegangenen Merkschritt erinnern, dann erfahren wir, dass der erinnerte Merkschritt bereits vergangen ist. Er wurde also vor dem aktuellen Merkschritt vollzogen. Dieser folgt dem erinnerten Merkschritt nach. Wir erfahren eine Nachfolgerbeziehung. Durch die Nachfolgerbeziehung können Merkschritte linear angeordnet werden. Die Menge aller ausgeführten und – zumindest theoretisch – noch ausführbaren Merkschritte haben die Struktur von Ordnungszahlen. Die Genese des Zahlbegriffs verläuft mit einer zunehmenden Verinnerlichung. Ausgangspunkt sind die äußeren Merkzeichen mit ihrem Merkmal der Existenz. In der zweiten Phase der Genese ist eine Menge von Existenzurteilen, die in das Gedächtnis eingeprägt worden sind – also verinnerlicht worden sind, eine Anzahl. In der dritten Phase werden nicht nur Existenzurteile in das Gedächtnis eingeprägt, sondern auch der Vorgang des Urteilens und Erinnerns. Dadurch, dass ich mich persönlich rekursiv daran erinnere, dass ich die vorangegangenen Merkschritte selbst ausgeführt habe, erhalte ich nicht nur eine Menge von Existenzurteilen, sondern auch die Reihenfolge, in der ich geurteilt habe.

Die Untersuchung wirft eine erkenntnistheoretische Frage auf. Mathematische Begriffe haben Merkmale, die wir durch unsere eigenen Tätigkeiten erfahren können – wie Eigenbewegungen oder Einprägen und Erinnern. Wie können wir mit diesen Begriffen Sachverhalte begreifen, die unabhängig vom Menschen existieren, wie z.B. die Naturgesetze der Physik? Sind die Tätigkeiten solche, mit denen wir Erfahrungen gewinnen können, und kann deswegen die Mathematik in den Erfahrungswissenschaften angewendet werden? Werden solche Tätigkeiten von einem Experimentator in einem Experiment ausgeführt? Diesen Fragen widme ich mich im vierten Kapitel.

Wir fragen nach der Bedeutung der Mathematik, insbesondere des Zahlbegriffs in unserer modernen Lebenswelt. Die Gegenstände der Mathematik scheinen zunächst ausgedacht. Ihre Eigenschaften werden aus Axiomen logisch hergeleitet, die wiederum frei gesetzt sind. Eine Bedeutung der Mathematik für die Erkenntnis und den erkennenden Menschen ist nicht ohne Weiteres sichtbar. Eine historische Betrachtung zeigt aber, dass die Begriffsbildung, insbesondere die mit Axiomen, erst am Schluss einer langen Entwicklung stattfand. Menschen zählten, rechneten und entdeckten Rechenregeln, bevor ein Zahlbegriff gebildet wurde.

Im Folgenden wird dargelegt, dass der Ursprung der Zahlen in dem Bedürfnis oder der Notwendigkeit lag, sich eine Mehrzahl von Gegenständen in das Gedächtnis, oder auch ein externes Medium, einzuprägen. Entsprechend lag der Ursprung des Zählens und Rechnens in den Gedächtnisoperationen *Einprägen* und *Erinnern*. Z.B. kann man sich unter der Addition, dem *Dazu-zählen*, ein fortlaufendes Einprägen in das Gedächtnis vorstellen, genauer: ein fortlaufendes Ausführen von Merkschritten. Wir wollen uns einer Antwort durch eine historische Untersuchung der Entwicklung von Erinnerungskulturen nähern, wobei wir eine Erinnerungskultur mit ihrem Zahl- und Zeitbegriff bzw. mit ihren Erscheinungsformen von Zahl und Zeit verschränken. Merkmale des jeweils kulturprägenden Erinnerns treten in ihrem Umgang mit Zeit und Zahl in Erscheinung. Sie werden in der griechischen Antike zum Begriff der zyklischen Zeit und dem Anzahlbegriff sowie in der Neuzeit zum Begriff der linearen Zeit und dem Begriff der Ordnungszahlen zusammengefasst. Wir werden eine Entwicklungslogik des Gedächtnisses entdecken, d.h., dass gewisse Phasen der Gedächtnisentwicklung notwendig andere Phasen voraussetzen, auf ihnen aufbauen. Mit der Entwicklung des Gedächtnisses geht die Genese des Zahl- und Zeitbegriffs einher. Die Entwicklungslogik betrifft nicht nur die historische – die hier dargestellt werden wird –, sondern auch die individuelle Entwicklung. Daher kann die Mathematikdidaktik durch diese Untersuchung neue Impulse erhalten. Darüber hinaus verspricht sie neue Erkenntnisse für die Wissenschafts- und Kulturgeschichte, die Erkenntnistheorie und das damit zusammenhängende Selbstverständnis. Studierende eines MINT-Faches lernen, mathematische Sachverhalte in anschaulich nachvollziehbare Zusammenhänge einzuordnen. Sie gewinnen dadurch an Verständnis, mathematischer Lernkompetenz und Motivation.

Der Aufbau des Buches

Der Aufbau des Buches orientiert sich an der These, dass dem Zahl- und Zeitbegriff vorbegriffliche Konzepte zugrunde liegen, die ihnen historisch vorausgegangen sind.

Zeit und Zahl in der Erinnerungskultur der Neuzeit

Wir beginnen mit der Kultur, die uns vertraut ist, nämlich unserer eigenen. Der Mensch der Neuzeit verdankt sein Selbst- und Gegenstandsbewusstsein sowie seine zeitliche und räumliche Orientierung Erfahrungen mit dem episodischen Erinnern. Dieses prägt maßgeblich Politik, Wirtschaft und Kultur. Der Mensch der Neuzeit erfährt eine linear zeitliche Ordnung durch episodisches Erinnern, aber auch die Struktur der Ordinalzahlen und sogar den punktförmigen Gegenwartsmoment. All diese Erfahrungen gehen in den modernen Zahl- und Zeitbegriff ein und sind eine notwendige Voraussetzung der Naturwissenschaft.

Merken und Erinnern, Zählen und Rechnen

Dieses Kapitel widmet sich den Anfängen in der Entwicklung des Zahl- und Zeitbegriffs. In archaischen Kulturen verwendeten die Menschen Merkhilfen wie gekerbte Knochen oder Hölzer, Knotenschnüre, Haufen aus Kieselsteinen oder Muschelschalen. Mit ihnen sind archaische Rechnungen möglich. Ein Mensch, der sich eine bestimmte Menge an Gegenständen nicht in ein äußeres Medium einprägen will, sondern in sein Gedächtnis, muss das schrittweise tun. Zahlzeichen oder Zahlwörter können das Gedächtnis entlasten.

Phänomene des Erinnerns und Wahrnehmens

Nachdem in den ersten beiden Kapiteln die Bedeutung der Phänomene des Erinnerns für vorbegriffliche Zahl- und Zeitkonzepte im Vordergrund stand, untersuche ich anschließend hier nun die Phänomene eingehender, u.a. ihren Zusammenhang mit dem Wahrnehmen. So lässt sich das kulturprägende Erinnern einer Epoche identifizieren, aber auch ihre vorbegrifflichen Zahl- und Zeitkonzepte.

Zahl- und Zeitbegriffe

Was sind Begriffe? Wofür verwenden wir sie? Was haben sie mit logischem Denken zu tun? Wir lernen einen Begriff als eine Zusammenfassung von Merkmalen kennen, über die wir etwas aussagen, aus denen wir logische Schlüsse ziehen können. Da wir die Merkmale eines Zahl- und Zeitbegriffs nur nacheinander durch entsprechende vorbegriffliche Konzepte erfahren können, wird zur Begriffsbildung ein gewisses Erinnerungsvermögen benötigt.

Zeit und Zahl in der antiken griechischen Erinnerungskultur

Die Ergebnisse der letzten beiden Kapitel finden hier Anwendung auf die antike griechische Epoche. Wir können nun das kulturprägende Erinnern als ein semantisches identifizieren. In Platons Zeitbegriff und in Euklids Zahlbegriff erkennen wir Merkmale gewisser semantischer Erinnerungen. Nun wird deutlich, worin sich die moderne Mathematik von der antiken griechischen Mathematik unterscheidet.

Eine Entwicklungslogik

An einer Erinnerung sind im Allgemeinen mehrere Gedächtnisarten beteiligt. Sie sind nicht voneinander unabhängig. Einige bauen auf anderen auf und lassen eine Entwicklungslogik erkennen. Dieser gehorcht auch die kulturelle Entwicklung des Erinnerungsvermögens. Sie korrespondiert mit der Entwicklung der Zahl- und Zeitbegriffe sowie ihrer vorbegrifflichen Konzepte.

I. Zeit und Zahl in der Erinnerungskultur der Neuzeit

Prolog

Während der Renaissance fanden erhebliche Umwälzungen des gesellschaftlichen Lebens statt. In der Folge wurde das Mittelalter von der Neuzeit abgelöst. Der selbstbewusste Mensch der Neuzeit betrat die Bühne der Geschichte; in den Stadtstaaten Oberitaliens, aber auch in Nordeuropa entwickelten sich bürgerliche Gesellschaften; es entstanden die Naturwissenschaften und Technik. Ihre Grundlagen sind empirische Beobachtungen während eines Experimentes oder Naturbeobachtungen, wie z.B. astronomische Beobachtungen, und die Mathematik, die nach einer Phase der Stagnation während des Mittelalters in der Neuzeit eine rasante Entwicklung erfuhr. Die bei einem Experiment oder in der Natur beobachteten Erscheinungen und Ereignisse begegnen einem Wissenschaftler nacheinander in einer linearen zeitlichen Reihenfolge. Ein Naturgesetz ist eine Aussage über den linearen Zeitverlauf von gewissen Bewegungen oder Veränderungen in der Natur, die von Bewegungen verursacht werden. Ein Naturwissenschaftler kann ein Ereignis vorausberechnen, wenn er ein geeignetes Naturgesetz kennt. Während eines Experimentes zeigt sich der Zeitverlauf gewisser Bewegungen oder Veränderungen. Dafür werden im Allgemeinen Gegenstände und ihre räumlichen Beziehungen mit ihren zeitlichen Veränderungen beobachtet und eine Ortsveränderung gemessen, etwa die eines Massekörpers oder elektrisch geladenen Teilchens, die Ausdehnung einer Feder oder der Quecksilbersäule eines Thermometers, mechanische oder elektromagnetische Schwingungen. Durch die Beobachtungen kann ein Naturgesetz bestätigt oder widerlegt werden. Welches sind die Impulse für die Entwicklung? Gibt es einen Zusammenhang des Selbstbewusstseins des modernen Menschen mit den Naturwissenschaften auf Basis der Empirie und der Mathematik? Der Mensch der Neuzeit unterscheidet sich nicht nur durch sein Selbstbewusstsein, sondern auch durch sein Gegenstandsbewusstsein und seine Mobilität von den Menschen des Mittelalters. Der neuzeitliche Mensch steht einem Gegenstand gegenüber. Er bezieht sich in seinem Wahrnehmen und Vorstellen räumlich auf den Gegenstand – und kann sich so von dem Gegenstand unterscheiden, eine zwingende Voraussetzung für sein Selbstbewusstsein. Räumliche Beziehungen erfahren wir durch Bewegung. Erfahrungen, insbesondere Erfahrungen durch Bewegung, setzen ein gewisses Erinnerungsvermögen voraus. Ich werde darlegen, dass Selbst- und Gegenstandsbewusstsein sowie Mobilität durch eine Art des Erinnerns in einem Zusammenhang stehen. Durch die Art des Erinnerns erfährt der neuzeitliche Mensch lineare Zeitverhältnisse, Merkmale der Ordinalzahlen, mit denen er Ereignisse linear zeitlich anordnen kann, und Merkmale der reellen Zahlen, mit denen er Zeitbestimmungen vornehmen kann. Im Mittelalter waren reelle Zahlen noch unbekannt. Wir werden die neuzeitliche Erinnerungskultur im Kontrast zur mittelalterlichen Erinnerungskultur[3] erkennen.

Der moderne Mensch erlangt Selbstbewusstsein, indem er sich von den Gegenständen unterscheidet, zudem erlangt er ein Gegenstandsbewusstsein. Die Gegenstände erscheinen ihm. Eine Erscheinung eines Gegenstandes scheidet seine Außenwelt von seiner Innenwelt. Sinneseindrücke eines Gegenstandes erhält er passiv von außen,[4] von innen her erkennt er sie aktiv,

3 Der Begriff »Erinnerungskultur« variiert von Kontext zu Kontext und ist häufig mit einer ethischen oder politischen Intention verknüpft. Ich meine hier die Prägung der Kultur einer Epoche wie Neuzeit, Mittelalter oder Antike durch eine Art des Erinnerns. Ich unterscheide zwei Arten des bewussten Erinnerns, nämlich das Erinnern an persönliche Erlebnisse oder Wahrnehmungen, die der Erinnernde selbst bezeugen kann, und Erinnern an Wissen, Überlieferungen, religiöse Glaubensinhalte, Erzählungen oder ähnliches, die sich ein Zeitgenosse einer Epoche in das Gedächtnis eingeprägt hat. Eine Kultur kann auch durch ein vorbewusstes Erinnern geprägt sein, nämlich dem Vertrautsein. Auf Vertrautes reagiert ein Mensch üblicherweise routiniert.

4 Er kann zwar seine Aufmerksamkeit aktiv dem Gegenstand wid-

wenn auch meistens routiniert, als Eigenschaften des Gegenstandes.[5] Eine Erscheinung eines Gegenstandes besteht aus Sinneseindrücken, die als Eigenschaften eines Gegenstandes erkannt sind. Sie kann der neuzeitliche Mensch verinnerlichen. Anschließend kann er sich erinnern, dass er einen Gegenstand wahrgenommen hat, dass dieser ihm erschienen ist. Dabei erfährt er, dass er im Wechsel der Erscheinungen stets derselbe bleibt. Er erinnert sich daran, dass er selbst – der Erinnernde – den Gegenstand wahrgenommen hat, dass er ihm erschienen ist. Diese Art der Erinnerung nennen wir eine *episodische Erinnerung*. Eine episodische Erinnerung unterscheiden wir von einer *semantischen Erinnerung*, die ein Wissen ist, das wir in das Gedächtnis eingeprägt haben. So können wir z.B. wissen, dass Caesar 44 v. Chr. ermordet wurde, ohne uns episodisch an das Ereignis zu erinnern, ohne dass wir uns an eine wahrgenommene Erscheinung des Ereignisses erinnern. Der Wechsel der Erscheinungen deutet auf Bewegungen – nicht nur auf Bewegungen der Gegenstände, der moderne Mensch selbst erlangte während der Renaissance eine ganz neue Form der Mobilität, war nicht länger überwiegend ortsgebunden, wie noch im Mittelalter. Der mittelalterliche Mensch hatte in den Gegenständen religiöse Sinnbilder wahrgenommen, Symbole oder, in der Natur, Stimmungsbilder – und weniger Erscheinungen der Gegenstände. Die Wahrnehmung änderte sich daher durch Bewegungen nur geringfügig. Die Bedeutung religiöser Symbole

men, sich ihm zuwenden, aber der Gegenstand wirkt dann auf ein Sinnesorgan. In dem Sinn erhält er passiv von außen Sinneseindrücke.

5 Wenn wir uns erschrecken, dann sind wir nicht in der Lage, Sinneseindrücke als Eigenschaften eines Gegenstandes zu erkennen. Statt mit einer Erkenntnis reagieren wir mit Erschrecken. Die Erkenntnis bändigt den Schrecken. Ältere Kulturen kannten andere Möglichkeiten, den Schrecken zu bändigen, wie mythische Bilder, religiöse Symbole oder Stimmungsbilder, in die sie die Sinneseindrücke integrieren konnten. Die Sinneseindrücke spiegelten Bewusstseinszustände wider. Einen Gegenstand, der unabhängig von mir existiert, und von dem ich mich dadurch unterscheiden kann, nahmen archaische Kulturen nicht oder kaum wahr. Ein Gegenstand ist hier ein Gegenstand der Wahrnehmung, worunter wir auch ein Ereignis verstehen.

oder Merkmale der Stimmungsbilder entnahmen sie dem semantischen Gedächtnis, während der Mensch der Neuzeit den Wechsel der Erscheinungen durch episodisches Erinnern erfährt. So symbolisieren die Größenverhältnisse abgebildeter Personen auf mittelalterlichen Bildern ihren sozialen Rang, aber sie drücken nicht die Entfernungsverhältnisse aus. Angehörige des Adels und des Klerus wurden stets größer dargestellt als Bauern oder Leibeigene. In den Bildern der Renaissance können wir dagegen die Entfernungsverhältnisse der abgebildeten Gegenstände erkennen, wie sie der moderne Mensch durch seine Mobilität und den dadurch hervorgerufenen Wechsel der Erscheinungen erfährt. Das episodische Erinnern fügt das Selbst- und das Gegenstandsbewusstsein sowie die Mobilität zu einem organischen Ganzen zusammen.

Das episodische Erinnern begann zur Zeit der Renaissance die Kultur der Neuzeit zu prägen. Die episodische Erinnerungskultur erfasste bereits in dieser Zeit alle Bereiche des gesellschaftlichen Lebens – die Politik, die Wirtschaft und die Kultur. Während im Mittelalter die Machthaber über Ländereien herrschten, wurde in den Städten der Renaissance das gesellschaftliche Leben linear zeitlich organisiert, also in solchen zeitlichen Verhältnissen, wie sie der neuzeitliche Mensch durch episodisches Erinnern erfährt. Sinnfälliger Ausdruck dafür ist die öffentliche Uhr, die auf dem Rathaus oder einem Glockenturm angebracht wurde. Der selbstbewusste Bürger verlangte zudem nach politischer Mitbestimmung. In der arbeitsteiligen Wirtschaft stellt er seine Arbeitszeit, an die er sich später episodisch erinnern kann, anderen Menschen zur Verfügung und erwartet dafür eine Gegenleistung. Durch Handelsreisen trat die Mobilität des modernen Menschen in Erscheinung. Die antike griechische Geometrie wurde in der Kartographie und Navigation angewendet. Sinn und Zweck von Kartographie und Navigation war es, den eigenen Standpunkt zu bestimmen, der durch die Zentralperspektive der Malerei in der Renaissance ebenfalls ausgedrückt wurde. Das Bewusstsein über den eigenen Standpunkt ist also Ausdruck des Selbstbewusstseins, der Mobilität und des Gegenstandsbewusstseins. Auch dem kopernikanischen Weltbild liegt das Bewusstsein der eigenen Perspektive zugrunde. Die Astronomen der Renaissance waren sich darüber bewusst, dass sie mit ihren Fernrohren die Planeten aus einer irdischen Perspektive beobachteten – und, zumindest theoretisch, jede andere Perspektive einnehmen konnten.

Der Mensch der Renaissance erfuhr durch episodisches Erinnern, dass er einen Wechsel der Erscheinungen dadurch verursachen konnte, dass er sich selbst oder einen Gegenstand bewegte. Vor dem Hintergrund dieser Erfahrung entstand die Naturwissenschaft. In einem wissenschaftlichen Experiment veranlasst ein Wissenschaftler Bewegungen, er bewegt etwas. Die Bewegungen bewirken einen Wechsel der Erscheinungen, die der Experimentator beobachtet, um Zusammenhänge der Erscheinungen zu erkennen – sogenannte Naturgesetze. Sie wendet der Ingenieur an, um Bewegungen seiner Maschinen zu kontrollieren und zu steuern. Mit den Bewegungen halten wir den Schlüssel in der Hand, um uns die Bedeutung der Mathematik in Naturwissenschaft und Technik zu erschließen. Eine Bewegung hat zwei Aspekte: Raum und Zeit. Die räumlichen Verhältnisse einer Bewegung erfassten die Wissenschaftler und Ingenieure der Renaissance durch die antike, griechische Geometrie, die von Euklid überliefert wurde. Mit der Zeit entstand aber während der Renaissance etwas Neues, nämlich die moderne lineare Zeit. Zeitliche Verhältnisse können wir durch die Arithmetik erfassen, z. B. kann mit den Ordinalzahlen der modernen Mathematik eine linear zeitliche Reihenfolge begriffen werden. Auch die reellen Zahlen sind linear geordnet und haben die Struktur des Zeitkontinuums der Physik.

Lineare Zeitvorstellungen der Renaissance sind eine Erscheinungsform der episodischen Erinnerungskultur. Wenn ich mich episodisch daran erinnere, dass ich ein Ereignis erlebt habe und daran, dass ich mich während des Ereignisses an ein anderes Ereignis episodisch erinnert habe, dann habe ich eine Reihenfolge der Ereignisse erfahren. Ich habe erlebt, dass das letzte Ereignis während des ersten bereits vergangen war. Eine derartige Erinnerung an eine Erinnerung nennen wir eine *rekursive Erinnerung*. Eine lineare Anordnung von Ereignissen, d.h. eine Reihenfolge von Ereignissen, kann ich durch rekursive episodische Erinnerungen erfahren. Eine Erinnerung kann ich jedoch auch durch die Verwendung von Ordinalzahlen strukturieren: erstes Ereignis, zweites Ereignis, drittes Ereignis usw. Dadurch wird das Gedächtnis erheblich entlastet, denn die Struktur der Ordinalzahlen besitzt selbst das Merkmal der Rekursion.

Im 16. Jahrhundert wurde zum ersten Mal ein mathematischer Beweis geführt, der von dem Merkmal der Rekursion der Struktur der Ordinalzahlen Gebrauch machte. Das Merkmal der Rekursion ist eine notwendige Voraussetzung, um mit Ordinalzahlen zu rechnen. Eine axiomatische Fundierung der Struktur der Ordinalzahlen fand erst Ende des 19. Jahrhunderts statt. Da das Merkmal der Rekursion an rekursiven, episodischen Erinnerungen erfahren werden kann, ist der moderne Zahlbegriff ein Ausdruck der episodischen Erinnerungskultur. Aber schon der Umgang mit Zahlen während der Renaissance offenbart die neuzeitliche episodische Erinnerungskultur.

Im folgenden Kapitel möchte ich aufzeigen, auf welche Weise das Bewusstsein, die Kultur und die Gesellschaft durch episodisches Erinnern geprägt sind. Der Mensch der Neuzeit erfährt Merkmale des episodischen Erinnerns nicht nur durch individuelles Erinnern, sondern auch als kulturelles und soziales Wesen. Nützlich, wenn nicht gar unentbehrlich zur gesellschaftlichen und kulturellen Orientierung ist eine gewisse Vertrautheit mit den Merkmalen, die in der neuzeitlichen Kultur und Gesellschaft tief verankert sind. Die Merkmale finden wir in unserem modernen Zahl- und Zeitbegriff wieder. Wir werden verstehen, wie der moderne Mensch sie erfährt, und es eröffnet sich eine neue Perspektive auf die kulturelle und gesellschaftliche Bedeutung des modernen Zahl- und Zeitbegriffs. Deutlich wird, dass die moderne Mathematik und ihre Anwendung in Naturwissenschaft und Technik tief in unserer episodischen Erinnerungskultur verwurzelt sind.

Der Mensch der Neuzeit

Selbst- und Gegenstandsbewusstsein

Im 15. Jahrhundert begann die Renaissance, und damit die Epoche der Neuzeit. Auf das religiös geprägte Mittelalter folgte eine säkulare Epoche. Im Mittelalter war der Glaube verbreitet gewesen, dass Gott im Menschen denkt, seinen Willen ausdrückt und sich durch Wahrnehmungen offenbart. Nach und nach setzte sich die Überzeugung durch, dass der Mensch ein eigenständig denkendes Wesen ist, einen Willen hat, selbst einen Gegenstand wahrnimmt. Ein charakteristisches Merkmal der Neuzeit ist das Selbstbewusstsein der Menschen.

Wie aber gelangt der neuzeitliche Mensch zu einem Bewusstsein seiner selbst? Einen ersten Hinweis liefert der Blick auf archaische Kulturen, in denen sich die Menschen die Natur als von Geistern und Dämonen bevölkert vorstellten. So nahmen sie in einem Donnern den grollenden Zorn eines Gottes wahr. Sie unterschieden nicht zwischen dem eigenen Zorn und dem Donnern. Bis heute klingt die Vorstellung von seelischen Eigenschaften von Gegenständen in der Sprache nach. Wenn wir beispielsweise von einer schwermütigen Stimmung sprechen, haben wir einen Seelenzustand mit einer gegenständlichen Eigenschaft bezeichnet, nämlich der Schwere. Oder man denke an einen Hitzkopf! Auch Hitze ist eine gegenständliche Eigenschaft. Die Gegenstände in der Natur waren für die Menschen in archaischen Gesellschaften genauso beseelt wie sie selbst. Sie unterschieden nicht oder zumindest nicht maßgeblich zwischen sich und den Gegenständen, die sie in der Natur vorfanden. Ich bin mir aber nur dann meiner selbst bewusst, wenn ich mich von etwas anderem unterscheiden kann.

Der moderne Mensch kann sich kaum vorstellen, kein Gegenstandsbewusstsein zu besitzen. Wie soll das möglich sein, dass er nicht zwischen sich und den Gegenständen unterscheiden kann? Müsste er nicht an Gegenständen anstoßen, über sie stolpern, wie ein kleines Kind? Wenn ein Baby strampelt und seine Ärmchen in alle Richtungen ausstreckt, dann stößt es sich an den Gegenständen in seiner unmittelbaren Umgebung. Es wird durch die Gegenstände in seinem Bewegungsdrang gehindert. Dabei erfährt es ein raumzeitliches Merkmal: Seine Hand oder sein Fuß und ein Gegenstand können sich nicht gleichzeitig an derselben Stelle befinden. Freilich bildet es sich keinen Begriff über einen Gegenstand und seine raumzeitlichen Beziehungen – es begreift sie nicht. Folglich begreift es keinen Unterschied zwischen sich und einem Gegenstand. Aber es macht sich mit dem raumzeitlichen Merkmal vertraut. (Im dritten Kapitel werden wir das Vertrautsein als eine Vorstufe der bewussten Erinnerung kennenlernen.) Indem ein Kind sich mit diesem Merkmal vertraut macht, lernt es, sich zu bewegen, ohne an den Gegenständen anzustoßen.

Was nun bedeutet Vertrautsein? Auf die Wahrnehmung gewisser vertrauter Merkmale reagieren wir in der Regel routiniert, der Merkmale selbst werden wir uns dabei kaum bewusst. Denken wir etwa an einen Hochseilartisten, dem die Merkmale der Gleichgewichtslage so vertraut sind, dass er automatisch – ohne darüber nachzudenken – auf sie reagieren kann. Genauso routiniert bewegt sich ein archaischer Mensch zwischen Bäumen, Felsen und anderen Gegenständen fort, ohne sich zu stoßen, obwohl er in den Erscheinungen der Natur keine unbelebten Gegenstände erkennt, sondern ein möglicherweise sehr vitales Seelenleben der Naturgeister und Dämonen – ähnlich einem Traum.

Doch zurück zum Wachzustand. Was erfahren wir, wenn wir uns an einem Gegenstand stoßen? Angenommen, wir schlafen unruhig und stoßen im Schlaf irgendwo an. Sicher würden wir sofort aufwachen. Die Wahrnehmung eines Stoßes lässt sich nicht überschlafen. Einen Stoß nehmen wir nur mit einem wachen Bewusstsein wahr. Wir können auch jemanden wecken, indem wir ihn schütteln und rütteln. Er erfährt dann mit seinem Tastsinn den Druck, den wir auf ihn ausüben, was zu einer Gegenbewegung führt, folglich wird er aufwachen.

Im Verlauf einer Eigenbewegung kann ich mich an einem Gegenstand stoßen. In jedem Moment der Eigenbewegung entscheide ich über Richtung und Geschwindigkeit. Zur Kontrolle nehme ich Richtung und Geschwindigkeit meiner Eigenbewegung mit dem Bewegungssinn oder *kinästhetischem Sinn* wahr. Er besteht aus Sinneszellen in den Muskeln, Sehnen und Gelenken. Sowohl der Entschluss zu einer Richtung und Geschwindigkeit als auch die Wahrnehmung derselben zur Kontrolle sind oft routiniert und unbewusst – außer im Moment des Stoßes. In diesem Moment tritt anstelle der kinästhetischen Wahrnehmung eine Wahrnehmung des Tastsinns, die schmerzhaft sein kann.

Ich erfahre in einem solchen Moment, dass meinem Bewegungsentschluss ein Widerstand entgegengesetzt ist, dass *mir* ein *Gegenstand* gegenübersteht, dass er mir *gegenwärtig* ist. Dadurch erfahre ich Merkmale der Existenz:

→ der Existenz des Gegenstandes
→ und der eigenen Existenz.

Durch einen Stoß erfahre ich, dass der Gegenstand existiert und dass ich existiere, dass außer mir noch etwas anderes existiert. Ich mache mich mit einem Merkmal einer Anzahl vertraut. Da mir der Gegenstand, an dem ich mich stoße, gegenwärtig ist, erfahre ich auch ein Zeitmerkmal, ohne mir notwendigerweise einen Begriff der Zeit zu bilden, ohne die Gegenwart in Beziehung zur Vergangenheit oder Zukunft zu setzen.[6]

Eine *haptische Wahrnehmung* ist eine Tastwahrnehmung, die wir durch einen Entschluss zu einer Eigenbewegung hervorrufen. Eine Bewegungswahrnehmung kann sie ergänzen, wenn wir z.B. die Oberfläche eines Gegenstandes ertasten. Mittels einer haptischen Wahrnehmung können wir simultan die Existenz eines Gegenstandes und die eigene Existenz erfahren.

Jetzt sind wir in der Lage, ein Existenzurteil zu bilden: »der Gegenstand existiert« oder »ich existiere«. Üblicherweise fällen wir auch dann ein Existenzurteil, wenn wir einen Gegenstand

6 Entscheidend ist hier nicht, dass mein Körper gegen einen Gegenstand stößt, sondern dass meinem Willen zu einer Bewegung ein Widerstand entgegengesetzt wird.

nur visuell wahrnehmen, also ohne ihn zu ertasten. Etwa fällen wir beim Zählen während eines Zählschrittes ein Existenzurteil und erhöhen die Anzahl um eins. In den wenigsten Fällen ertasten wir beim Zählen die Gegenstände. Wie ist ein solches Existenzurteil möglich? Offensichtlich erfahren wir auch bei einer visuellen Wahrnehmung Merkmale der Existenz. Diese Fähigkeit ist erlernt. Wenn ein Kind mit seinen Händen einen Gegenstand ergreift – »begreift« – und ertastet, spürt es den Druck der Oberfläche des Gegenstandes. Durch tastende Bewegungen erfährt ein Kind, dass es die Oberfläche eines Gegenstandes nicht durchdringen kann. Wenn es den Gegenstand betrachtet, nimmt es die Farbe der Oberfläche wahr und erfährt, dass es die Oberfläche auch mit seinen Blicken nicht durchdringen kann. Es macht sich mit dem Merkmal vertraut, dass es eine farbige Oberfläche, die es mit seinen Blicken nicht durchdringen kann, auch physisch nicht durchdringen kann. Wenn wir auf Grund einer visuellen Wahrnehmung ein Existenzurteil fällen, ergänzen wir die visuelle Wahrnehmung um die haptische Vorstellung. Metaphorisch sprechen wir von einem ›tastenden‹ Blick, der uns haptische Merkmale einer visuell wahrgenommenen Oberfläche erkennen lässt.[7] Es gibt Menschen, die beim Zählen mit einem Zeigefinger auf den gezählten Gegenstand zeigen. Oft bewegen sie dabei den Zeigefinger so, als wollten sie den Gegenstand berühren, leicht anstoßen, um sich seiner Existenz zu versichern. Das Beispiel verdeutlicht die Rolle haptischer Merkmale für ein Existenzurteil, das wir bei jedem Zählschritt bilden. Die Bedeutung haptischer Merkmale für eine Existenz findet ihren sprachlichen Ausdruck in Redeweisen wie »der Verdacht *erhärtet* sich«, »ich *begreife* den Sachverhalt«, »ich bin *felsenfest* davon überzeugt« oder »es ist mit *Händen zu greifen*«.

7 Siehe die Kippfigur in Abbildung 1 (S. 115). Erkennbar sind entweder eine Vase oder zwei Gesichter im Profil. Der visuelle Sinneseindruck ist derselbe. Was sich ändert, sind die haptischen Vorstellungen, mit denen der visuelle Sinneseindruck ergänzt wird.

Ein Gegenstand lässt sich jedoch nicht nur auf das Merkmal der Existenz oder auf haptische Merkmale reduzieren. Er besitzt eine Vielzahl von Eigenschaften, die wir wahrnehmen können, die wir sehen oder hören, schmecken oder riechen, ertasten oder mit dem Wärmesinn wahrnehmen. Eine Erscheinung des Gegenstandes setzt sich aus solchen Wahrnehmungen zusammen. Durch sie erscheint *mir* der Gegenstand. Ich erlebe eine Innen- und eine Außenwelt. Der Gegenstand befindet sich in meiner Außenwelt, doch eine Erscheinung des Gegenstandes kann ich verinnerlichen und mich an sie erinnern. Ich schöpfe aber nicht nur meine Erinnerungen aus meiner Innenwelt, sondern auch meine Vorstellungen und Gedanken, meine Gefühle und Willensimpulse. Letzteres ist z.B. der Fall, wenn mir der Gegenstand begehrenswert erscheint.

Die Bezeichnung ›Außenwelt‹ suggeriert eine räumliche Beziehung zwischen mir und einem Gegenstand, der sich in der Außenwelt befindet. Zu einem physischen Gegenstand kann ich mich bewegen und mich an ihm stoßen oder ihn berühren, um mich seiner Existenz zu vergewissern – zumindest kann ich mir eine solche Bewegung vorstellen. Durch Bewegung erfahre ich die räumlichen Beziehungen der Außenwelt. Um die zeitlichen Beziehungen einer Bewegung zu erfahren, benötige ich ein gewisses Erinnerungsvermögen. Diese zeitlichen Beziehungen erfahre ich in meiner Innenwelt.

Die Gegenstände in meiner Außenwelt existieren unabhängig von mir. Ich kann mich an ihnen stoßen, sie widersetzen sich meinen Bewegungen, sie fügen sich mir nicht. Zwar kann ich einen Gegenstand auch herstellen. Doch dazu benötige ich bereits existierende Gegenstände. Einmal hergestellt, hängt die Existenz des Gegenstands nicht mehr von mir ab. Was ich kann, ist Gegenstände der Außenwelt zu bewegen. Auch der Herstellung eines Gegenstandes liegen Bewegungsvorgänge zugrunde. Meine Innenwelt jedoch ist keinesfalls von mir unabhängig – ich bin es nämlich, der etwas wahrnimmt, sich etwas vorstellt, sich an etwas erinnert, denkt, fühlt und will.

Zurück zur Eingangsfrage: Warum unterscheidet ein archaischer Mensch nicht zwischen seiner Innen- und Außenwelt? Nur ein Mensch, der Gegenstände wahrnimmt, kann diese Unterscheidung vornehmen. Eine Erscheinung eines Gegenstandes scheidet die Außenwelt von der Innenwelt. Wie nehmen wir Gegenstände wahr? Die Sinneseindrücke allein ergeben noch keine Wahrnehmung eines Gegenstandes. So kann ich in der Abbildung 1 entweder eine Vase oder zwei Gesichter erkennen (jedoch immer nur eines von beiden zur Zeit), ohne dass sich die Eindrücke auf meine Sinne unterscheiden würden. Um einen Gegenstand wahrzunehmen, müssen wir in den Sinneseindrücken Eigenschaften des Gegenstandes erkennen. Dafür benötigen wir ein Vorwissen – wir benötigen einen Begriff über den Gegenstand.

Um das besser zu verstehen, möchte ich ein Gedankenexperiment unternehmen. Angenommen, wir wollen jemandem erklären, was eine Vase oder ein Gesicht ist. Natürlich berücksichtigen wir dabei die Vorkenntnisse. Einem kleinen Kind, das gerade erst sprechen lernt, werden wir die Begriffe anders erklären als jemandem aus einem anderen Kulturkreis, der nur rudimentär Deutsch versteht und in dessen Muttersprache wir die Wörter nicht übersetzen können. Wenn wir also jemandem die Begriffe erklären wollen, werden wir Merkmale einer Vase bzw. eines Gesichtes beschreiben, umschreiben oder durch zeigende Gesten auf solche Merkmale hinweisen. Wir erklären einen Begriff, indem wir Merkmale darstellen. Ein Begriff ist eine Zusammenfassung von Merkmalen, die ein Gegenstand, der unter den Begriff fällt, als Eigenschaften hat (ausführlicher dazu im 4. Kapitel). Einen Gegenstand nehmen wir also wahr, indem wir in den Sinneseindrücken Merkmale eines Begriffs erkennen.

Unter einem Begriff können wir uns im Allgemeinen etwas vorstellen, auch dann, wenn wir in einzelnen Sinneseindrücken Merkmale eines Begriffes erkennen. Wir ergänzen dann die Sinneseindrücke mit zusätzlichen Vorstellungen. Auch dafür ist die Abbildung 1 ein anschauliches Beispiel. Je nachdem, ob wir die Umrisse einer Vase oder zweier Gesichter erkennen, ergänzen wir die Sinneseindrücke durch haptische Vorstellungen einer Vase oder eben zweier Gesichter.

Nicht nur in visuellen Sinneseindrücken können wir Eigenschaften eines Gegenstandes erkennen, sondern, je nach Gegenstand, auch in den Sinneseindrücken verschiedener Modalitäten. Stellen wir uns kurz vor, vor dem schiefen Turm von Pisa zu stehen (siehe Abb. 2, S. 115). Zunächst erhalten wir visuelle Sinneseindrücke, die wir durch haptische Vorstellungen ergänzen. Woran erkennen wir aber, dass der Turm schief steht? Dafür müssen wir wissen, wo oben und unten ist. Das erfahren wir durch unser Gleichgewichtsorgan. Um den schiefen Turm von Pisa zu erkennen, reichen also visuelle Sinneseindrücke allein nicht aus, wir benötigen zusätzlich Sinneseindrücke unseres Gleichgewichtsorgans. Mit diesen Sinneseindrücken erkennen wir nun, dass das rechts daneben stehende Gebäude senkrecht auf dem Boden steht. Ähnlich stellen wir uns bei Abbildung 1 vor, wo oben und unten der Vase bzw. eines Gesichtes ist. Wir ergänzen also die Sinnesreize durch Vorstellungen einer Gleichgewichtswahrnehmung.

Die Fertigkeit, einen Gegenstand wahrzunehmen, müssen wir erlernen, ein Kleinkind ist dazu noch nicht in der Lage. Dabei ist entscheidend, in welcher Kultur das Kind aufwächst, denn die Wahrnehmungskompetenz ist eine kulturell geprägte. Weiter unten werden wir sehen, dass die Menschen im Mittelalter – anders als in der Neuzeit – in bestimmten Sinneseindrücken keine Gegenstände erkannten, sondern religiöse Symbole. Der symbolische Gehalt überlagerte häufig den Gegenstandscharakter. Der Gegenstand erschien ihnen nicht als solcher, stattdessen offenbarte sich ein symbolisierter, insbesondere ein religiöser Sinn. Wie können wir uns Wahrnehmungen in einer archaischen Kultur vorstellen, in der die Natur beseelt ist? Betrachtet ein archaischer Mensch zum Beispiel eine Quelle, nimmt er diese nicht als Gegenstand wahr, sondern als einen sprudelnden Naturgeist. Im Sonnenlicht, das sich auf der Wasseroberfläche spiegelt, erkennt er eine heitere Stimmung. Er nimmt seelische Merkmale der Quelle wahr – als Gegenstand erscheint sie ihm nicht. Anders der Mensch mit Gegenstandsbewusstsein: Er nimmt die Quelle als einen äußeren Gegenstand wahr, er steht ihr gegenüber. Vielleicht erinnert ihn das Sprudeln der Quelle daran, wie die Ideen zu einem bestimmten Zeitpunkt nur so aus ihm herausgesprudelten. Dann ist die Erscheinung der Quelle für ihn eine Metapher eines sprudelnden Geistes, doch hält er die Quelle selbst nicht für einen solchen Geist. Das Auf- und Abtanzen der Reflektionen des Sonnenlichtes auf den Wellen mag ihn erheitern. Doch er erkennt, dass *er* erheitert ist – und nicht die beseelte Quelle, er nimmt wahr, dass er *und* die Quelle existieren.

Man kann von zwei Extremen der Wahrnehmung sprechen: Entweder erscheint einem Menschen durch die Sinneseindrücke ein Gegenstand, oder er nimmt dessen seelische Merkmale wahr. Freilich kommt es dabei auch zu Mischformen, etwa wenn wir uns zwar von einem anderen Menschen unterscheiden, diesem aber auch eine Psyche zubilligen.

Da ich nur durch die Wahrnehmung eines Gegenstands sowohl die Existenz des Gegenstandes als auch meine eigene Existenz erfahren kann, ist Selbstbewusstsein untrennbar mit Gegenstandsbewusstsein verbunden. Sie sind zwei Seiten derselben Medaille. Die Gegenstände der Natur als solche wahrzunehmen, keine beseelten Wesen in ihnen zu sehen, ist eine Voraussetzung für das Selbstbewusstsein und für die neuzeitlichen Naturwissenschaften.

Im Mittelalter waren Bäume und Quellen Wohnsitz von Kobolden, Naturgeistern und ähnlichen Wesen. Der dunkle Wald, der damals den größten Teil Europas bedeckte, war für den mittelalterlichen Menschen potenziell gefährlich, es gab in der ohnehin kargen und entbehrungsreichen Zeit viele Räuberbanden. Die Gefahr regte die Fantasie an, sich im Wald allerhand dämonisches Leben vorzustellen. So erblickte der mittelalterliche Mensch etwa in einem Vulkan einen Schlund zur Hölle. Das Himmelsgewölbe wurde wortwörtlich als Gewölbe imaginiert, hinter dem sich das Reich Gottes und der Erlösung befand. Unter der Stadt Jerusalem stellte sich ein Großteil der Bevölkerung weniger einen real existierenden Ort vor als einen symbolisierten Ort des Glücks, des Wohlstands und der Verheißung. Jerusalem war zumindest für die zumeist ungebildeten Menschen nicht im Geographischen lokalisierbar, die Stadt lag für sie in unerreichbarer Ferne. Ähnlich waren die Erscheinungen der Gegenstände Projektionsflächen von Wünschen, Hoffnungen, Ängsten und Schreckensvorstellungen. So konnte der Mensch im Mittelalter noch kein Gegenstands- oder Selbstbewusstsein entwickeln,[8] und folglich hatten die Gegenstände einen symbolischen Gehalt. Zur Illustration sei hier eine Naturbeschreibung von Bernhard von Ventadorn angeführt:

> »Hei, es beginnt die Zeit des Vogelsangs, ich höre Gänse und Reiher singen, und in den Gärten sehe ich Lilien blühen. Die blaue Blume, die in den Gebüschen wächst; die Flüsse strömen hell über den Sand, und dort öffnet sich die weiße Blüte der Lilie [...]. Wenn neben dem grünen Blatt die Blüte erscheint, und wenn ich sehe, dass das Wasser klar und hell ist, und süßer Vogelsang mir das Herz versüßt, da die Vögel nach ihrer Weise singen, dann habe ich Freude in meinem Herzen.«
> (Ganzenmüller, 1974, S. 244f.; Gurjewitsch, 1978, S. 70).

Ventadorn zeichnet vordergründig ein frühlingshaftes Landschaftsbild, untermalt mit Vogelgesang, klarem Flusswasser und dem Aufbrechen einer Blüte neben einem grünen Blatt. Es ist aber mehr ein Stimmungsbild als ein Landschaftsbild. Die Gegenstände der Natur stellen Empfindungen dar, von individuellen Wahrnehmungen der Gegenstände wird hingegen nicht berichtet. Es ist möglich, dass die Gegenstände nie existiert haben, sondern einzig der Phantasie entsprungen sind. Die Gegenstände sind zwar nicht beseelt, sie spiegeln aber seelische Stimmungen wider. Stimmungsbilder der Natur waren ein vorherrschendes Motiv der mittelalterlichen Lyrik (Gurjewitsch, 1978, S. 71).

8 Im Mittelalter stellte sich daher das Leib-Seele-Problem nicht. Der Leib, und mit ihm alle anderen physischen Gegenstände, war ein Spiegelbild der Seele.

Dabei ist das Gedicht nicht nur ein Stimmungsbild, sondern auch ein religiöses Sinnbild. Gegenstände und Ereignisse der Natur offenbarten im Mittelalter einen religiösen Gehalt. Der Frühling, die Blumen und der Vogelgesang symbolisierten die Schöpfung. Das klare und helle Wasser stand für den Quell des Lebens und die Reinheit, die weiße Lilie war ein Symbol der Unschuld. Ventadorn malt ein Bild des Paradieses vor dem Sündenfall.

Der Kulturhistoriker Burckhardt schreibt: »Im Mittelalter lagen die beiden Seiten des Bewusstseins – nach der Welt hin und nach dem Innern des Menschen selbst – wie unter einem gemeinsamen Schleier träumend oder halbwach. Der Schleier war gewoben aus Glauben, Kindesbefangenheit und Wahn; durch ihn hindurch gesehen erschienen Welt und Geschichte wundersam gefärbt, der Mensch aber erkannte sich nur als Rasse, Volk, Partei, Korporation, Familie oder sonst in irgend einer Form des Allgemeinen. In Italien zuerst verweht dieser Schleier in die Lüfte; es erwacht eine objektive Betrachtung und Behandlung des Staates und der sämtlichen Dinge dieser Welt überhaupt; daneben aber erhebt sich mit voller Macht das Subjektive; der Mensch wird geistiges Individuum und erkennt sich als solches.« (Burckhardt, 2009, S. 134)

Burckhardts »beide Seiten des Bewusstseins« haben wir als Gegenstands- und als Selbstbewusstsein identifiziert. Sie seien im Mittelalter von einem Schleier aus »Glauben, Kindesbefangenheit und Wahn« verhüllt gewesen. Wir können auch den Symbolgehalt der Gegenstände und ihre Beseeltheit an diese Stelle setzen. Demnach ist erst mit der objektiven Betrachtung des Staates und der Dinge der Welt der Schleier verflogen, und der Mensch erkennt sich als geistiges Individuum. Dem ließe sich hinzufügen, dass der Mensch sich dann als geistiges Individuum erkennt, wenn er zwischen sich selbst und den geistlosen Gegenständen unterscheidet. Ein Gegenstand erscheint als geistlos, wenn er nicht symbolbehaftet oder beseelt ist. Symbole und beseelte Gegenstände verschleiern also sowohl das Gegenstands- als auch das Selbstbewusstsein.

Episodisches Erinnern

Beim Wahrnehmen des wahrgenommenen Gegenstands kann ich nicht gleichzeitig die Aufmerksamkeit auf mich selbst beim Wahrnehmen lenken. Dennoch kann ich zwischen mir und dem wahrgenommenen Gegenstand unterscheiden. Analoges gilt für das Denken und das Wollen. Wenn ich über etwas nachdenke oder etwas will, dann richtet sich die Aufmerksamkeit auf den Gegenstand des Denkens oder Wollens, nicht auf die Tätigkeit des Denkens oder Wollens. Würde ich meine Aufmerksamkeit auf mein momentanes Denken oder Wollen richten, käme es zum Stillstand. Mit der Aufmerksamkeit verhält es sich wie mit dem Auge. Es kann sich nicht selbst sehen, allenfalls in einem Spiegel erkennt es sich wieder. Der Spiegel der Aufmerksamkeit ist das Gedächtnis. Erst in der Erinnerung daran, dass ich etwas wahrgenommen, gedacht oder gewollt habe, gelingt es mir, meine Aufmerksamkeit darauf zu lenken, dass *ich* wahrgenommen, gedacht oder gewollt habe. Durch die nachzeitige Erinnerung erlange ich auch das Bewusstsein darüber, dass ich in der Zeit derselbe geblieben bin. Ich kann mich daran erinnern, dass *ich* – derselbe, der sich erinnert – einen Gegenstand wahrgenommen habe bzw. etwas gedacht oder gewollt habe. In den siebziger Jahren des 20. Jahrhunderts unterschied der kanadische Psychologe E. Tulving zwei Arten des Gedächtnisses: das episodische Gedächtnis und das semantische Gedächtnis. Im episodischen Gedächtnis werden unsere persönlichen Erlebnisse und Wahrnehmungen gespeichert. Das semantische Gedächtnis ist eine Art Enzyklopädie, die unser Wissen enthält. Beispielsweise wissen wir, dass Paris die Hauptstadt von Frankreich ist. Das wissen wir auch dann, wenn wir uns nicht erinnern können, wie wir den Sachverhalt gelernt haben, oder uns nicht an eine persönliche Episode erinnern können, die mit dem Sachverhalt in Verbindung steht. Wer sich jedoch daran erinnert, einmal in Paris vor dem Eiffelturm gestanden zu haben, erinnert sich an ein persönliches Erlebnis und an individuelle Wahrnehmungen des Eiffelturms. Tulving charakterisierte das episodische Gedächtnis durch das *autonoetische* Bewusstsein, d.h. durch das Bewusstsein meiner selbst. Wenn ich mich episodisch erinnere, dann ist mir bewusst, dass ich derselbe bin, der das erinnerte Ereignis erlebt hat. Im Folgenden werde ich eine Erinnerung mit autonoetischem Bewusstsein eine *episodische Erinnerung* nennen. Unter eine episodischen Erinnerung fällt dann beispielsweise eine Erinnerung daran,

- dass *ich* etwas wahrgenommen habe,
- dass *ich* mir etwas vorgestellt habe,
- dass *ich* etwas gedacht habe,
- dass *ich* etwas gewollt habe,
- dass *ich* etwas getan habe.

Ventadorn erinnerte sich möglicherweise nicht episodisch an eine Wahrnehmung der Landschaft, die er in seinem Gedicht darstellte. Er hatte sie wahrscheinlich nie wahrgenommen. Und selbst wenn doch, dann stellt das Gedicht trotzdem keine episodische Erinnerung dar. Stattdessen komponierte er aus den Elementen Frühling, Vogelgesang, Gänse, Reiher, Blumen und klare Flüsse ein Stimmungsbild. Dafür benötigte er ein semantisches Wissen über die Merkmale des Stimmungsbildes. Auf ähnliche Weise werden die Bedeutungen der religiösen Symbole dem semantischen Gedächtnis entnommen.

Auch die Tages- und Jahreszeiten waren im Mittelalter religiöse Symbole, ihnen lag ein göttlicher Heilsplan zugrunde, in dem die Zeit mit der Schöpfung beginnt, auf die der Sündenfall folgt und die mit dem Jüngsten Gericht endet. Wiederkehrende Ereignisse wie Tages- und Jahreszeiten symbolisieren Phasen dieser Heilsgeschichte. So ist der Frühling ein Symbol der Schöpfung, des Erscheinens Christi oder der Auferstehung. Der Sommer mit seinem hellen, gleißenden Licht steht für Wärme und die Liebe Gottes, der Herbst für das Jüngste Gericht und der Winter für Kälte und Tod. Die Tageszeiten Morgen, Mittag, Abend und Nacht entsprechen den symbolischen Bedeutungen von Frühling, Sommer, Herbst und Winter. In einigen mittelalterlichen Kirchen ist an der Westseite, dort, wo die Sonne untergeht, das Jüngste Gericht dargestellt. Gurjewitsch schreibt: »Dem Alter der Menschheit entsprechen die

Stunden des Tages, und die gesamte Geschichte gleicht einem Tag.« Die Bauern verwendeten Kalender, deren Monate landwirtschaftliche Verrichtungen symbolisierten. Ihre Tätigkeiten erschienen ihnen in einem Zusammenhang mit der Heilsgeschichte. Landwirtschaftliche Tätigkeiten, aber auch die Verrichtungen der Mönche in einem Kloster, gehorchten nach dieser Vorstellung einem göttlichen Plan. Sie waren Gottesdienst (Gurjewitsch, 1978).

Wie anders ist dagegen die neuzeitliche Zeitvorstellung! François Rabelais (1494-1553) schreibt: »Nicht Frühaufstehen macht frohen Mut – doch zeitig trinken, das tut gut«, und kritisiert damit die starre klösterliche Zeiteinteilung: »Nie und nimmer lasse ich mir Gebete vorschreiben: die Gebete sind für den Menschen gemacht und nicht der Mensch für die Gebete. Drum verfahre ich mit den meinen wie mit den Steigbügelriemen: ich nehme sie länger oder kürzer, wie es mir gerade passt.« (Wendorff, 1980, S. 163)

Der neuzeitliche Mensch will über seine Zeit selbst bestimmen, während die Zeit des mittelalterlichen Menschen durch Religion und gesellschaftliche Konventionen vorbestimmt ist. Mit der Renaissance setzte sich nach und nach das Bewusstsein durch, dass die Zeit eines Menschen *seine Zeit* ist, und er deshalb selbst darüber entscheiden kann, was er damit anfängt. Die Menschen wehrten sich dagegen, dass der Klerus oder die Feudalherren über ihre Zeit bestimmten. Das Bewusstsein, über die eigene Zeit selbst verfügen zu können, hängt eng mit einer neuzeitlichen Erinnerungskultur zusammen. Durch das autonoetische Bewusstsein episodischer Erinnerungen erfährt der neuzeitliche Mensch, dass die Zeit, die er in der Vergangenheit erlebt hat, seine Zeit ist. Da jedes persönliche Erlebnis vergeht und einem zukünftigen Platz macht, betrachtet er auch die zukünftige Zeit als seine Zeit, über die er selbst verfügen will. Im Mittelalter hingegen hatten die Ereignisse eine symbolische Bedeutung gehabt, die den Charakter des persönlich Erlebten überlagerten – gleichsam in den Schatten stellten. Die Bedeutung der Symbole jedoch entnahmen die Menschen im Mittelalter ihrem semantischen Gedächtnis.

Das episodische Gedächtnis ist eine wesentliche Grundlage neuzeitlicher Zeitvorstellungen. Dafür möchte ich ein Beispiel anführen. Nehmen wir an, dass ich mich an zwei Ereignisse episodisch erinnern kann. Nennen wir die beiden Ereignisse *A* und *B*. Bei weit zurückliegenden Ereignissen ist es nicht ungewöhnlich, dass wir nicht mehr wissen, welches früher als das andere eintrat. Nehmen wir an, dass ich mich während des Ereignisses *A* an das Ereignis *B* episodisch erinnerte. Kann ich nun schließen, dass ich das Ereignis *B* vor dem Ereignis *A* erlebt habe? Keineswegs! Ich muss mich gegenwärtig episodisch erinnern, dass ich mich während des Ereignisse *A* episodisch an das Ereignis *B* erinnert habe. Es handelt sich hier um eine Erinnerung an eine Erinnerung. Eine Erinnerung an eine Erinnerung nennen wir eine *rekursive Erinnerung*. Durch rekursive, episodische Erinnerungen kann ich Ereignisse meiner Biographie linear anordnen. Eine lineare Ordnung kann durch Ordinalzahlen ausgedrückt werden, wie z.B. erstes Ereignis, zweites Ereignis, drittes Ereignis usw. Wir werden sehen, dass sich das Konzept der linearen Zeit und der Ordinalzahlen in die neuzeitliche episodische Erinnerungskultur fügt. Episodisches Erinnern verbindet das neuzeitliche Selbst- und Gegenstandsbewusstsein. *Ich* erinnere *mich*, dass *ich* einen *Gegenstand* wahrgenommen habe. Durch rekursives, episodisches Erinnern lassen sich Merkmale des modernen Zeit- und Zahlbegriffs erfahren. Ihre Begriffsbildung hängt daher eng mit der Konstitution des modernen Bewusstseins zusammen.

Mobilität, Raum und Zeit

Das moderne Selbstbewusstsein fußt auf dem Vermögen, zwischen sich selbst und den Gegenständen zu unterscheiden. Eine Erscheinung eines Gegenstandes scheidet die Innenwelt von der Außenwelt, wobei sich die Gegenstände in der Außenwelt befinden. Zu ihnen kann ich mich hinbewegen, mich an ihnen stoßen, ich empfange Sinneseindrücke der Gegenstände. Aus meiner Innenwelt ergänze ich sie mit Vorstellungen, Gedanken und Begriffen, aber auch mit Lust- und Unlustgefühlen sowie

Verkauf letzte 12 Monate

gang	Remi	Bestand	NOV	OKT	SEP	AUG	JUL	JUN	MAI	APR	MRZ	FEB	JAN	DEZ
		1												
		1												
		1												
		1												
		1												
		1												
		1												
		1												

mit Willensimpulsen. Letztere veranlassen mich zu Bewegungen, etwa dazu, einen Gegenstand zu ergreifen oder mich fortzubewegen. Durch Bewegungen erfahre ich die räumlichen Verhältnisse meiner Außenwelt. Z.B. kann ich die geometrische Form der Oberfläche eines Gegenstandes ertasten oder die Lageverhältnisse der Gegenstände durch Fortbewegen erfahren. Wenn ich mich relativ zu einem Gegenstand bewege, verändert sich seine Erscheinung. Sie kann ich verinnerlichen, d.h. in das episodische Gedächtnis einprägen. Durch episodisches Erinnern an die Erscheinungen kann ich ihre zeitlichen Verhältnisse erfahren. Räumliche Verhältnisse erfahre ich in meiner Außenwelt, zeitliche Verhältnisse in meiner Innenwelt. Inwieweit wirkt sich nun das Vermögen des modernen Menschen, zwischen seiner Innen- und Außenwelt zu unterscheiden, auf seine Mobilität und seine Raum- und Zeitvorstellungen aus?

Während des Mittelalters lebten die Menschen überwiegend ortsgebunden. Der Bauer und Leibeigene arbeitete auf seinem Hof, seinen Feldern und Weiden. Die Welt jenseits seiner überschaubaren Umgebung war ihm unbekannt. Diese Ortsgebundenheit spiegelt das mittelhochdeutsche Wort ›Rum‹ wider, von dem das neudeutsche Wort ›Raum‹ abstammt. Während der Sprachentwicklung veränderte sich die Bedeutung. Das Wort ›Rum‹ bezeichnete – ähnlich wie das englische *room* – einen abgegrenzten Bereich (Drosdowski, 1989). Ein gerodetes Waldstück wurde als ›Rum‹ bezeichnet. Unbegrenzte Räume kannten die Menschen des Mittelalters nicht. Die räumlichen Beziehungen der Gegenstände wurden von ihren symbolischen Bedeutungen überlagert – oder mit Burckhardt: verschleiert. Jenseits der vertrauten und begrenzten Umgebung stellte man sich die Gegenstände beseelt vor. Dort war die Heimstätte göttlicher Wesen, der Engelscharen, der Dämonen und Naturgeister – oder des Teufels in der unterirdischen Hölle. Auch das geozentrische Weltbild des Mittelalters war ein Ausdruck der Ortsgebundenheit. Die Erde – die Heimstätte der Menschen – bildete den Ruhepol des Kosmos. Nach der aristotelischen, scholastischen Bewegungslehre strebt jeder Körper seinem natürlichen Ort der Ruhe zu. Dieser ist nach dem geozentrischen

Weltbild der Mittelpunkt der Erde. Jede Bewegung war Ausdruck einer Störung der kosmischen Ordnung, und diese sollte wiederhergestellt werden, indem der Gegenstand seinem natürlichen Ort der Ruhe zustrebt.

Neuzeitliche Raumvorstellungen hingegen sind durch das Gegenstandsbewusstsein geprägt. Ein Gegenstand *steht* dem Betrachter *gegenüber*. Einen Gegenstand *stelle* ich mir *vor*. Der Betrachter oder der Vorstellende setzt sich zu dem Gegenstand in eine räumliche Beziehung. Einen Gegenstand nehme ich unter einer Perspektive wahr. Er erscheint mir dann auch *gegenwärtig*. Warum erscheint er mir gegenwärtig? Man kann nur dann sinnvoll von gegenwärtigem Erscheinen sprechen, wenn man ein gegenwärtiges Erscheinen von einem nicht gegenwärtigen Erscheinen, beispielsweise von einem vergangenen Erscheinen eines Gegenstandes, unterscheiden kann. Ebenso ist es nur dann sinnvoll, von einer Perspektive zu reden, wenn auch eine andere Perspektive auf den Gegenstand vorstellbar ist. Wenn ich einen Gegenstand unter einer bestimmten Perspektive wahrnehme und mir eine andere Perspektive vorstelle, dann ist die andere Perspektive nicht gegenwärtig. Sie kann in der Zukunft liegen, wenn ich mich entsprechend bewegen werde, oder sie ist bereits vergangen, wenn ich mich entsprechend bewegt habe. Hier verschränken sich Raum- und Zeitvorstellungen. Das gemeinsame Bindeglied ist die Bewegung. An dieser Stelle ist es sehr bedeutsam, sich den Unterschied vor Augen zu führen, den die Bewegung für den neuzeitlichen Menschen im Vergleich zum ortsgebundenen, mittelalterlichen Menschen hat. Die symbolhaft aufgeladenen Vorstellungen versperrten den Raum für Bewegungen in der mittelalterlichen Vorstellungswelt. Bewegungen waren letztlich sogar Ausdruck einer Störung der natürlichen oder göttlichen Ordnung. Dagegen erfährt der neuzeitliche Mensch durch Bewegung seinen jeweils eigenen Standpunkt und seine Perspektive sowie Gegenwart und Vergangenheit und kann sich auf Grund der Erfahrung eine Vorstellung von der Zukunft bilden.

Der Mensch der Neuzeit erfährt durch episodisches Erinnern, dass er einen Wandel der Erscheinungen bewirken kann, wenn er sich bewegt. So kann er sich an einem Gegenstand gestoßen haben. Dabei hat er ein raumzeitliches Merkmal wahrgenommen, nämlich dass er und der Gegenstand nicht zur gleichen Zeit an derselben Stelle sein können. Das raumzeitliche Merkmal ist der Grund, warum ein Gegenstand durch den Stoß in Bewegung versetzt werden kann. Der neuzeitliche Mensch erfährt durch den Stoß aber auch die Existenz des Gegenstandes und seine eigene Existenz. Insgesamt erfährt er seine *Selbstwirksamkeit*, er hat als Existierender einen anderen existierenden Gegenstand bewegt, die raumzeitlichen Verhältnisse zwischen ihm und dem Gegenstand verändert. Ein Mensch, der seine Selbstwirksamkeit erkannt hat, will selbst bestimmen bzw. im gesellschaftlichen Leben mitbestimmen, was er tut, zu welchem Zweck und wie er handelt. Auch will er die Früchte seiner Arbeit selbst genießen. Aus dieser Haltung heraus entstand bereits im späten Mittelalter in den freien Städten das Handwerk. Die Handwerker, Bäcker, Metzger, Schmiede, Schuster, Sattler, Weber, Färber etc. arbeiteten in diesem Sinne selbstbestimmt. Auch begann sich eine arbeitsteilige Produktion zu entwickeln, neue Produktionstechniken entstanden, neue Geräte wurden erfunden. Eine der bedeutendsten Erfindungen im 14. Jahrhundert war die mechanische Uhr, die sich rasch verbreitete, um das soziale Leben, insbesondere die arbeitsteilige Produktion in den Städten zu organisieren. Die arbeitsteilige Organisation der Produktion und die Verwendung neuer Werkzeuge und Geräte setzten neue Erkenntnisse über Bewegungen voraus.

In der Handwerkskultur der spätmittelalterlichen Städte regten sich bereits, wenn auch noch in einem embryonalen Stadium, die Naturwissenschaft und ihre Zwillingsschwester, die Technik. Der Ursprung der Physik während der Renaissance ist die Kinematik, die Lehre der Bewegungen. In einem Experiment bewegt der Wissenschaftler etwas. Sein Erkenntnisgewinn aus dem Experiment ist ähnlich der Erfahrung der Selbstwirksamkeit des Handwerkers. Der Wissenschaftler entlockt der Natur ein Geheimnis, indem er zu Beginn eines Experimentes gewisse Gegenstände bewegt und ihren weiteren Bewegungsablauf beobachtet. Galilei experimentierte mit Kugeln, die eine schiefe Ebene herabrollten, sowie mit schwingenden Pendeln. Er veranlasste in seinen Experimenten Bewegungen und beobachte den dadurch hervorgerufenen Wechsel der Erscheinungen (vgl. die Abschnitte »Galileis Relativitätsprinzip« und »Galileis Pendelexperiment«, S. 77 und 84). Nicht nur in der Renaissance galt das wissenschaftliche Interesse dem Verständnis der Bewegungsvorgänge – bis heute werden in einem wissenschaftlichen Experiment Bewegungen veranlasst. Alle physikalischen Größen wie Weg, Zeit, Geschwindigkeit, Beschleunigung, Masse, elektrische Ladung, Kraft, Energie usw. hängen direkt oder indirekt mit Bewegungen zusammen. Gemessen werden sie anhand einer Ortsveränderung, also durch Bewegung. Sinnfälliger Ausdruck dafür ist die Bewegung des Zeigers eines Messgerätes.

Durch Mobilität lernt der neuzeitliche Mensch zwischen einem Gegenstand und dessen Erscheinungen zu unterscheiden. Er erfährt, dass er verschiedene Erscheinungen desselben Gegenstandes wahrnehmen kann, wenn er sich so bewegt, dass er die Perspektive auf den Gegenstand ändert. So kann er durch episodisches Erinnern einen Zusammenhang der Erscheinungen erkennen. Zusammenhänge in den Erscheinungen zu erkennen, ist auch das Ziel der Wissenschaften.

Episodisches Erinnern während der Renaissance

Wie trat die episodische Erinnerungskultur im gesellschaftlichen Leben der Renaissance in Erscheinung? Die Frage steht in einem Zusammenhang mit unserem Erkenntnisziel, wie ein moderner Zeit- und Zahlbegriff aus der neuzeitlichen, episodischen Erinnerungskultur heraus gebildet wird. Wir können so den modernen Zeit- und Zahlbegriff in einen umfassenderen Zusammenhang einordnen. Insbesondere verstehen wir, aus welchem Selbstverständnis und gesellschaftlichen Erfahrungen heraus der moderne Mensch seinen Zeit- und Zahlbegriff gebildet hat und in Wissenschaft, Technik und Wirtschaft anwendet. In der Renaissance entstanden neue Impulse, die unser modernes Leben prägen.

Der neuzeitliche Mensch erfährt Merkmale des episodischen Erinnerns, und damit Merkmale der Ordinalzahlen, der reellen Zahlen und der linearen Zeit nicht nur durch eigenes episodisches Erinnern, er erkennt sie auch in den gesellschaftlichen Erscheinungen von Politik, Wirtschaft und Kultur. Er macht sich mit Merkmalen des episodischen Erinnerns vertraut und orientiert sich an ihnen.

Zum Beispiel orientiert sich der neuzeitliche Mensch im gesellschaftlichen Verkehr an Uhren, etwa an mechanischen Uhren mit Zeigern. Sie zu lesen, muss erlernt werden. Ein kleines Kind beherrscht dies nicht. Warum nicht? Weil die Stellung der Zeiger allein nichts aussagt. Erst im Zusammenhang mit einer kontinuierlichen Bewegung der Zeiger erschließt sich ihre Bedeutung. Die Stellung der Zeiger hat nur dann eine Bedeutung, wenn wir sie in Beziehung mit früheren oder späteren Zeigerstellungen setzen können. Merkmale eines solchen Zusammenhangs erfahren wir durch episodisches Erinnern. Ein Kind, das lernt, eine Uhr zu lesen, macht sich mit solchen Merkmalen vertraut. Es macht sich auch mit Merkmalen des linearen Kontinuums – der Struktur der reellen Zahlen – vertraut, ohne sich einen Begriff darüber zu bilden. Vertrautheit mit den Merkmalen ist eine notwendige Bedingung dafür, sie zu einem Begriff zusammenfassen zu können oder ihn zu verstehen.

Die Fähigkeit, eine Uhr zu lesen, hat mit der Fähigkeit, eine Perspektive zu erkennen, etwas gemeinsam. Eine Uhr können wir nur lesen, wenn wir die Stellung der Zeiger zu anderen Stellungen in Beziehung setzen können, eine Perspektive erkennen wir nur dann, wenn wir sie zu anderen Perspektiven in Beziehung setzen können. In beiden Fällen erfahren wir eine solche Beziehung durch episodisches Erinnern.

Politik

Durch das autonoetische Bewusstsein episodischer Erinnerungen erfährt der neuzeitliche Mensch, dass er selbst es ist, der wahrnimmt, vorstellt, denkt, will, handelt und etwas bewirkt. Und vor diesem Erfahrungshintergrund will er über sein Leben selbst bestimmen. In der Renaissance begannen die Menschen, sich gegen Entmündigung und Bevormundung durch Klerus, Adel und Leibeigenschaft zu wehren. Das mittelalterliche Machtgefüge aus Adel, Klerus und Feudalherren geriet ins Wanken. Es gab erste Ansätze demokratischer Staatsverfassungen,[9] aber auch tyrannische Herrschaftsformen. Beide Staatsformen drücken den Willen zur Selbstbestimmung aus. Die Tyrannei gewährt die Selbstbestimmung dem Tyrannen, auf Kosten der Bürger. Die Demokratie dagegen entspringt der Idee der Gleichheit der selbstbewussten Bürger. Statt auf Selbstbestimmung des Tyrannen setzt die Demokratie auf Mitbestimmung und gesellschaftliche Teilhabe.

Der Wille zur Selbst- bzw. Mitbestimmung führte zu den Bauernkriegen, aber auf der anderen Seite eben auch bereits im späten Mittelalter zur Gründung der freien Städte – »Stadtluft macht frei«. Von hier aus – insbesondere von den oberitalienischen Städten – nahm die Renaissance ihren Anfang.

Diese Städte wurden zunächst von den Patriziern beherrscht, die dank ihres Geldbesitzes über die Arbeitszeit bestimmen konnten. Als das Handwerk erstarkte, erkämpften sich Handwerker in vielen Städten ein Mitspracherecht. Patrizier und Handwerker regelten das soziale Leben einer Stadt und legten die Handlungsabläufe fest. Damit übten sie Herrschaft über die Zeit der Menschen aus. Seit der Renaissance orientiert sich die Politik an der modernen linearen Zeit. Die mittelalterliche Herrschaftsform hing noch stark mit dem Faktum der Ortsgebundenheit zusammen, was sich etwa in der mittelalterlichen Sanktionsform der Verbannung widerspiegelt. Der so Bestrafte war vogelfrei, konnte sich nirgends sicher fühlen. Moderne Gerichte verhängen hingegen Freiheits- oder Geldstrafen. Während eines Freiheitsentzuges kann der Delinquent nicht frei über seine Zeit verfügen. Für die Begleichung einer Geldstrafe muss er einen Teil seiner Zeit anderen zur Verfügung gestellt haben.

9 Von demokratischen Staatsformen lässt sich freilich noch nicht sprechen, da die dazugehörigen Rechte nur einem sehr kleinen Personenkreis zugesprochen wurden, etwa den Patriziern oder Mitgliedern einiger Zünfte. Frauen blieben davon vollständig ausgeschlossen.

Wirtschaft

Frühe Unternehmer gründeten erste Manufakturen. Berühmt waren die Tuchmanufakturen in Florenz. Die Tücher wurden in mehreren Arbeitsschritten produziert, und dazu waren unterschiedliche Fertigkeiten erforderlich, die eine arbeitsteilige Produktion nach sich zogen. Die Arbeitsteilung und neue technische Erfindungen führten zu einer Steigerung der Produktivität. Die mittelalterliche Subsistenzwirtschaft, in der ein Familienverband alle lebensnotwendigen Güter selbst herstellte, verlor relativ an Bedeutung. Die Verteilung der Güter übernahm der rasch wachsende Handel. Es entstand das Bank- und Kreditwesen. Die doppelte Buchführung und der Wechsel sind Erfindungen der Renaissance.

Die neuen mechanischen Uhren regelten in den Städten das öffentliche und wirtschaftliche Leben. Das älteste Zeugnis einer Turmuhr stammt aus Mailand aus dem Jahr 1336 (Goetz, 2008, S. 741). In einer arbeitsteiligen Wirtschaft stellt der Mensch seine Arbeitszeit anderen Menschen zur Verfügung und erwartet dafür eine Gegenleistung – es ist schließlich seine Zeit. Die Arbeitszeit, die mit den neuen mechanischen Uhren gemessen wurde, wird wiederum mit Geld bewertet – »Zeit ist Geld« (Goetz, 2008, S. 741). Geld berechtigt, sich die Arbeitszeit anderer Menschen oder deren Früchte anzueignen. (Ob es dabei immer gerecht zuging, ist freilich eine andere Frage.) Das Geld-, Bank- und Kreditwesen ist daher ein Ausdruck der episodischen Erinnerungskultur und des modernen linearen Zeitkonzeptes.

Kultur

Die Naturwissenschaften entstanden auf der Grundlage der Empirie und der Mathematik. In der mittelalterlichen, scholastischen Tradition berief man sich auf die überlieferte Aristotelische Naturlehre. Naturerkenntnisse suchte man durch logisches Folgern aus überlieferten Voraussetzungen und Glaubensbekenntnissen zu gewinnen. Erst in der Renaissance beobachtete man die Natur und führte Experimente durch, um Naturgesetze zu erkennen. Nun wurde auch die Zentralperspektive entdeckt. Während die mittelalterlichen Kunstwerke eigentümlich flach wirken, besitzen die Gemälde aus der Renaissance eine Raumtiefe und wirken dadurch gegenständlich. Die Gegenstände wurden so dargestellt, wie ein Naturwissenschaftler sie während eines Experiments beobachten würde. Gibt es einen Zusammenhang zwischen der Erfindung der Zentralperspektive und dem Entstehen der empirischen Wissenschaften? Ist etwa beides Ausdruck einer neuzeitlichen Wahrnehmung, welche die Wahrnehmung des Mittelalters ablöste? Die Vermutung liegt nahe und wird durch die Anwendung der Mathematik erhärtet. Nicht nur der Naturwissenschaftler bedient sich der Mathematik, auch die Maler der Renaissance projizierten Gegenstände mit Strahlensätzen auf die Leinwand – zumindest einige Künstler fertigten geometrische Hilfskonstruktionen an. Die Menschen der Renaissance erkannten einen Zusammenhang zwischen Kunst und Technik und prägten den Begriff des »Künstleringenieurs«. Der bekannteste unter ihnen ist Leonardo da Vinci. Von ihm sind nicht nur viele Gemälde und Zeichnungen erhalten, sondern auch technische Konstruktionszeichnungen, beispielsweise von Bewässerungsanlagen und Pumpen für die Landwirtschaft und die Wasserversorgung Mailands. Diese Zentralperspektive findet bis heute in technischen Zeichnungen und Bauzeichnungen Anwendung.

Wie erkennen wir in der Ansicht eines Gegenstandes eine Perspektive? Dass diese Fähigkeit nicht voraussetzungslos ist, zeigt sich etwa daran, dass ehemals Blinde, die nach einer Operation Sehkraft erlangt haben, unmittelbar nach dem Eingriff nicht in der Lage sind, Perspektiven zu erkennen. Da es keine perspektivischen Darstellungen aus dem Mittelalter gibt, stellt sich die Frage, ob die perspektivische Sichtweise vielleicht kulturbedingt ist. Zumindest scheint sie nicht angeboren. Ich komme später auf diesen Punkt zurück, hier widme ich mich zunächst der Frage, wie eine Perspektive erkannt wird. Wenn ich erkenne, dass ich einen Gegenstand unter einer bestimmten Perspektive wahrnehme, erkenne ich ebenfalls, dass ich den Gegenstand unter einer von sehr vielen Perspektiven wahrnehme. Ich kann die Perspektive durch Bewegungen wechseln.

Eine Perspektive kann ich nur dann erkennen, wenn ich erfahren habe, dass ich sie wechseln kann, und für diese Erfahrung benötige ich das episodische Gedächtnis. Ich muss episodische Erinnerungen an verschiedene Wahrnehmungen eines Gegenstandes vergleichen, die ich während einer Bewegung gemacht habe. Die Zentralperspektive ist daher ein Ausdruck der episodischen Erinnerungskultur der Renaissance. Im Folgenden möchte ich die Zusammenhänge zwischen der Zentralperspektive, den Naturwissenschaften und der Technik in der Renaissance herausarbeiten. Da die Erkenntnis einer Perspektive Erfahrungen mit Bewegungen voraussetzt, stellt sich die Frage, ob die Perspektive in einem Zusammenhang mit der Zeit steht, die durch eine Bewegung erfahren wird.

Perspektive

Zentralperspektive

Die Zentralperspektive ist das hervorstechende Merkmal in der Malerei der Renaissance. Durch die Zentralperspektive gewinnen zweidimensionale Bilder ihre Tiefenwirkung. Die Zentralperspektive lernt man am besten durch einen Vergleich kennen. Abbildung 3 (S. 116) zeigt eine perspektivische Stadtansicht von Florenz, circa aus dem Jahr 1480. Abbildung 4 (S. 116) zeigt dieselbe Stadt, ist aber mehr als hundert Jahre früher entstanden. Während dieser Zeit hat sich das Stadtbild von Florenz kaum geändert, lediglich die Kuppel des Doms wurde unter Anleitung des Architekten Brunelleschi, des Erfinders der Zentralperspektive, erneuert (Edgerton, 2002). Dennoch unterscheiden sich beide Stadtansichten erheblich. Die Häuser in Abbildung 3 erscheinen gegenständlicher und realistischer als in Abbildung 4. Auf Letzterer sieht man farbige Flächen in einer Komposition von Licht und Schatten. Die Häuser werden eher symbolisiert. Die Gegenstände der Abbildung 3 erscheinen deutlich perspektivisch. Der Maler lädt den Betrachter dazu ein, die Gebäude und andere Gegenstände von seinem Standpunkt aus zu betrachten; leicht ist vorstellbar, wie der Maler auf einer Anhöhe über dem Fluss Arno steht und auf

Florenz herabblickt. In diesem Sinne stellt das Bild auch den Standpunkt des Malers dar. Dieser wird durch geometrische Beziehungen zu den dreidimensionalen Gegenständen dargestellt. Da die Darstellung der Stadt Florenz auf Abbildung 4 aus Flächen besteht, können derartige dreidimensionale geometrische Beziehungen nicht entstehen.

Die Personen links und rechts der Stadt stehen in Abbildung 4 in keinerlei Größenverhältnis, wie es ein mobiler Mensch durch Bewegung erfahren und mithilfe der Zentralperspektive darstellen kann. Hier erkennen wir die mittelalterliche Perspektive, in der die Bedeutung einer Person oder eines Gegenstandes mittels Größe dargestellt wird. Die dargestellten Personen sind daher bedeutsamer als die Gebäude der Stadt Florenz. Sie nehmen eine betende, bittende Haltung ein, erbitten Barmherzigkeit für Florenz. In Abbildung 4 werden menschliches Wollen oder Wünschen dargestellt, in Abbildung 3 Gegenstände, Gebäude und die Stadtmauern, der Fluss Arno und die umliegenden Hügel – und der Standpunkt des Betrachters, dem die Gegenstände gegenüberstehen.

Beide Abbildungen lassen darüber hinaus eine Zeitbeziehung erkennen (Edgerton, 2002). In Abbildung 3 nehmen wir nicht nur den räumlichen Standpunkt wahr, von dem aus die Gegenstände (Gebäude, Mauern etc.) dargestellt sind. Die Gegenstände erscheinen auch *gegenwärtig*. Die Stadt Florenz lag dem Maler in seiner persönlichen Gegenwart so vor, wie er sie gemalt hat. Warum die Stadt Florenz mit ihren Gebäuden und Mauern gegenwärtig erscheint, ist bereits deutlich geworden: die Perspektive auf die Stadt ist nur eine von sehr vielen möglichen Perspektiven. Jede andere Perspektive ist nicht gegenwärtig, sondern kann in der Zukunft eingenommen werden, wurde eventuell in der Vergangenheit eingenommen. Bestimmt hat der Maler den Hügel zuvor erklommen, um von seinem gegenwärtigen Standpunkt aus Florenz zu malen. Während er den Hügel hinaufkletterte, nahm er Florenz unter vielen anderen Perspektiven wahr. Vielleicht wanderte er zuvor auf anderen Hügeln vor Florenz umher und verschaffte sich Eindrücke der Stadt aus verschiedenen Perspektiven. Möglicherweise verglich er die episodischen

Erinnerungen an die Stadtansichten unter den verschiedenen Perspektiven und wählte jene für sein Gemälde aus, die ihm am geeignetsten erschien.

Der Betrachter des Gemäldes kann zukünftige Bewegungen entwerfen. Die vorliegende Stadtansicht verwendet er dazu quasi als Stadtplan. Wir können uns unzählige Wege vorstellen, auf denen der Maler seinen Standpunkt verließ, nachdem er das Bild gemalt hatte. Durch derartige Bewegungsvorstellungen schätzen wir die Entfernungen der dargestellten Gebäude und anderer Gegenstände ein – anders könnten wir die Perspektive nicht erkennen. Haben wir sie einmal erkannt, können wir uns einen Wanderer auf den Hügeln vor der Stadt Florenz vorstellen, der in einem spezifischen Moment die Stadt so sah, wie sie gemalt ist. Das Bild nehmen wir dann als eine Momentaufnahme eines Wandernden wahr, die eine Vergangenheit und eine Zukunft hatte. Wir erkennen Merkmale der linearen Zeit. Weiter unten zeige ich, dass wir auf diese Weise auch Merkmale des Kontinuums und der reellen Zahlen erfahren. Insbesondere können wir eine Perspektive nur dann erkennen, wenn wir sie in einen kontinuierlichen, linearen Zeitverlauf bestimmter Bewegungen einbetten können.

Die Stadt Florenz in Abbildung 4 hingegen lässt sich so nicht wahrnehmen. Wir können uns nicht vorstellen, dass der Maler die Stadt im Jahr 1350 gegenwärtig so vor sich sah, wie er sie gemalt hat, kein räumlicher Standpunkt, von dem Florenz so wie auf dem Bild dargestellt hätte wahrgenommen werden können, wird erkennbar. Doch auch in Abbildung 4 wird eine zeitliche Beziehung dargestellt. Auf der linken Seite sehen wir einen Lichteinfall und auf der rechten Seite einen Schattenwurf. Lichteinfall und Schattenwurf sind so dargestellt, dass sie gleichzeitig stattfinden, obwohl der Maler kaum alle Details gleichzeitig gemalt haben kann (Edgerton, 2002).

Die Gleichzeitigkeit zweier Ereignisse hängt nicht vom Standpunkt eines Beobachters ab.[10] Daher finden in Abbildung

10 Auch nach der entsprechenden Relativitätstheorie hängt die Gleichzeitigkeit nicht vom Standpunkt eines Beobachters ab. Wenn ein

4 Lichteinfall und Schattenwurf gleichzeitig statt, auch ohne dass der Standpunkt eines Beobachters dargestellt ist. Anders in Abbildung 3. Unsere Vorstellung, dass der Maler die Stadt Florenz gegenwärtig so wahrgenommen hat, hängt wesentlich davon ab, dass wir uns seinen Standpunkt vorstellen können, ja sogar davon, dass wir uns in seinen Standpunkt hineinversetzen können: Wir stellen uns vor, Florenz von seinem Standpunkt aus selber gegenwärtig wahrzunehmen.

Raumvorstellung und Bewegung

Unsere Sehnerven produzieren ein zweidimensionales Bild. Wie erfahren wir also Raumtiefe? Um diese Frage zu beantworten, will ich Sie erneut zu einem Experiment einladen. In Abbildung 5, (S. 117) ist der bekannte Neckersche Würfel abgebildet. Die schwarzen Strecken stellen seine Kanten dar. Den Würfel können Sie auf zweierlei Weise wahrnehmen. Deutlich sind zwei Quadrate zu erkennen. Eines der beiden Quadrate kann als die Vorderseite und das andere als die Rückseite des Würfels wahrgenommen werden. Die Zeichnung allein liefert keinen Hinweis darauf, welches der beiden Quadrate die Vorder- und welches die Rückseite ist. Sie kann es auch nicht, weil eine Seite nur in Beziehung zum Standpunkt des Betrachters eine Vorder- bzw. Rückseite und die Zeichnung nicht perspektivisch ist. Der Betrachtende erfasst zunächst eines der beiden Quadrate, »tastet« mit seinem Blick die vier Kanten ab. Sein Blick wandert längs der vier Seiten des Quadrates. So erfasst er das Quadrat. Dann bewegt er seinen Blick entlang der Verbindungsstrecken zu dem anderen Quadrat. Dabei kann er sich die Bewegung auf zwei Arten vorstellen – als eine Bewegung von seinem Standpunkt weg oder eine zu seinem Standpunkt hin. Im ersten Fall ist die zweite Seite die Rückseite, im zweiten Fall die Vorderseite. Die Raumtiefe des Neckerschen Würfels er-

Beobachter zwei Ereignisse gleichzeitig wahrnimmt, muss ein zweiter Beobachter sie nicht notwendigerweise auch gleichzeitig wahrnehmen. Entscheidend dafür ist seine relative Geschwindigkeit zum ersten Beobachter, nicht sein Standpunkt.

fahren wir, indem wir den visuellen Eindruck durch Bewegungsvorstellungen ergänzen.

Raumtiefe nehmen wir auch visuell mit unseren beiden Augen wahr. Gängig ist die Vorstellung, dass die Überlagerung der beiden Bilder zu einem stereographischen Bild führt. Ergibt aber die Überlagerung von zwei zweidimensionalen Bildern nicht wieder ein zweidimensionales Bild? Nun sind die Augen beweglich. Nehmen wir einmal an, dass wir einen Punkt mit unseren Augen fixieren, um seine Entfernung abzuschätzen. Die Entfernung ergibt sich aus dem Winkel der beiden Sehachsen und dem Abstand der beiden Augen. Die Raumtiefe – also die Entfernungen zu unserem Standpunkt – erfassen wir durch Stellung der beiden Augen zueinander. Um aus den Augenstellungen auf die – zumindest annähernd – richtigen Entfernungsverhältnisse zu schließen, benötigen wir Erfahrung. Die Wahrnehmung der Raumtiefe ist uns nicht angeboren, wir müssen sie erlernen. Das zeigen zahlreiche Erfahrungen mit Operationen an Menschen, die seit Geburt oder früher Kindheit blind waren und nach einer Operation sehen konnten. Oliver Sacks schildert in »Eine Anthropologin auf dem Mars« den Fall eines Mannes, der in seiner frühen Kindheit erblindete und nach 45 Jahren dank einer erfolgreichen Operation sein Augenlicht zurückgewann. Wie bei anderen ehemals blinden Menschen wich seine anfänglich euphorische Stimmung über sein wieder gewonnenes Sehvermögen einer tiefen Depression. Es bereitete ihm erhebliche Schwierigkeiten, in den Farb- und Lichteindrücken die Gegenstände zu erkennen, die er vorher hatte ertasten müssen. Nach 45 Jahren war es ihm nicht mehr möglich, visuelle Reize und Tastwahrnehmungen aufeinander abzustimmen: Er konnte keine Entfernungen abschätzen, manchmal sprang er unwillkürlich zur Seite, etwa wenn ein Vogel ihm scheinbar zu nahe kam. Tatsächlich hielten die Vögel einen gebührenden Abstand. Er konnte sich auch keine Vorstellung von Größe und Perspektive machen. Diese Erfahrung ist typisch für ehemals blinde Menschen. Sacks zitiert einen anderen Patienten:

> »Vor der Operation hatte ich eine ganz andere Raumvorstellung und wusste, dass ein Gegenstand sich jeweils nur in

einem taktilen Bereich befinden kann. Ich wusste auch, dass man ein Hindernis oder eine Schwelle am Ende einer Veranda erst nach einer gewissen Zeit erreicht, und dafür hatte ich ein Gespür entwickelt. Nach der Operation konnte ich monatelang nicht mehr die Seheindrücke mit meinem Gehtempo koordinieren. Ich musste das Sehen und die für das Zurücklegen einer bestimmten Strecke notwendige Zeit aufeinander abstimmen. Mir fiel das sehr schwer. Ging ich zu schnell oder zu langsam, stolperte ich.« (Sacks, 2014, S. 180)

Blinde organisieren ihre Wahrnehmungen in der Zeit, nicht im Raum. Ein sehendes Kind kann lernen, Wahrnehmungen auch räumlich zu organisieren. Ein Erwachsener mit wiederhergestelltem Augenlicht muss einen radikalen Wechsel von einem sequentiellen zu einem räumlichen Modus vollziehen. Und seine lebenslange Gewohnheit steht dem entgegen (Sacks, 2014, S. 203). Die Stellung der Augen reicht für die Wahrnehmung der Raumtiefe alleine nicht aus. Dafür sind zwei Gründe zu nennen: Eine Zeichnung des Neckerschen Würfels oder ein perspektivisches Bild ist eine zweidimensionale Fläche ohne Raumtiefe. Die Stellung der Augen ändert sich daher beim Betrachten eines solchen Bildes kaum. Dennoch nehmen wir Raumtiefe wahr.

Entfernung ist ein Beziehungsbegriff. Unter den Begriff fallen die Beziehungen »Weiter-als«, »Näher-als« und »Gleichweit-wie«. Eine solche Entfernungsbeziehung richtig einschätzen zu können, muss gelernt werden, und dafür braucht es Erfahrungen mit der Raumtiefe. Diese gewinnen wir nicht allein aus den Bewegungen der Augen, sondern wir müssen uns fortbewegen – in die Tiefe des Raumes hinein. Wir sind es gewohnt, dass ein Gegenstand zunehmend größer erscheint, je näher wir auf ihn zulaufen. Auch das Verhältnis der Größenzunahme zu den zurückgelegten Schritten ist uns »geläufig«.

Der Zusammenhang zwischen der Ortsgebundenheit der Menschen im Mittelalter und ihren zweidimensionalen Bildern einerseits und den weiten Handelsreisen auf Land und zur See, den Entdeckungen während der Renaissance und der Zentralperspektive andererseits kristallisiert sich nun heraus. Über einen Zusammenhang zwischen Ortsgebundenheit und fehlender Raumtiefe in der Literatur, Poesie und den Gesängen des Mittelalters schreibt Burckhardt:

> »[Die mittelalterlichen Gesänge] verraten das stärkste Mitleben in den einfachsten Erscheinungen, als da sind der Frühling und seine Blumen, die grüne Heide und der Wald. Aber es ist lauter Vordergrund ohne Ferne, selbst noch in dem besonderen Sinne, dass die weitgereisten Kreuzfahrer sich in ihren Liedern kaum als solche verraten. Auch die epische Poesie, welche z.B. Trachten und Waffen so genau bezeichnet, bleibt in der Schilderung der Örtlichkeit skizzenhaft, und der große Wolfram von Eschenbach erweckt kaum irgendein genügendes Bild von der Szene, auf welcher seine handelnden Personen sich bewegen. Aus den Gesängen würde vollends niemand erraten, dass dieser dichtende Adel aller Länder tausend hochgelegene, weitschauende Schlösser bewohnte oder besuchte und kannte. Auch in jenen lateinischen Dichtungen der fahrenden Kleriker fehlt noch der Blick in die Ferne, die eigentliche Landschaft, aber die Nähe wird bisweilen mit einer so glühenden Farbenpracht geschildert, wie sie vielleicht kein ritterlicher Minnedichter wiedergibt.« (Burckhardt, 2009, S. 278)

Burckhardt beschreibt ähnliche Erfahrungen mit mittelalterlicher Literatur, Poesie und Gesängen wie wir sie mit der Malerei kennengelernt haben – die Erfahrung der fehlenden Raumtiefe, des Vordergrundes ohne Ferne. Das »stärkste Mitleben« und die »glühende Farbenpracht« der nahen Erscheinungen drückte die Ortsgebundenheit des mittelalterlichen Menschen aus. Wolfram von Eschenbach beschreibt kaum handelnde, sich bewegende Personen. Selbst die weitgereisten Kreuzfahrer stellen ihre Weltläufigkeit kaum zur Schau.

Ein Wendepunkt in der Wahrnehmung der Natur ist die Besteigung des Mont Ventoux durch den bedeutenden Geographen und Kartographen Francesco Petrarca im Jahr 1336 (Burckhardt, 2009, S. 279). Er beschrieb sie in einem Brief, der uns überliefert ist (Petrarca, 2010). Während der Besteigung nahm er unterschiedliche – ungewohnte – Perspektiven wahr:

> »Zuerst stand ich, durch den ungewohnten Hauch der Luft und die ganz freie Rundsicht bewegt, einem Betäubten gleich da. Ich schaue zurück nach unten: Wolken lagen zu meinen Füßen [...]. Ich wende dann meine Blicke in Richtung Italien [...]. Die Alpen selber, eisstarrend und schneebedeckt [...].« (Petrarca, 2010, S. 17)

> »Die Berge der Provinz von Lyon hingegen zur Rechten, zur Linken sogar der Golf von Marseille und der, der an Aigues-Mortes brandet, waren ganz deutlich zu sehen, obwohl dies alles einige Tagereisen entfernt ist. Die Rhone lag geradezu unter meinen Augen.« (Petrarca, 2010, S. 23)

Der Brief verdeutlicht die Wende in der Wahrnehmung: Die Perspektive aus der Höhe war ungewohnt. Petrarca schrieb seinen Brief aus der Ich-Perspektive – wie ein Maler der Renaissance visuelle Wahrnehmungen aus seiner jeweiligen Perspektive darstellte. Wir erkennen in dem Brief die Perspektive in ihrem linear zeitlichen Verlauf.

Während des Abstieges holten ihn symbolträchtige, mittelalterliche Bilder ein, und es plagten ihn Selbstzweifel. Die Bergbesteigung erschien ihm eine eitle Mühe zu sein, damit der Leib dem Himmel näher komme.

> »Wie oft, glaubst Du, habe ich an diesem Tag auf dem Rückweg mich umgewendet und den Gipfel des Berges betrachtet, und er schien mir kaum die Höhe einer Elle zu haben im Vergleich zur Höhe menschlicher Betrachtung, wollte man sie nur nicht in den Schmutz irdischer Gemeinheit eintauchen. [...] wenn es einen nicht verdross, so viel Schweiß und Strapazen auf sich zu nehmen, damit nur der Leib dem Himmel etwas näher wäre, welches Kreuz, welcher Kerker, welche Folter dürfte dann die Seele erschrecken, die sich Gott nähert und dabei den aufgeblasenen Gipfel der Überheblichkeit und die Geschicke der Sterblichkeit mit Füßen tritt?« (Petrarca, 2010, S. 27 f.)

Erkennbar wird, dass während einer Zeitenwende auch in dem Bewusstsein des einzelnen Individuums altes und neues Denken um die Vorherrschaft miteinander ringen.

Petrarca beschrieb die Bergbesteigung als eine Wanderung, und für eine solche ist kein spezielles gesellschaftliches Privileg erforderlich. In der Neuzeit steht es jedem offen, sich in der Natur zu bewegen – ohne dabei einen ökonomischen oder sonstigen Zweck zu verfolgen. Doch der neuzeitlichen Mobilität steht die mittelalterliche Ortsgebundenheit gegenüber. Eine Bergbesteigung wäre als ein Frevel, wenn nicht gar als Blasphemie angesehen worden, da man sich dadurch anmaßte, dem mit religiöser Symbolik aufgeladenen Himmel nahe zu kommen. Der mittelalterliche Mensch war durch religiöse Vorstellungen und gesellschaftliche Zwänge wie Leibeigenschaft an den Ort gebunden, an dem er wohnte.

Auch die gotische Architektur stellt einen Übergang vom Mittelalter zur Neuzeit dar. Sie drückt das Lebensgefühl des neuzeitlichen Menschen aus, bis ins 19. Jahrhundert hinein wurden Bauwerke und Denkmäler im gotischen Baustil errichtet. Der Gotik ist die Romanik vorangegangen, deren Kirchenbauten sich durch Rundbögen und Kuppeln auszeichneten. Die Größenverhältnisse von Länge, Breite und Höhe des Bauwerkes haben ein ausgewogenes Verhältnis, eine vorherrschende Richtung ist nicht erkennbar – und damit auch keine Bewegungsrichtung. Eine romanische Kirche wirkt in sich ruhend und stellt auf diese Weise die mittelalterliche Ortsgebundenheit dar. Verstärkt wird dies durch Rundbögen, im Gegensatz zu den Spitzbögen der gotischen Architektur. Die Kuppel einer romanischen Kirche stellt das Himmelsgewölbe dar, unter der die Erde ruht. Die wuchtigen Außenmauern einiger romanischer Kirchen dienten freilich auch als militärischer Schutz. Ein Mensch in einem romanischen Bauwerk war eher der Welt ab- als zugewandt. Dagegen dominierte in den Größenverhältnissen eines gotischen Bauwerkes die Höhe, noch verstärkt durch den Bau von Spitzbögen. Ein Mensch, der eine gotische Kirche betritt, richtet unwillkürlich seinen Blick nach oben, z.B. zu einem Spitzbogen eines schmalen, hohen Fensters, durch das Sonnenlicht fällt. Er richtet sich gleichsam auf. Ein gotisches Bauwerk ist eine zu Stein gewordene Geste des Aufrichtens. Sich aufzurichten ist notwendig, um sich fortzubewegen und selbstbewusst den Gegenständen gegenüberzutreten. Die gotische Architektur deutet das Lebensgefühl des neuzeitlichen Menschen an, das durch Mobilität, Selbst- und Gegenstandbewusstsein geprägt ist.

Bewegungswahrnehmung

Der griechische Philosoph Zenon (ca. 333– ca. 262 v. Chr.) versuchte zu beweisen, dass Bewegung nicht möglich sei. Wer dennoch Bewegungen erfahre, lasse sich von den wechselnden Erscheinungen täuschen, von Schein und Trug. Wahrhaftig sei dagegen das ewige, unvergängliche und bewegungslose Sein. Von Zenon sind scharfsinnige Paradoxien der Bewegung überliefert, die jede für sich die Annahme, dass sich irgendetwas bewegt, zu einem Widerspruch führt. In dem Paradoxon des fliegenden Pfeils leitete er einen Widerspruch zu der Annahme her, dass der Pfeil tatsächlich fliegt, indem er darlegte, dass wir zu keinem Moment ein Merkmal der Bewegung des Pfeils wahrnehmen können. In jedem Moment verharrt der Pfeil an einem fest umrissenen Ort. Er bewege sich also nicht.

Wenn wir einen Gegenstand beobachten, der sich bewegt, dann erscheint er in jedem Moment an einem festen Ort. Unser Sinneseindruck ist eine Momentaufnahme, ein Schnappschuss. Es ist daher unklar, wie wir seine Bewegung wahrnehmen, ob wir sie überhaupt wahrnehmen. Vielleicht interpretieren wir nur eine Bewegung in die wechselnden Erscheinungen hinein? Eine Bewegung wäre dann erdacht. Die Bewegung des fliegenden Pfeils wäre ein Gedanke, der viele einzelne Erscheinungen zu einer kontinuierlichen Ortsveränderung zusammenfasst.

Oder denken wir an die Bewegung eines Planeten! Zu unterschiedlichen Zeiten nehmen wir jeweils eine spezifische Erscheinung des Planeten wahr. In jeder einzelnen Nacht verhält sich der Planet so wie Zenons fliegender Pfeil. Er verharrt an einem fest umrissenen Ort. Jedoch ist der Ort in jeder Nacht ein anderer. Wenn wir die verschiedenen Erscheinungen des Planeten in Beziehung setzen, erhalten wir eine Bewegung des Planeten. Wir können vielleicht sogar seine Bahn erkennen – beispielsweise eine elliptische Bahn um die Sonne. Die Bewegung des Planeten auf seiner elliptischen Bahn um die Sonne ist ein Gedanke, der die Erscheinungen des Planeten zu unterschiedlichen Zeitpunkten zusammenfasst. Doch zu keinem Zeitpunkt nehmen wir ein Merkmal der Bewegung des Planeten wahr. Ganz anders verhält es sich mit der Bewegung einer Sternschnuppe. Wir meinen zu sehen, wie sie durch die Atmosphäre rast und einen glühenden Streifen hinterlässt. Die Sternschnuppe verglimmt jedoch so schnell, dass wir keine Zeit finden, die Erscheinungen zu einer Bewegung zusammenzufassen. Wir kommen zu dem Schluss, die Bewegung zu sehen. Ein optischer Sinneseindruck der Sternschnuppe liefert aber, wie der Zenonsche Pfeil, in keinem Moment ein Merkmal der Bewegung. Könnte es nicht sein, dass wir den optischen Sinneseindruck durch unsere Vorstellung ergänzen, deren Qualitäten wir anders wahrnehmen als mit unseren Augen? Einen Hinweis darauf liefert die Beobachtung, dass wir uns häufig selbst bewegen, wenn wir einen bewegten Gegenstand beobachten. Wir bewegen unsere Augen, wenden unseren Kopf oder bewegen den Rumpf. In der Tat können wir bei einer Eigenbewegung ihre Merkmale wahrnehmen. Die Wahrnehmung dient der Kontrolle unserer Eigenbewegungen. Meist geschieht das routiniert, unsere Bewegungswahrnehmung wird uns kaum bewusst. Wir können nur schwer ein Sinnesorgan für die Wahrnehmung identifizieren. Es liegt nämlich im Inneren des menschlichen Körpers. Es gibt Sinneszellen in den Skelettmuskeln, Sehnen und Gelenken, mit denen wir in jedem Moment die Richtung und die Geschwindigkeit einer Eigenbewegung wahrnehmen. Eine krankhafte Beeinträchtigung der Bewegungswahrnehmung führt dazu, dass wir unsere Bewegungen nicht mehr kontrollieren können. Das lässt sich auch bei einem Betrunkenen beobachten. Um eine gesunde Bewegungswahrnehmung zu erfahren, schließen Sie bitte ihre Augen und versuchen, mit einem Zeigefinger Ihre Nasenspitze zu berühren.

Die Bewegung erscheint Ihnen während ihres zeitlichen Verlaufs, in dessen Momenten sie jeweils zur Kontrolle eine Bewegungsrichtung und Geschwindigkeit wahrnehmen.

Wir können uns nur diejenigen Sinnesqualitäten vorstellen, die wir auch wahrnehmen können. Zum Beispiel kann sich nur ein Mensch, der sehen kann, eine Farbe vorstellen. Weil wir in jedem Moment die Richtung und Geschwindigkeit einer Eigenbewegung wahrnehmen können, können wir uns auch Richtung und Geschwindigkeit einer beliebigen Bewegung in jedem Moment vorstellen. Häufig ergänzen wir visuelle Sinneseindrücke auf diese Weise und nehmen zusätzlich Bewegungsreize der Augenmuskulatur wahr. Das ist beispielsweise im Straßenverkehr notwendig. Hier liegt aber auch der Grund, warum uns geometrische Konstruktionen mit Zirkel und Lineal anschaulich erscheinen. Wenn wir unsere Blicke entlang der gezeichneten Linien, Strecken und Kreise wandern lassen, sie gleichsam abtasten, nehmen wir in jedem Moment eine Richtung und Geschwindigkeit wahr (Yarbus, 1967, S. 105). Im nächsten Abschnitt werden wir erfahren, dass Begriffe der griechischen Geometrie Merkmale von Eigenbewegungen haben.

Euklidische Geometrie – das griechische Erbe

Während der Renaissance wurde Literatur über die Anwendung der Geometrie auf die Zentralperspektive, aber auch auf die Navigation und Kartographie sowie die Astronomie publiziert und gelesen. Die Autoren knüpften an die antike griechische Geometrie an, wie sie von Euklid überliefert ist. Das Interesse an der Geometrie steht in einem engen Zusammenhang mit der neuen Mobilität der Menschen, Kartographie und Navigation erlebten einen rasanten Aufschwung. Sogar ein statisches Bild, das in der Zentralperspektive gemalt wurde, drückt Erfahrungen mit der Mobilität aus, wie ich sie oben dargelegt habe. Erfahrungen mit Ortsveränderungen sind notwendig, um ein Bewusstsein von der Perspektive zu entwickeln. Unten werden wir sehen, dass Letzteres wiederum dem kopernikanischen Weltbild zugrunde liegt. Die Geometrie diente dazu, den eigenen Standpunkt darzustellen oder zu bestimmen, um sich zu orientieren. Warum aber kann die Geometrie mobilen Menschen zur Orientierung dienen? Im Folgenden lege ich an Beispielen dar, dass einige grundlegende Begriffe der Euklidischen Geometrie bestimmten Bewegungsvorstellungen entlehnt sind bzw. Merkmale der Bewegung aufweisen. Bei Euklid lesen wir folgende Definitionen:

1. Ein Punkt ist, was keine Teile hat.
2. Eine Linie ist eine breitenlose Länge.
3. Die Enden einer Linie sind Punkte.
4. Eine gerade Linie (Strecke) ist eine solche, die zu den Punkten auf ihr gleichmäßig liegt.
5. Eine Fläche ist, was nur Länge und Breite hat.
6. Ein Kreis ist eine ebene, von einer einzigen Linie umfasste Figur mit der Eigenschaft, dass alle von einem innerhalb der Figur gelegenen Punkte bis zur Linie laufende Strecken einander gleich sind (Euklid, 2010).

Einen Punkt charakterisiert Euklid anhand von zwei Merkmalen: er habe keine Teile und bilde das Ende einer Linie. Das Ende einer Linie ist demnach ein unteilbarer Teil derselben. Sie habe nur Länge und keine Breite. Wie können wir uns eine Linie vorstellen?

Meistens besteht das, was wir uns vorstellen können, aus Teilen. Dabei ist ein Teil im Allgemeinen etwas anderes als das Ganze. Ein Baum ist kein Wald, und ein Stamm, ein Ast oder ein Blatt ist kein Baum. Anders verhält es sich mit einer Bewegung. Eine Bewegung können wir in Teilbewegungen unterteilen, von denen jede wiederum eine Bewegung ist. Dass dieser Sachverhalt bereits im antiken Griechenland debattiert wurde, illustriert das Paradoxon des Wettrennens zwischen Achilles und der Schildkröte bei Zenon. Achilles, der athletische Held aus der »Ilias« von Homer, soll mit einer Schildkröte um die Wette rennen. Von fairem Sportsgeist erfüllt, gewährt Achilles der Schildkröte einen Vorsprung. Nachdem beide losgelaufen sind, erreicht Achilles bald die Stelle, an der zuvor die Schildkröte gestartet ist. Doch inzwischen ist sie ein Stück weiter gekrochen. Wenn Achilles auch diese Stelle erreicht, dann ist die Schildkröte wieder ein Stück weitergekrochen. Jedes Mal, wenn Achilles die Stelle erreicht, wo zuvor die Schildkröte war, hat sie immer noch einen Vorsprung. Achilles kann die Schildkröte daher nicht einholen, so schloss Zenon. Da wir aber wahrnehmen, dass ein Athlet eine Schildkröte ein- und überholt, müsse die Bewegung eine Sinnestäuschung, eine Halluzination sein. Davon unabhängig spaltete Zenon gedanklich die Bewegung des Achilles und der Schildkröte in Teilbewegungen auf. Jede der Teilbewegungen ist dabei wiederum eine Bewegung – wenn auch nach Zenon eine illusionäre. Die Bewegungen der beiden ungleichen Kontrahenten wurden gar in unendlich viele Teilbewegungen aufgeteilt. Zenon ging davon aus, dass Achilles und die Schildkröte aber nicht hintereinander unendlich viele Bewegungen ausführen könnten. Dabei übersah er, dass eine Bewegung durchaus in unendlich viele Teilbewegungen zergliedert werden kann. Er unterteilte die Bewegungen des Achill und der Schildkröte bis zu dem Moment, in dem Achilles die Schildkröte überholt, in unendlich viele Teilbewegungen. Das Beispiel zeigt, dass das Verhältnis von Teil und Ganzem im antiken Griechenland noch intellektuelles Neuland bedeutete. Vergegenwärtigen wir uns noch einmal den Moment, in dem Achilles die Schildkröte einholt. Dieser Moment kann nicht weiter in Teilbewegungen zergliedert werden. Er ist unteilbar. Einen Teil einer Bewegung, der selbst keine Teile hat, nennen wir einen *Moment* der Bewegung. Stellen wir uns z.B. ein schwingendes Pendel vor. Wenn es die maximale Auslenkung erreicht hat, steht es für einen Moment still und kehrt dann seine Bewegungsrichtung um. Aber auch wenn das Pendel die Stelle seiner Gleichgewichtslage oder eine andere Stelle erreicht, befindet es sich nur für einen Moment dort. In dem Paradoxon von dem fliegenden Pfeil hatte Zenon argumentiert, der Pfeil stehe in jedem Moment still und fliege daher nicht. Wenn wir einen fliegenden Pfeil beobachten, dann verfolgen wir ihn mit unseren Blicken, wir wenden den Kopf und vielleicht auch den Rumpf. Wir erfahren die Bewegung des Pfeils, indem wir sie mit einer Eigenbewegung rekonstruieren. Was nehmen wir in einem Moment einer Eigenbewegung wahr? Wenn ich mich, bzw. einen Körperteil von mir, bewege, dann empfinde ich mit meinem Bewegungssinn in jedem Moment der Bewegung genau eine Richtung und Geschwindigkeit als Sinneseindruck.[11] Nur in einzelnen Momenten, Ausnahmemomenten, in denen ich z.B. wie ein Pendel die Bewegungsrichtung umkehre, beispielsweise beim Hin- und Herschwingen der Arme, während ich schnell laufe, empfinde ich weder Richtung noch Geschwindigkeit. Einen Moment meiner Eigenbewegung erfahre ich, indem ich mich zu einer Richtung und Geschwindigkeit entscheide und sie mit meinem Bewegungssinn wahrnehme. Dieser Teil der Eigenbewegung lässt sich nicht weiter unterteilen. Er ist also ein Moment. Während ich mich zu einer Richtung und Geschwindigkeit entschließe und sie wahrnehme, erfahre ich den Moment als Gegenwarts-

11 Newton, der unabhängig von Leibniz die Infinitesimalrechnung (Differential- und Integralrechnung) entdeckte, rechnete mit unendlich kleinen Zeitgrößen, die er Fluktionen nannte. Liegen dem Newtonschen Begriff der »Fluktion« Erfahrungen der Momente einer Eigenbewegung zugrunde? Mit der Geschwindigkeit und Richtung eines Momentes der Bewegung erfahren wir etwas, das Newton bei Fremdbewegungen mit der Differentialrechnung bestimmen wollte. Die Frage erhält dadurch zusätzliches Gewicht, dass sich Newton stärker als Leibniz an der Erfahrung orientierte. Nach Newton war der Wahrheitsgehalt einer Aussage an der Erfahrung zu überprüfen. Leibniz arbeitete dagegen auch mit Vernunftwahrheiten. Anstelle der unendlich kleinen Größen von Newton traten bei Leibniz Größen, die beliebig klein werden konnten. Hier schimmert bereits der Grenzwertbegriff durch. Dieser, bzw. die Größen, die beliebig klein werden können, lässt sich jedoch weniger aus der Erfahrung als durch die Vernunft, d.h. aus den Merkmalen der Zahlen, begründen. Liegt dem Prioritätenstreit in Wahrheit ein Methodenstreit zugrunde? Schließlich könnten beide es auch als Bestätigung aufgefasst haben, dass sie unabhängig voneinander die gleiche Entdeckung gemacht hatten. Durch unterschiedliche Methoden kann aber das Vorgehen des jeweils anderen auch in Frage gestellt werden.

moment – mein Entschluss ist in die Zukunft gerichtet, meine Wahrnehmung vergänglich. (Mehr dazu im 3. Kapitel.)

Wie nehmen wir eine Linie auf einer geometrischen Konstruktionszeichnung wahr? Zunächst bewegt sich mein Blick zu einem Ende der Linie und fixiert diesen. Dann taste ich mit meinem Blick die Linie ab, bis ich an dem anderen Ende angekommen bin. Auch diesen fixiere ich. Beim Abtasten der Linie mit meinem Blick bewege ich meine Augen. In jedem Moment nehme ich ihre Bewegungsrichtung wahr. Dadurch erfahre ich die euklidische Länge ohne Breite. Es gibt nämlich in jedem Moment nur eine Bewegungsrichtung und keine zweite, abweichende, in die Breite. Eine Linie einer geometrischen Konstruktionszeichnung ist eine Aufforderung zu einer bestimmten Bewegung. Der anschauliche Charakter einer geometrischen Konstruktionszeichnung kommt durch die Bewegungen der Augen zustande. Mit meinem Bewegungssinn nehme ich Eigenschaften der Linie wahr.

Was empfinde ich, wenn ich einen Punkt auf einer geometrischen Konstruktionszeichnung fixiere? Das Fixieren ist mit einer Willensanstrengung verbunden. Niemals fixiere ich unwillkürlich einen Punkt auf einer Zeichnung. Meine Augen sind in ständiger Bewegung. Zum Teil können wir diese Bewegungen willentlich kontrollieren, wir müssen es aber nicht. Z.B. kontrollieren wir einen Teil unserer Augenbewegungen, wenn wir mit unserem Blick eine Linie abtasten. Wenn ich einen Punkt fixiere, dann unterbreche ich den kontrollierbaren Teil meiner Augenbewegungen und bewege meinen Blick zu dem Punkt, wo ich mit der Bewegung beider Augen innehalte (Yarbus, 1967, S. 108). Er ist dann das Ende meiner Bewegung und vielleicht der Beginn einer neuen Bewegung. Eine Euklidische Linie erfahre ich durch eine Eigenbewegung. Wenn ich die Eigenbewegung stoppe, dann erfahre ich einen Euklidischen Punkt. Er ist dann ein Ende der Linie, die ich mit meiner Eigenbewegung durchlaufen habe.

Während ich meinen Blick längs einer Linie bewege, entscheide ich mich in jedem Moment der Bewegung zu einer Richtung und Geschwindigkeit. Ich könnte mich auch in einem

Moment dazu entschließen, meinen Blick dort zu fixieren, wo ich gerade hinblicke. So erfahre ich einen Punkt auf der Linie – ein unteilbares Ende des bereits mit meinen Blicken abgetasteten Teils der Linie. In jedem Moment einer Bewegung längs einer Linie befinde ich mich auf einem Punkt auf der Linie.

Was heißt es, dass eine Linie gleichmäßig zu den Punkten auf ihr liegt? Was bedeutet »gleichmäßig liegen«? Angenommen, ich bewege mich in jedem Moment gleichmäßig, ich ändere also weder Richtung noch Geschwindigkeit. Eine Linie hat zu jedem Punkt auf ihr eine Richtung. »Gleichmäßig liegen« würde dann heißen, dass die Linie an jedem Punkt auf der Linie die gleiche Richtung hat. Wenn wir uns so bewegen, dass wir die wahrgenommene Richtung nicht ändern, vollziehen wir eine gradlinige Bewegung. Eine gerade Linie zwischen zwei festen Punkten, die wir auch Strecke nennen, und damit eine Richtung, ist durch die beiden Punkte eindeutig bestimmt. Wir können uns nur in einer Richtung von einem Punkt zu einem anderen bewegen. Der Sachverhalt wird z. B. beim Rudern genutzt. Da er mit dem Rücken zur Fahrtrichtung sitzt, fixiert der Ruderer einen markanten Punkt am Ufer und rudert geradlinig von ihm weg. Wie kann der Ruderer kontrollieren, ob seine Bewegung gradlinig ist? Nun befindet sich zwischen dem Punkt am Ufer und seinem Augpunkt immer eine Strecke, egal was er tut. Er hätte nur dann eine gradlinige Bewegung vollzogen, wenn sich auch alle seine früheren Augpunkte auf der Strecke befinden würden. Da durch zwei Punkte eine Richtung eindeutig charakterisiert werden kann, wäre dann die Richtung, die durch den Punkt am Ufer und einen früheren Augpunkt gegeben ist, identisch mit der Richtung, die durch den Punkt am Ufer und dem aktuellen Augpunkt gegeben ist. Aber wie kann sich ein Ruderer auf dem Wasser merken, wo sich einer seiner früheren Augpunkte befand? Er findet sicherlich auf dem Boot einen dritten Punkt, der seinem Augpunkt beim Rudern nachfolgt, und der zu Beginn der gradlinigen Fortbewegung des Ruderbootes auf der Strecke zwischen dem Punkt am Ufer und dem Augpunkt liegt. Er kann beispielsweise einen Punkt über dem Heck wählen, indem er sich ein Lot auf die horizontale

Mitte des Hecks und den Schnittpunkt mit der Verbindungsstrecke zwischen dem Augpunkt und dem Punkt am Ufer vorstellt. Rudert er so, dass die drei Punkte stets deckungsgleich sind, dann rudert er gradlinig. Er muss dafür den Punkt am Ufer anvisieren und kontrollieren, ob der gedachte Punkt am Heck den Punkt am Ufer abdeckt.

Denken wir uns nun drei Punkte, die wir mit drei Strecken verbinden. Wenn die Richtungen der drei Strecken sich paarweise unterscheiden, dann erhalten wir ein Dreieck. Wählen wir uns von den drei Strecken zwei beliebige aus. Nun können wir uns längs einer der beiden Strecken oder längs höchstens der beiden ausgewählten Strecken von jedem beliebigen zu jedem anderen der drei Punkte bewegen. Wir können uns sogar im Inneren der Dreiecksfläche zwei beliebige Punkte beliebig wählen. Dann können wir uns von einem Punkt zum anderen bewegen, indem wir uns in die Richtungen von maximal zwei Dreiecksseiten bewegen. Daher sagen wir, dass eine Dreiecksfläche die Dimension zwei hat. Unter dem euklidischen Flächenbegriff können wir uns vorstellen, dass zwei beliebige Punkte einer Fläche durch Bewegungen in maximal zwei vorgegebene Richtungen verbunden werden können. Euklid nannte zwei solche Richtungen Länge und Breite.

Da die alten Griechen ein Volk von Händlern und Seefahrern waren, war vielen von ihnen der Horizont auf offener See vertraut. Sie konnten sich unter dem Horizont einen Kreis vorstellen. Woraus besteht diese Vorstellung? Es sind sogar zwei Vorstellungen. Die eine Vorstellung drückt Euklid aus: »von einem innerhalb der Figur gelegenen Punkte bis zur Linie *laufende* Strecken«. Dies bezeichnet die Vorstellung, entlang einer Strecke zu laufen. Eine solche Strecke nennen wir heute Radius des Kreises. Ein Seefahrer konnte sich vorstellen, mit seinem Blick auf der Wasseroberfläche bis zum Horizont zu laufen. Er konnte nicht erkennen, dass es einen Unterschied machte, in welche Richtung er seine Blicke laufen ließ, in seiner Vorstellung war die Entfernung bis zum Horizont immer gleich weit. Die zweite Bewegung ist die Kreisbewegung selbst. Der Seefahrer konnte mit seinen Blicken längs der Horizontlinie wandern. Dabei konnte er erfahren, dass er sich stets senkrecht zur Radialrichtung bewegte. Da der Abstand zum Mittelpunkt immer gleich blieb, bewegte er seine Blicke nie in Radialrichtung, sondern stets senkrecht zu ihr.

Wir haben nun zwei Invarianten von Eigenbewegungen erfahren:

1. Bei einer gradlinigen Bewegung ist die Bewegungsrichtung invariant.
2. Bei einer Kreisbewegung ist die senkrechte Bewegungsrichtung zur Radialrichtung invariant.

Euklid spezifizierte von den Linien die Strecke und den Kreis. Diese Linien können durch die Invarianten hinreichend charakterisiert werden, wenn noch zusätzlich zwei Punkte vorgegeben sind, einmal die Enden einer Strecke, das andere Mal den Mittelpunkt eines Kreises und einen Punkt auf der Peripherie. So kann eine Strecke oder ein Kreis mit Lineal oder Zirkel eindeutig konstruiert werden. Auch eine Konstruktion mit Lineal oder Zirkel ist eine Bewegung, die die Invarianten besitzt.

Den Definitionen fügte Euklid Postulate an. Diese fordern, dass gradlinige Bewegungen und Kreisbewegungen auch durchführbar sind. Die ersten drei Postulate lauten:

1. dass man von jedem Punkt nach jedem Punkt die Strecke ziehen kann,
2. dass man eine begrenzte gerade Linie zusammenhängend gerade verlängern kann,
3. dass man mit jedem Mittelpunkt und Abstand den Kreis zeichnen kann. (Euklid, 2010)

Das folgende Beispiel zeigt anschaulich die Merkmale der Bewegung entlang eines Dreiecks. Die Summe ihrer Innenwinkel ergibt 180°. Wenn wir uns längs der Dreieckseiten gradlinig bewegen und uns an jeder Ecke um den Innenwinkel drehen, dann müssten wir wieder am Ausgangspunkt ankommen, jedoch um 180° gedreht. Sie können z.B. auf dem Boden mit Kreide ein Dreieck zeichnen. Die Ecken bezeichnen wir mit den Buchstaben ›A‹, ›B‹ und ›C‹ und ihre Innenwinkel mit den griechischen Buchstaben ›α‹, ›β‹ und ›γ‹. Stellen Sie sich zunächst auf die Ecke A. Dann laufen Sie in Richtung B. Nachdem sie dort angekommen sind, drehen Sie sich um den Winkel γ. Der Punkt C liegt Ihnen nun im Rücken. Dorthin laufen Sie dann rückwärts und drehen sich um den Winkel γ. Der Punkt A liegt nun vor Ihnen. Dorthin laufen Sie und drehen sich um den Winkel α. Sie sind am Ausgangsort angekommen, haben sich aber um 180° gedreht. Sie erkennen auch, dass die Dreieckseiten die Richtung Ihrer Bewegung vorgeben, und die Eckpunkte die Bewegung negieren. Dort bleiben Sie stehen und ändern Ihre Bewegungsrichtung um den Innenwinkel (siehe Abb. 7, S. 117).

Ausgangspunkt der Überlegung war die Frage, warum die Euklidische Geometrie den mobilen Menschen der Neuzeit zur Orientierung diente. Wir haben gesehen, dass zentrale Begriffe der Euklidischen Geometrie Merkmale einer Eigenbewegung haben. Zur Orientierung wird der eigene Standpunkt als ein Punkt im euklidischen Sinn aufgefasst. Den eigenen Standpunkt habe ich eingenommen. Er ist das Ende meiner vorangegangenen Bewegung und der Ausgangspunkt meiner zukünftigen. Um sich zu orientieren, setzt der neuzeitliche Mensch ihn zu anderen Punkten in Beziehung. Nach dem oben Dargelegten stellt er sich dann eine gradlinige Bewegung von seinem Standpunkt zu dem Punkt vor. Dabei kann er die Strahlensätze anwenden (siehe Abb. 6, S. 117). Sein eigener Standpunkt ist dabei der Scheitelpunkt, die Strahlen sind oft Sehstrahlen. Wir erinnern uns daran, dass eine Tiefenwirkung eines perspektivischen Bildes oder einer visuellen Wahrnehmung durch Bewegungsvorstellungen längs der Sehstrahlen zustande kommt.

Astronomie

Mithilfe der Zentralperspektive werden nicht nur Gegenstände dargestellt, sondern auch der Standpunkt des Malers, der den Gegenständen gegenübersteht. Der Maler stellt seine Perspektive auf die dargestellten Gegenstände dar. Sie ergibt sich aus geometrischen Beziehungen des Standpunktes des Betrachters zu den Gegenständen. Um eine Perspektive zu erkennen, müssen gewisse Wahrnehmungen als Gegenstände erfasst werden. In Abbildung 4 konnten wir Flächen mit Farben sowie Licht und Schatten, aber keine Gegenstände erkennen. Weder Perspektive noch der eigene Standpunkt werden ersichtlich. Ähnlich erging es den Menschen im Mittelalter mit dem Sternenhimmel. Ihn nahmen sie als Gewölbe, oder als Sphären, ohne Raumtiefe wahr (ähnlich wie in Abbildung 4). Genauso wenig nahmen die Menschen des Mittelalters die Sterne als Gegenstände wahr. Erst während der Renaissance wurde den Menschen bewusst, dass die Himmelskörper Gegenstände sind, die sie aus einer irdischen Perspektive wahrnahmen. Zur Erinnerung: Nur ein Mensch, der sich über seine Perspektive im Klaren ist, weiß über die Möglichkeit, eine andere Perspektive einnehmen zu können. Auch wenn die Möglichkeit, eine andere als die irdische Perspektive einzunehmen, in der Renaissance noch rein theoretisch war, war dies durchaus vorstellbar geworden. Wir werden sehen, dass dem kopernikanischen Weltbild solche Vorstellungen zugrunde lagen. Doch kehren wir zunächst ins Mittelalter zurück.

Im Mittelalter war das Gegenstandbewusstsein und damit das Bewusstsein über den eigenen Standpunkt nur schwach ausgeprägt. Das lässt sich gut am geozentrischen Weltbild erläutern, demzufolge sich die sieben Wandelsterne auf kristallinen Sphären um die Erde bewegten. Zu den sieben Wandelsternen zählten die Sonne, der Mond und die damals bekannten fünf Planeten Merkur, Venus, Mars, Jupiter und Saturn. Die Fixsterne stellte man sich als glitzernde und funkelnde Punkte der achten Kristallsphäre vor. Hinter der achten Sphäre befand sich das Reich der Engel, noch dahinter thronte Gott. Sämtliche Gestirne trugen eine religiöse symbolische Bedeutung. Sie symbolisierten die Sphären, die den unnahbaren Sitz Gottes von der irdischen Welt der Menschen abschirmten – ähnlich der Kuppel in einer romanischen Kathedrale. Die Erde befand sich in der Mitte der Sphären, worauf sich das Handeln Gottes richtete. Dorthin schickte er seinen Sohn, der durch seinen Tod den Menschen die Erlösung und den Aufstieg in das Himmelreich ermöglicht hatte. Man schrieb den Planeten auch zu, Einfluss auf die mentale Konstellation nehmen zu können. So erntete Hildegard von Bingen[12] Heilkräuter nur bei bestimmten Planetenkonstellationen, da sie glaubte, dass diese einen Einfluss auf die Heilkraft hätten. Der Gegenstandcharakter der Gestirne verbarg sich hinter ihrer symbolischen Bedeutung oder der zugeschriebenen mentalen Wirkungskraft. Ein Bewusstsein über den eigenen Standpunkt gegenüber den Himmelskörpern konnte sich so nicht entwickeln.

Während der Renaissance änderte sich dies, seither werden die Himmelskörper als Gegenstände wahrgenommen. Ihr symbolischer oder mentaler Gehalt verblasste, bis er schließlich weitgehend verschwand. Damit war der Weg frei für die Entstehung eines Bewusstseins, das die Himmelskörper aus einer irdischen Perspektive wahrnahm und das sie – zumindest theoretisch – auch aus jeder anderen Perspektive wahrnehmen konnte. Dieses perspektivische Bewusstsein war eine Voraussetzung für das kopernikanische Weltbild. Kopernikus selbst drückte eine andere Perspektive als die irdische auf das Planetensystem in einer Zeichnung aus. Abbildung 8 (S. 118) zeigt das Planetensystem aus einer Perspektive senkrecht zur Ekliptik mit der Sonne als Lotpunkt. Er setzte in seinem Buch »De revolutionibus orbium coelesticum« 80.000 Daten in mathematische Beziehungen, die aus astronomischen Beobachtungen gewonnen wurden, um diese Perspektive zu belegen.

Auch Johannes Kepler wandte sich entschieden gegen die Vorstellung, das Weltall sei beseelt bzw. die Himmelskörper symbolisierten beseelte Wesen. Er verglich das Weltall mit einer mechanischen Uhr:

> »Dies ist mein Ziel, aufzuweisen, dass die Himmelsmaschine kein Abbild eines göttlichen Lebewesens ist, sondern Abbild einer Uhr. – Wer glaubt, diese Uhr sei beseelt, zollt die Ehre, die dem Künstler gebührt, seinem Werk. – Mein Aufweis aber soll so geschehen, dass alle Verschiedenheiten der Bewe-

12 Äbtissin, Gelehrte, Natur- und Heilkundlerin (1098–1179).

> gungen abhängen von einer einfachsten, körperlichen, magnetischen Kraft, so wie bei einer Uhr alle Bewegungen abhängen von einer einfachsten. Und ich lehre, diese physikalisch-wissenschaftliche Erkenntnis unter die Zahlen und unter die Geometrie zu rufen.« (Wolfschmidt, 1994)

Unter der körperlichen, magnetischen Kraft verstand Kepler die Schwerkraft. Er versuchte die Bewegungen der Himmelskörper allein unter dem Einfluss der Schwerkraft zu verstehen. Die Erkenntnis der Bewegungen sollte dabei durch Zahlen und Geometrie ausgedrückt werden. Da zeitliche Verhältnisse durch Zahlen und räumliche durch Geometrie dargestellt werden können, wollte Kepler Bewegungen durch zeitliche und räumliche Beziehungen begreifen. Dabei war ihm die Bedeutung der Perspektive sehr bewusst. Sie drückte er in einer fiktiven Geschichte aus.

Johannes Kepler verfasste auch einen wenig bekannten Roman, »Der Traum, oder: Mond Astronomie«, in dem die Bedeutung der Perspektive für das kopernikanische Weltbild deutlich wird. Der Autor erzählt von einer fiktiven Reise zum Mond, dorthin werden die Reisenden mit Kanonen geschossen. Aufgrund der damit verbundenen Strapazen kommen nur abgehärtete Männer infrage, wie etwa Seefahrer, die es gewohnt waren, verfaultes Wasser zu trinken oder sich von verschimmeltem Zwieback zu ernähren. Da nach dem kopernikanischen Weltbild die Erde nur ein Himmelskörper unter vielen anderen ist, stellte sich Kepler vor, dass auch auf den anderen Himmelskörpern, wie dem Mond, Lebewesen existierten. Wegen der geringen Schwerkraft bewegten sich diese auf dem Mond hüpfend und schwebend fort – wie vierhundert Jahre später die Apollo-Mondfahrer. Im Roman erscheint die Erde mit ihren Bergen, Tälern und Ozeanen auch aus der Mondperspektive. Die Bedeutung, die das Bewusstsein über die Perspektive für das kopernikanische Weltbild hat, tritt deutlich bei einer Schilderung einer Mondfinsternis aus der Perspektive des Mondes zutage: Eine Mondfinsternis ist aus der Perspektive des Mondes eine Sonnenfinsternis. Man könnte Keplers Roman in das Genre des Sciencefiction-Romans einordnen. Er beabsichtigte aber wohl eher eine populärwissenschaftliche Darstellung seines Weltbildes, indem er astronomische Erscheinungen aus der Perspektive des Mondes beschrieb. Er wählte dafür die Form des fiktiven Romans und führte nicht zufällig das Wort »Traum« im Titel, weil er die Inquisition der katholischen Kirche fürchtete.

Navigation und Kartographie

Das Bewusstsein über die Perspektive ist auch die Grundlage aller Navigation und Kartographie. Beide beruhen auf dem eigenen Standpunkt. Dieser enge Zusammenhang zwischen der Zentralperspektive in der Malerei, der Astronomie, der Navigation und Kartographie wurde in der Renaissance erkannt. Davon zeugt ein Relief, das in Abbildung 10 (S. 119) zu sehen ist. Die weibliche Figur hält in der rechten Hand ein Buch und in der linken ein Astrolab. Ein Astrolab ist ein Instrument, das in der Astronomie, der Kartographie und der Navigation eingesetzt wird. Mit ihm können Winkel von Sehstrahlen, wie sie etwa auch bei der Perspektivkonstruktion verwendet werden, gemessen werden (siehe Abb. 11, S. 119). Auf dem Buch sind Fragmente mathematischer Abhandlungen zu erkennen, die bei der Zentralperspektive verwendet werden. Sowohl für die Zentralperspektive als auch in der Kartographie und Navigation kommen ähnliche geometrische Methoden zur Anwendung, denen die Strahlensätze zugrunde liegen. Dabei wird angenommen, dass sich der eigene Standpunkt im Scheitel der Strahlen befindet – also der Scheitelpunkt ist. Die Strahlen stellen die gedachten Sehstrahlen dar (siehe Abb. 6) (Edgerton, 2002).

Die Renaissance war die Zeit der großen Entdeckungen, neue Kontinente und Seewege wurden gefunden. Die Fortschritte in der Navigation und neue Seekarten ermöglichten es den Seefahrern, auf hoher See den eigenen Standpunkt zu bestimmen. Aus der küstennahen Seefahrt entwickelte sich die Hochseeschifffahrt.

Galileis Relativitätsprinzip

Galileis Entdeckung des Relativitätsprinzips veränderte die Vorstellungen über Bewegungsabläufe grundlegend. Im Mittelalter hatte man sich an der aristotelischen Naturlehre orientiert, die über 1500 Jahre zuvor entstanden war. Laut dieser strebt jeder Gegenstand seinem natürlichen Ort der Ruhe zu. Dieser war nach dem geozentrischen Weltbild der Mittelpunkt der Erde, der auch als Mittelpunkt der Welt angesehen wurde und als absoluter Ruhepunkt galt. Bewegungsänderungen fanden nach der aristotelischen Naturlehre nur in dem kurzen Augenblick eines Stoßes statt, der zu einer gleichförmigen Bewegung des Körpers führte. Der Begriff der Beschleunigung war den Menschen des Mittelalters fremd.

Galilei entdeckte bei seinen Experimenten mit der schiefen Ebene, dass eine Kugel, welche eine schiefe Ebene herabrollte, in gleichen Zeitabschnitten zunehmend längere Strecken zurücklegte. Er schloss daraus, dass sie ihre Geschwindigkeit änderte. Wäre die Geschwindigkeit der rollenden Kugel konstant geblieben, hätte sie in gleichen Zeitabschnitten gleich lange Strecken zurücklegen müssen. Eine Kugel, die eine schiefe Ebene herabrollt, erfährt also eine Beschleunigung.

Er erkannte weiterhin, dass ein Beobachter in einem geschlossenen Raum eine Geschwindigkeitsveränderung des Raumes wahrnehmen kann. Findet keine Geschwindigkeitsveränderung statt, dann empfindet der Beobachter das als Ruhe. Galilei schrieb 1630:

> »Schließt Euch in Gesellschaft eines Freundes in einen möglichst großen Raum unter dem Deck eines großen Schiffes ein. Verschafft Euch dort Mücken, Schmetterlinge und ähnliches fliegendes Getier; sorgt auch für ein Gefäß mit Wasser und kleinen Fischen darin; hängt ferner oben einen kleinen Eimer auf, welcher tropfenweise Wasser in ein zweites enghalsiges darunter gestelltes Gefäß träufeln lässt. Beobachtet nun sorgfältig, solange das Schiff stille steht, wie die fliegenden Tierchen mit der nämlichen Geschwindigkeit nach allen Seiten des Zimmers fliegen. Man wird sehen, wie die Fische

ohne irgendwelchen Unterschied nach allen Richtungen schwimmen; die fallenden Tropfen werden alle in das untergestellte Gefäß fließen. Wenn Ihr Euerm Gefährten einen Gegenstand zuwerft, so braucht Ihr nicht kräftiger nach der einen als nach der anderen Richtung zu werfen, vorausgesetzt, dass es sich um gleiche Entfernungen handelt. Wenn Ihr, wie man sagt, mit gleichen Füßen einen Sprung macht, werdet Ihr nach jeder Richtung hin gleichweit gelangen. Achtet darauf, Euch aller dieser Dinge sorgfältig zu vergewissern, wiewohl kein Zweifel obwaltet, dass bei ruhendem Schiffe alles sich so verhält. Nun lasst das Schiff mit jeder beliebigen Geschwindigkeit sich bewegen: Ihr werdet – wenn nur die Bewegung gleichförmig ist und nicht hier- und dorthin schwankend – bei allen genannten Erscheinungen nicht die geringste Veränderung eintreten sehen. Aus keiner derselben werdet Ihr entnehmen können, ob das Schiff fährt oder stille steht. [...] Die Ursache dieser Übereinstimmung aller Erscheinungen liegt darin, dass die Bewegung des Schiffes allen darin enthaltenen Dingen, auch der Luft, gemeinsam zukommt. Darum sagte ich auch, man solle sich unter Deck begeben, denn oben in der freien Luft, die den Lauf des Schiffes nicht begleitet, würden sich mehr oder weniger deutliche Unterschiede bei einigen der genannten Erscheinungen zeigen.« (Galilei, 2007)

Galileo wies die mittelalterliche Vorstellung eines absoluten Ruhepunktes zurück. Welcher Ort als Ort der Ruhe anzusehen war, hing von der Perspektive des ruhenden Beobachters ab. Damit war aber eine Bewegung keine Bewegung in Relation zu einem absoluten Ruhepunkt, sondern in Beziehung zu einem ruhenden Beobachter. Dieser nahm die Bewegung aus seiner Perspektive wahr.

Abbildung 9 (S. 118) zeigt zwei Schiffe, von denen wir annehmen, dass sie sich gleichförmig in die entgegengesetzte Richtung bewegen. Wir stellen uns einen Matrosen vor, der sich unter Deck des rechten Schiffes befindet und dort die Verhältnisse so vorfindet, wie Galilei sie beschrieben hat. Beobachtet der Matrose aus einer Luke nun das linke Schiff, so nimmt er die Bewegung des linken Schiffs wahr, während aus seiner Perspektive das rechte Schiff ruht. Ein Matrose auf dem linken Schiff nimmt unter den gleichen Bedingungen die Bewegung des rechten Schiffes wahr, während sein eigenes ruht.

Beschleunigungen nehmen wir mit dem Gleichgewichtsorgan wahr. Meistens nehmen wir die Erdbeschleunigung wahr. Daher unterscheiden wir auf Grund von Wahrnehmungen des Gleichgewichtsorgans zwischen Oben und Unten. Aber auch jede andere Beschleunigung unseres Körpers nehmen wir auf diese Weise wahr. Die beiden Matrosen nahmen jedoch ausschließlich die Erdbeschleunigung wahr, keine horizontale Beschleunigung. Ihr Gleichgewichtsorgan signalisierte ihnen, dass sie senkrecht auf ihrem Standpunkt stillstanden.

Es lässt sich ein Zusammenhang zwischen den Wahrnehmungen des Gleichgewichtsorgans und den Forschungen Galileis erkennen. Er untersuchte Fallbewegungen. Da ein Gegenstand im freien Fall für die damaligen technischen Möglichkeiten der Zeitmessung zu schnell war, verzögerte er die Fallbewegung mithilfe einer schiefen Ebene. Eine Kugel, die eine schiefe Ebene herabrollt, bewegt sich gleichsam in Zeitlupe im freien Fall. So entdeckte er die Erdbeschleunigung. Sie wird heute nach Galilei mit dem Buchstaben ›g‹ bezeichnet. Galilei experimentierte auch mit Pendeln. Die Bewegung eines Pendels fasste er ebenfalls als freien Fall auf, der durch die Aufhängung des Pendels gehemmt wurde. Dass Wahrnehmungen des Gleichgewichtsorgans in der Kinematik während der Renaissance eine so wichtige Rolle einnahmen, hängt sicher damit zusammen, dass im Mittelalter ›oben‹ und ›unten‹ mit religiöser Symbolik aufgeladen waren – als Himmel und Hölle. Nachdem in der Renaissance die Erscheinungen der Schwerkraft von ihrer religiösen Symbolik entlastet wurden, suchte Galilei Zusammenhänge der Erscheinungen der Schwerkraft zu erkennen, insbesondere den linearen Zeitverlauf einer Fallbewegung. In diesen Kontext können wir seine Entdeckungen einiger Jupitermonde einordnen, die sich unter dem Einfluss der Schwerkraft des Planten bewegen.

Grenzen der Euklidischen Geometrie

Da Begriffe der Euklidischen Geometrie Merkmale einer Bewegung aufweisen, haben die Menschen in der Renaissance die Geometrie für Navigation, Kartographie, Kinematik und für die Erforschung der Bewegungen der Planeten angewendet. Dabei stießen sie jedoch in ihrem Bemühen, den linear zeitlichen Verlauf der Bewegungen zu begreifen, auf Grenzen in der Anwendung. Im fünften Kapitel lege ich dar, dass den Menschen der griechischen Antike die moderne lineare Zeit unbekannt war. Sie orientierten sich an der zyklischen Zeit und identifizierten diese mit astronomischen Konstellationen, die sich periodisch wiederholten. Eine lineare Reihenfolge der astronomischen Konstellationen wäre ihnen nicht in den Sinn gekommen. Nach moderner Zeitauffassung ereignen sich die Konstellationen jedoch in einer linear zeitlichen Reihenfolge. Sie erfahren wir durch episodisches Erinnern, während die griechische Kultur stärker durch semantisches Erinnern geprägt war. Die Erfahrung der linearen Ordnung lieferte ganz neue Impulse für die Entwicklung einer neuzeitlichen Mathematik und Naturwissenschaft. Wenn also Galilei entdeckte, dass eine Kugel im Fall zunehmend schneller wurde, bedeutete dies, dass er die *zunehmend* länger werdenden Strecken in einer linearen Reihenfolge beobachtet hatte. Erst durch eine lineare Abfolge konnte er die Beschleunigung entdecken, die schließlich achtzig Jahre später einen Anstoß für Newtons und Leibniz' Entwicklung der Differential- und Integralrechnung gab. Die Struktur der linearen Ordnung der Neuzeit liegt dem Begriff der Ordinalzahl, dem Kontinuum der reellen Zahlen und der linearen Zeit zugrunde. Dabei fällt auf, dass in der neuzeitlichen Mathematik der Schwerpunkt auf der Arithmetik mit ihrer linearen Ordnung liegt, während in der griechischen Mathematik die Geometrie ein größeres Gewicht besaß. Selbst geometrische Sachverhalte stellt der neuzeitliche Mathematiker überwiegend durch Koordinaten arithmetisch dar. Das legt den Schluss nahe, dass die episodische Erinnerungskultur der Neuzeit und mit ihr die Erfahrung einer zeitlich linearen Reihenfolge einen erheblichen Einfluss auf Mathematiker und Naturwissenschaftler ausübte und ausübt.

Die Grenzen der Euklidischen Geometrie lassen sich bereits an der Zentralperspektive der Renaissance erkennen. Mit der Euklidischen Geometrie lassen sich Strecken und Entfernungsverhältnisse erkennen, die der Zentralperspektive zugrunde liegen. Bereits in der Antike wurden Bühnenbilder perspektivisch dargestellt und erweckten beim Betrachter die Illusion einer räumlichen Tiefe. Aus das Interieur einiger altrömischer Villen weist gemalte Fenster mit perspektivischem Ausblick auf. Ein neuzeitlicher Betrachter erkennt jedoch nicht nur die räumliche Tiefe in einem perspektivischen Bild, sondern darüber hinaus den Standpunkt des Malers. Er kann sich sogar in den Maler hineinversetzen und sich vorstellen, er befinde sich auf dessen Standpunkt. Somit liegt es auch innerhalb seines Vorstellungsvermögens, den Standpunkt selbst eingenommen und wieder verlassen zu haben. Er erkennt den Standpunkt als den seinigen bzw. als den des Malers, wenn er ihn in den linearen Zeitverlauf einer Bewegung einbetten kann, wenn er das Bild als eine Momentaufnahme während einer Eigenbewegung – sei sie die eigene oder die des Malers – erkennen kann. Ein perspektivisches Bild stellt einen Moment der linearen Zeit dar.

Lineare Zeit

Lineare Zeit der Neuzeit

Die lineare Zeit unterscheidet sich in einem wesentlichen Merkmal von der zyklischen Zeit. Wir nennen eine Zeit zyklisch, wenn gewisse periodisch wiederkehrende Ereignisse – wie Sonnenaufgänge, Neumonde oder Sonnenwenden – als gleich angesehen werden. So wurde das Weihnachtsfest auf den Tag der Wintersonnenwende gelegt, weil sich nach heidnischem Brauch danach das Jahr wiederholt (Hinz, 2003, S. 69), es beginnt demnach kein neues Jahr. Dagegen sind in der linearen Zeit periodisch wiederkehrende Ereignisse linear angeordnet, d.h. sie ereignen sich in einer Reihenfolge.

Betrachten wir periodisch wiederkehrende Ereignisse, wie etwa Mondphasen. Der Vollmond erscheint periodisch, ein Vollmond folgt dem anderen. Während in der zyklischen Zeit zwei Vollmonde identisch sind, unterscheiden sie sich in der linearen Zeit voneinander. Worin genau unterscheiden sie sich nun? Sieht nicht ein Vollmond aus wie der andere? Sind es die Begleitumstände, wenn z.B. der Himmel während des einen Vollmondes bedeckt gewesen war und während des nächsten sternenklar? Sind das aber Eigenschaften eines Vollmondes? Oder sind dies nicht eher Ereignisse, die unabhängig vom Vollmond sind und zufällig gleichzeitig mit einer Vollmondphase stattfinden? Im letzteren Fall könnten wir die Zeit mit den Vollmondphasen messen, wie das ja bei einem Mondkalender auch tatsächlich geschieht. Beispielsweise wäre dann der folgende Satz sinnvoll: »Während des 13. Vollmondes ereignete sich ein schweres Unwetter.« Dagegen ist die Aussage »Um zwölf Uhr mittags steht die Sonne im Süden« keine sinnvolle Zeitbestimmung, sondern eine Tautologie, zumindest dann, wenn wir die Zeit mit einer Sonnenuhr bestimmen. Da das schwere Unwetter keine Eigenschaft des 13. Vollmondes ist (anders der Sonnenstand: er ist eine Eigenschaft, sogar ein Unterscheidungskriterium der Tageszeit), muss es ein anderes Unterscheidungskriterium geben, durch das wir Vollmonde unterscheiden, linear anordnen und in der Reihenfolge zählen können. Nur dann können wir mit den Vollmonden die Zeit messen und der Zeit des 13. Vollmondes das schwere Unwetter zuordnen. Das Unterscheidungskriterium der Vollmonde finden wir nur in uns selbst. Stellen Sie sich vor, dass Sie einen Vollmond beobachten und sich gleichzeitig episodisch daran erinnern, dass Sie Wochen zuvor ebenfalls einen Vollmond beobachtet haben. Nun gibt es zwei Erscheinungen eines Vollmondes: eine wahrgenommene und eine erinnerte. Damit liegt Ihnen aber auch das einzige Unterscheidungskriterium vor: Den einen Vollmond nehmen Sie gegenwärtig wahr, an den anderen Vollmond erinnern Sie sich episodisch. Wahrnehmung und Erinnerung sind aber keine Eigenschaften der wahrgenommenen oder erinnerten Ereignisse – sondern Eigenschaften des individuellen Gewahrwerdens der Ereignisse. Ist dann die lineare Zeit etwas Subjektives, das mit den Ereignissen gar nichts zu tun hat? Immanuel Kant vertrat diese Ansicht, mit der er erheblichen Einfluss auf das neuzeitliche Denken ausübte (mehr dazu im 4. Kapitel).

Die lineare Zeit der Neuzeit wird konturenschärfer, wenn wir sie gegen die zyklische und mittelalterliche Zeit abgrenzen. Die zyklische Zeit ist durch die ewige Wiederkehr des Gleichen charakterisiert. Meist werden periodisch wiederkehrende astronomische Ereignisse sowie damit einhergehende rituelle Handlungen oder landwirtschaftliche Tätigkeiten als gleich angesehen. Das wird besonders deutlich am mittelalterlichen Bauernkalender. Die Monate bezeichnen hier landwirtschaftliche Verrichtungen. Jedes Jahr wiederkehrend werden die gleichen Tätigkeiten ausgeführt, ein Merkmal für ein zyklisches Verständnis von Zeit. Andererseits wurden die Jahre auch im Mittelalter gezählt, d.h. sie wurden unterschieden und linear angeordnet. Geschichtsschreibung und Jahreszählung fanden in den Schreibstuben der Klöster statt, wo Nonnen und Mönche, die eine entsprechende Bildung genossen hatten, diese Schreibarbeiten verrichteten. Die ländliche Bevölkerung konnte nicht schreiben, lesen, rechnen oder zählen. Jahreszahlen oder auch ihr Alter dürften ihnen nicht selten unbekannt gewesen sein.

In den Klöstern lebte man nach den Prinzipien der Heilsgeschichte. Diese folgt einem göttlichen Plan und verfügt über einen Anfang und ein Ende. Die Jahre der Heilsgeschichte sind ebenfalls linear angeordnet, zumindest für die des Schreibens und Lesens Kundigen. Die Anordnung ergibt sich durch den Heilsplan. Durch ihn erhalten die Jahre Eigenschaften, die sie unterscheidbar machen und die aufgrund der inneren Logik des Heilsplans aufeinander folgen. So fängt etwa die Zählung mit der Geburt Christi an – ein Jahr, dem nach dem Heilsplan eine herausragende Bedeutung zukommt. Die folgenden Jahre sind Entwicklungsphasen der Menschheit – auf ihrem Weg zur Erlösung. Wenn wir voraussetzen, dass jedes der Jahre aufgrund einer Entwicklungslogik das vorangegangene voraussetzt, erhalten wir eine lineare Ordnung, eine Reihenfolge der Jahre.

Nach mittelalterlicher Überzeugung sind die Merkmale der Jahre zu ihrer Unterscheidung und ihrer Reihenfolge jedoch in einem göttlichen Heilsplan zu suchen. Der Mensch der Neuzeit findet dagegen die Merkmale in sich selbst.

Da der Mensch der Neuzeit nicht mehr an die Verwirklichung eines göttlichen Heilsplans in der Zeit glaubt, sucht er nach Erklärungen und Gesetzen für die Wechsel der Erscheinungen. Aus diesem Beweggrund entstand während der Renaissance die Kinematik – die Lehre der Bewegung. Im nächsten Abschnitt werden wir sehen, wie dort das Konzept der linearen Zeit angewendet wurde.

Galileis Pendelexperiment und die Erfindung der Pendeluhr

Nach einer Überlieferung des ersten Biographen und Mitarbeiters Galileis, des Mathematikers Viviani, war der Besuch des Doms von Pisa für den jungen Galileo ein einschneidendes Erlebnis. Er beobachtete, wie der Kronleuchter hin und her schwang, wobei die Auslenkungen der Schwingungen abnahmen. Mit seinem Pulsschlag maß er die Zeit, die der Kronleuchter je für eine Schwingung benötigte, und stellte fest, dass die Schwingungsdauer stets die gleiche war. Er schloss daraus, dass die Schwingungsdauer unabhängig von dem Weg sein musste, den der Kronleuchter während einer Schwingung zurücklegte. Die Überlieferung Vivianis ist häufig angezweifelt worden. Galilei habe sich nicht auf eine zufällige Beobachtung einer schwingenden Kirchenlampe, sondern auf Experimente bezogen, heißt es (Bellone, 1998, S. 40). Es erscheint jedoch plausibel, dass die Beobachtung der schwingenden Kirchenlampe Galilei anregte, weitere Experimente durchzuführen.

Galilei befestigte zwei identische Metallkugeln an je einem Faden gleicher Länge. An den anderen Enden der Fäden hängte er die Kugeln auf. Dadurch entstanden zwei gleiche Pendel. Galilei bat zwei Experimentatoren, die Pendel auszulenken, aber mit unterschiedlicher Entfernung von der Gleichgewichtslage. Sie ließen daraufhin die Pendel jeweils hundertmal hin und her schwingen. Galileo beobachtete, dass die beiden Pendel für die hundert Schwingungen exakt dieselbe Zeit benötigten. Die Schwingungsdauer musste also unabhängig von der Auslenkung sein.[13] Somit war die Zeit messbar, indem man Ausschläge eines Pendels zählte. Galilei erfand die Pendeluhr, die zu bauen jedoch zu seiner Zeit noch eine gewaltige feinmechanische Herausforderung war. Erst seinem Sohn Vincenzo sollte dies gelingen.

Die beiden Experimentatoren bezeichneten mit den Zahlen, mit denen sie die Pendelausschläge zählten, nicht nur eine bestimmte Anzahl, sondern auch eine zeitliche Reihenfolge: 1. Ausschlag, 2. Ausschlag, 3. Ausschlag, ... 100. Ausschlag. Entscheidend für das Experiment war, dass die jeweils hundertsten Ausschläge gleichzeitig stattfanden.

Wie kann eine zeitliche Reihenfolge erfahren werden? Eine empirische Wissenschaft wie die Physik gewinnt ihre Erkenntnisse stets durch Erfahrung oder Beobachtung. Der Experimentator beobachtet jeden einzelnen Pendelausschlag, einen nach dem anderen. Der vorangegangene Ausschlag ist seiner Beobachtung entschwunden. Eine zeitliche Reihenfolge kann nicht direkt beobachtet werden. Wie kann sie also erfahren werden? Erfahrung ist schließlich eine Anforderung an die empirischen Wissenschaften. Um die Frage zu klären, versuchen wir nachzuvollziehen, wie ein Experimentator die Reihenfolge ausdrückt. Dafür verwendet er Ordinalzahlen. Er zählt: ›erster Pendelausschlag‹, ›zweiter Pendelausschlag‹, ›dritter Pendelausschlag‹ usw. Die Ordinalzahlen werden beim Zählen wie Eigenschaftswörter verwendet. In der Tat bestimmt ein Experimentator beim Zählen eine Eigenschaft eines Pendelausschlages. Für welche Eigenschaft steht nun eine Ordinalzahl? Eine Ordinalzahl bezeichnet die Position innerhalb einer Reihenfolge. Sie kann durch eine Nachfolgerbeziehung charakterisiert werden. Bei jedem Zählschritt bestimmt der Experimentator den Nachfolger der Ordinalzahl des unmittelbar vorangegange-

13 Heute wissen wir, dass nur für kleine Auslenkungen die Schwingungsdauer in guter Näherung unabhängig von der Auslenkung ist.

nen Pendelausschlags, insofern er stattgefunden hat. Dafür muss sich der Experimentator episodisch an seinen unmittelbar vorangegangenen Zählschritt erinnern. Die Nachfolgebeziehung erfährt der Experimentator durch episodisches Erinnern. Erfahrung durch episodisches Erinnern ist daher auch eine Grundlage einer Erfahrungswissenschaft.

Jeder der beiden Experimentatoren urteilt, dass ein Pendelausschlag stattfindet, wenn er ihn beobachtet. Er urteilt aber auch über die Reihenfolge der Pendelausschläge. Z.B. urteilt ein Experimentator, dass der dritte Pendelausschlag stattfindet, wenn er einen Pendelausschlag beobachtet und sich episodisch daran erinnert, dass er zuletzt den zweiten Pendelausschlag beobachtet hat. Er urteilt, dass der zweite Pendelausschlag stattfindet, wenn er einen Pendelausschlag beobachtet und sich episodisch daran erinnert, zuletzt den ersten Pendelausschlag beobachtet zu haben. Er urteilt, dass der erste Pendelausschlag stattfindet, wenn er einen Pendelausschlag beobachtet und sich nicht an einen vorangegangenen Pendelausschlag erinnert. Durch episodisches Erinnern erfährt der Experimentator eine Nachfolgerbeziehung, aus der sich dann die Reihenfolge ergibt. Ordinalzahlen entlasten dabei erheblich das Gedächtnis. Würde der Experimentator keine Ordinalzahlen kennen, müsste er wie folgt vorgehen:

1. Er beobachtet einen Pendelausschlag und merkt ihn sich.
2. Er beobachtet einen neuen Pendelausschlag und merkt ihn sich. Da er die vorangegangene Beobachtung eines Pendelausschlags aber nicht vergessen darf, merkt er sich zusätzlich eine episodische Erinnerung an die Beobachtung.
3. Er beobachtet einen neuen Pendelausschlag und merkt ihn sich. Weiterhin merkt er sich eine episodische Erinnerung an die Beobachtung eines vorangegangenen Pendelausschlages und an eine episodische Erinnerung an eine Beobachtung eines Pendelausschlages.
4. Usw.

Eine Erinnerung an ein Ereignis *und* an eine Erinnerung nennen wir eine *rekursive Erinnerung*. Durch rekursive, episodische Erinnerungen können wir eine Reihenfolge von Ereignissen erfahren, aber in umgekehrter Reihenfolge. An das letzte Ereignis erinnern wir uns zuerst, dann an das vorangegangene Ereignis usw. Eine rekursive, episodische Erinnerung setzt voraus, dass wir zuvor die Ereignisse nacheinander in das episodische Gedächtnis eingeprägt haben. Einer Reihenfolge, die durch rekursives, episodisches Erinnern erfahren wird, liegt eine Nachfolgebeziehung – eine Beziehung des nacheinander Einprägens – zugrunde. Aus dieser Nachfolgerbeziehung ist die Struktur der Ordnungszahlen aufgebaut – mit dem Unterschied, dass sie hier eine Beziehung des nacheinander Zählens anstelle des nacheinander Einprägens darstellt. Daher entlasten die Experimentatoren ihr Gedächtnis, wenn sie die Pendelausschläge zählen, anstatt sich die Pendelausschläge wie oben beschrieben nacheinander einzuprägen. Warum entlasten sie ihr Gedächtnis? Eine Ordinalzahl bezeichnet die *Rekursionstiefe*. Wenn wir uns rekursiv, episodisch erinnern, dann verschachteln wir Erinnerungen. Die Rekursionstiefe gibt an, wie oft wir dabei Erinnerungen verschachteln, d.h. wie oft wir uns erinnern. Um eine Aussage wie »Es fand ein 100. Pendelausschlag statt« zu verstehen, benötige ich sogar tatsächlich gar keine episodischen Erinnerungen. Stattdessen kann ich logisch schließen, dass vor dem 100. Pendelausschlag ein 99. Pendelausschlag stattgefunden haben muss, vor dem 99. ein 98. usw. Die Rekursion kann ich durch logisches Denken ausführen, bis ich wieder beim ersten Pendelausschlag angekommen bin. Durch rekursives Erinnern können die beiden Experimentatoren die Reihenfolge der Pendelausschläge erfahren, mit Ordinalzahlen können sie ein Urteil über die Position in der Reihenfolge bilden und aus dem Urteil logische Schlüsse ziehen.

Erfahrungen, zu denen auch episodische Erinnerungen und rekursive episodische Erinnerungen gehören, sind für eine empirische Wissenschaft grundlegend. Sie sind aber nur eines von zwei Standbeinen. Der Wissenschaftler will Zusammenhänge zwischen den Erfahrungen erkennen, insbesondere Regelmäßigkeiten und Gesetze. Daher setzte Galilei die Anzahl der Pendelausschläge der beiden Pendel, die während ein und derselben Zeitspanne stattfanden, in Beziehung. Stellen wir uns wieder vor, dass die beiden Experimentatoren keine Zahlen kennen. Wie können aber episodische Erinnerungen bzw. rekursive episodische Erinnerungen an Pendelausschläge miteinander in Beziehung gesetzt werden? Wie können die beiden Experimentatoren zu der Erkenntnis gelangen, dass sie die gleiche Anzahl an Pendelausschlägen registriert haben? Wenn Sie nun stutzen, dann ergeht es Ihnen genauso wie mir, als ich die Frage niederschrieb. Erscheint es nicht widersinnig, von Menschen, die keine Zahlen kennen, zu erwarten, dass sie die Gleichheit von zwei Anzahlen feststellen? Aber die Menschen verglichen Anzahlen, zählten und rechneten bereits, bevor sie Zahlen kennenlernten. Wie machten sie das? Sie verwendeten dafür die Gedächtnisoperationen *Einprägen*, *Erinnern* und *Vergleichen des Erinnerten*. Dabei lernten sie Eigenschaften der Zahlen kennen. Diese Erkenntnis half ihnen, Zahlen zu entdecken, und diese Entdeckung nutzte ihnen erheblich, da Zahlen beim Zählen, Rechnen und Vergleichen das Gedächtnis entlasten. Kehren wir aber zunächst zu den beiden Experimentatoren zurück. Angenommen, jeder der beiden Experimentatoren hat sich die folgende rekursive episodische Erinnerung gebildet:

Erinnerung an
 einen Pendelausschlag und an eine Erinnerung an
  einen Pendelausschlag und an eine Erinnerung an
   einen Pendelausschlag.

Nun entfaltet sich zwischen den beiden Experimentatoren ein Dialog:

Experimentator 1: »Ich erinnere mich an einen Pendelausschlag, der Nachfolger eines vorangegangenen Pendelausschlags ist.«
Experimentator 2: »Ich erinnere mich ebenfalls an einen Pendelausschlag, der Nachfolger eines vorangegangenen Pendelausschlags ist.«
Experimentator 1: »Mein vorangegangener Pendelausschlag ist Nachfolger eines zuvor stattgefundenen Pendelausschlags.«

Experimentator 2: »Mein vorangegangener Pendelausschlag ist auch Nachfolger eines zuvor stattgefundenen Pendelausschlags.«
Experimentator 1: »Mein zuvor stattgefundener Pendelausschlag ist kein Nachfolger.«
Experimentator 2: »Mein zuvor stattgefundener Pendelausschlag ist gleichfalls kein Nachfolger.«

Beide Experimentatoren haben sich je eine Menge an Pendelausschlägen in das episodische Gedächtnis eingeprägt – haben sie registriert. Während des Dialogs konnten sie rekursiv jedem registrierten Pendelausschlag der einen Menge genau einen aus der anderen Menge zuordnen. In jedem Rekursionsschritt erinnerten sie sich also an je einen Pendelausschlag, den sie einem anderen zuordnen konnten. Da nach dem letzten Rekursionsschritt des einen Experimentators auch beim anderen Experimentator keine vorangegangenen Pendelausschläge mehr übriggeblieben sind, haben beide Experimentatoren die gleiche Anzahl an Pendelausschlägen registriert. Die hierzu nötige Gedächtnisleistung hätten sie jedoch durch die Verwendung von Ordinalzahlen einsparen können.

Lage- und Modalzeit

Wir können zwei Arten zeitlicher Beziehungen unterscheiden. Die *lagezeitlichen* Beziehungen »Früher-als«, »Später-als« und »Gleichzeitig-mit« sind Beziehungen zwischen zwei Ereignissen. Die *modalzeitlichen* Beziehungen »vergangen«, »gegenwärtig« und »zukünftig« sind Beziehungen zwischen meinem aktuellen Gegenwartsmoment und einem Ereignis. Mir ist ein Ereignis gegenwärtig, oder ich kann mich gegenwärtig episodisch erinnern, dass ich das Ereignis in der Vergangenheit erlebte, oder ich erwarte gegenwärtig ein Ereignis in der Zukunft. Da die Modalzeit von meinem gegenwärtigen Zeitpunkt abhängt, ist eine Modalzeit eine Zeitperspektive. Sie ändert sich laufend.

Mit dem episodischen Gedächtnis kann ich modalzeitliche Beziehungen erfahren. Wenn ich mich episodisch an ein Ereignis erinnere, dann ist mir das Ereignis vergangen, gegenwärtig ist die Erinnerung. Das episodische Gedächtnis ermöglicht es, zwischen Gegenwart und Vergangenheit zu unterscheiden. Durch episodische Erinnerungen habe ich erfahren, dass jedes gegenwärtige Erleben vergeht und zum Gegenstand einer episodischen Erinnerung werden kann. Das gegenwärtige Erleben macht einem zukünftigen Platz. Das episodische Gedächtnis eröffnet also auch eine Zukunftsperspektive. Zukünftige Handlungen werden planbar.

Eine noch differenziertere modalzeitliche Beziehung als die, die uns das episodische Erinnern ermöglicht, erhalten wir durch rekursives, episodisches Erinnern. Angenommen, ich erinnere mich heute daran, dass ich mich gestern daran erinnert habe, dass ich mich vorgestern daran erinnert habe, dass ich am Tag zuvor im Kino war. Üblicherweise würde ich dann sagen: »Vor drei Tagen war ich im Kino.« Auch diese Aussage drückt eine modalzeitliche Beziehung aus, denn morgen werde ich vor vier Tagen im Kino gewesen sein, und gestern war ich vor zwei Tagen im Kino. Nehmen wir nun weiter an, dass ich mich rekursiv, episodisch daran erinnern kann, dass ich vor fünf Tagen ein Kinoprogramm gelesen habe. Wir haben nun zwei modalzeitliche Beziehungen, eine zum Kinobesuch und eine zum Lesen des Kinoprogramms. Lässt sich nun auf die lagezeitliche Beziehung der beiden Ereignisse schließen? Können wir die Lagezeit der beiden Ereignisse bestimmen, indem wir ihre Modalzeiten, d.h. den Kinobesuch vor drei Tagen, und das Studium des Kinoprogramms vor fünf Tagen in eine Beziehung setzen? Die Beziehung müssten invariant gegenüber der sich laufend ändernden Zeitperspektive sein. Morgen müssten der Kinobesuch von vor vier Tagen und das Studium des Kinoprogramms von vor sechs Tagen noch in der gleichen Beziehung stehen. Wir können auch die Tage noch weiter zurückgehen. Wir erhalten dann eine Rekursion. Gestern müsste der Kinobesuch vor zwei Tagen und das Lesen des Kinoprogramms vor vier Tagen ebenfalls in der gleichen Beziehung gestanden haben. Schließlich erhalten wir durch Rekursion die gleiche Beziehung zwischen dem Tag des Kinobesuchs und dem Lesen des Kinoprogramms vor zwei Tagen. Die lagezeitliche Beziehung zwischen dem Kinobesuch und dem Lesen des Kinoprogramms ist die, dass ich zwei Tage vor dem Kinobesuch das Kinoprogramm las. Diese Lagezeit ist unabhängig von meiner Zeitperspektive. Die Lagezeit ändert sich nicht. Wir erhalten die Lagezeit durch die Differenz: $5-3=4-2=3-1=2$. Durch Vergleich der beiden entsprechenden rekursiven Erinnerungen hätten wir durch rekursives Zurückgehen auf den Vorgänger das Ergebnis ohne Zahlen erhalten, nämlich: am Tag des Kinobesuchs erinnerte ich mich daran, dass ich mich gestern daran erinnert hatte, dass ich vorgestern das Kinoprogramm gelesen hatte. Das Beispiel zeigt, dass Rechnen etwas mit Gedächtnisoperationen zu tun hat, in diesem Fall mit rekursivem Erinnern. Die beiden Experimentatoren des Galileischen Pendelexperimentes, von denen wir angenommen hatten, dass sie nicht zählen konnten, sind mit ihren rekursiven Erinnerungen ähnlich vorgegangen, als sie die Gleichwertigkeit ihrer Erinnerungen an Pendelausschläge feststellten.

Eine Lagezeit zwischen zwei Ereignissen kann aus zwei geeigneten Modalzeiten durch rekursives Erinnern oder durch eine Differenz von zwei Ordinalzahlen berechnet werden. Im letzten Fall entlasten wir erheblich unser episodisches Gedächtnis.

Mechanische Uhren und rekursives Erinnern

Im Mittelalter regelte der Lauf der Sonne den Tagesablauf in den Klöstern. Der lichte Tag zwischen Sonnenaufgang und Untergang wurde in Phasen des Gebetes, der Arbeit und der Mahlzeiten eingeteilt. Nach mittelalterlicher Vorstellung symbolisierten die Phasen des Tages bestimmte Phasen der Heilsgeschichte. Erst nach der Erfindung der mechanischen Uhren während der Renaissance setzte sich die Einteilung des Tages in 24 Stunden durch. Man wandte sich von äußeren Ereignissen, wie dem Lauf der Sonne und ihren religiös symbolischen Bedeutungen, ab, um die Zeit zu bestimmen. Ging aber mit der Abwendung vom Äußerlichen auch eine Hinwendung zum Inneren – oder gar zum episodischen Erinnern – einher? Zunächst scheint die Frage etwas weit hergeholt. Schließlich wird der Lauf der Sonne durch die mechanische Regelmäßigkeit eines Uhrwerkes ersetzt. Damit wendete sich aber der Uhrmacher der Renaissance von den mittelalterlichen, religiös symbolischen Bedeutungen der Tageszeiten ab. Die ältesten mechanischen Uhren zeigten nur Stunden an. Diese erscheinen in einer linearen Reihenfolge. Während im Mittelalter eine lineare Reihenfolge der Phasen eines Tages durch den göttlichen Heilsplan bestimmt war, legte der spätere Uhrmacher seinen Konstruktionen Erfahrungen mit rekursiven, episodischen Erinnerungen zugrunde. Nur so kann man eine lineare Reihenfolge erfahren, sich mit ihren Merkmalen vertraut machen und sie zu einem Begriff zusammenfassen. Wir benötigen auch Erfahrungen mit rekursiven, episodischen Erinnerungen, um eine Uhr zu lesen. Anderenfalls wäre die Stellung eines Zeigers völlig bedeutungslos. Wird z.B. die neunte Stunde angezeigt, wissen wir, dass zuvor die achte Stunde angezeigt wurde, und vor der achten die siebte Stunde usw. Ohne dieses Wissen könnten wir die neunte Stunde nicht in einer Reihenfolge von Stunden einordnen. Eine Orientierung in der linearen Zeit wäre nicht möglich. Durch eine rekursive, episodische Erinnerung erfahren wir die Reihenfolge der Stunden. Auf Grundlage dieser Erfahrung lässt sich jede Stunde, die seit einer Referenzzeit – z.B. Mitternacht – vergangen ist, durch eine Ordinalzahl bestimmen. Sie ist die Rekursionstiefe, aus der wir die Rekursion logisch folgern können – also, dass z.B. der neunten Stunde die achte Stunde vorausgegangen ist. Alternativ können wir uns vorstellen, dass auf dem Zifferblatt einer Uhr keine Ordinalzahlen zu sehen sind, sondern für jede vollendete Stunde ein Strich markiert ist, keine Zahlen. In dem Fall kommen wir nicht um rekursive, episodische Erinnerungen herum, um eine Zeitdauer zu bestimmen. Auch die Ordinalzahlen einer Uhr – die älteste informationsverarbeitende Maschine und eine der ältesten der Neuzeit – entlasten daher das episodische Gedächtnis.

Wie oben dargelegt, wurde im Mittelalter der lichte Tag vom Sonnenaufgang bis zum Sonnenuntergang in zwölf Stunden unterteilt – zu jeder Jahreszeit, sowohl im Sommer als auch im Winter und zur Tag- und Nachtgleiche dauerte der Tag zwölf Stunden. Die Einteilung des lichten Tages vom Sonnenaufgang bis zum Untergang in zwölf Stunden ist babylonischen Ursprungs. Die Babylonier hatten dabei für die Tageseinteilung die Einteilung des Jahres in zwölf Monate übertragen (Wendorff, 1980, S. 19). Jedem Monat sprachen sie eine religiöse Bedeutung zu, die von den zwölf Tierkreiszeichen symbolisiert wurden (Wendorff, 1980, S. 13). Sowohl die Monate und Stunden als auch die Jahreszeiten und Phasen des Tages im Mittelalter besaßen eine religiöse Bedeutung. Als während des Übergangs vom Mittelalter zur Neuzeit die religiöse Bedeutung an Kraft verlor, blieb das blasse, fleisch- und blutlose Skelett der Reihenfolge der Stunden zurück. Sie konnte der neuzeitliche Mensch durch rekursive, episodische Erinnerungen mit seinem autonoetischen Bewusstsein erfahren. Mit der Abschwächung religiöser Bedeutungen erstarkte das Selbstbewusstsein des modernen Menschen.

Ordinalzahlen

Das Merkmal der Rekursion

Zu Beginn der Neuzeit, mit Aufkommen der episodischen Erinnerungskultur, wurde das Merkmal der Rekursion auch von Mathematikern bewusst verwendet. Durch rekursive, episodische Erinnerungen können Ereignisse linear in der Zeit angeordnet werden – wir sprechen dann von einer linearen Zeit. Durch Rekursion können auch die natürlichen Zahlen linear angeordnet werden – dann reden wir von Ordinalzahlen. Im 16. Jahrhundert wurde erstmalig ein Beweis geführt, dem die Anwendung der Rekursion zugrunde liegt. Der italienische Abt und Mathematiker Franciscus Maurolicus (1494–1575) konnte nachweisen, dass die Summe der ersten n ungeraden natürlichen Zahlen gleich n^2 ist, – dass z.B.

$$1 = 1^2$$
$$1+3 = 2^2$$
$$1+3+4 = 3^2$$
$$1+3+5+7 = 4^2$$
$$1+3+5+7+9 = 5^2$$
$$\vdots$$

usw.

Er bewies die Aussage in zwei Schritten. Zunächst stellte er fest, dass die Behauptung für $n = 1$ richtig ist. Offensichtlich ist die Summe der ersten ungeraden Zahl – eine Summe mit nur einem Summanden ist der Summand selbst – gleich eins, also auch eins zum Quadrat. Dann zeigte er, dass die Summe der ersten n+1 ungeraden Zahlen gleich $(n+1)^2$, wenn die Summe der ersten n ungeraden Zahlen gleich n^2 ist. Wo liegt nun die Pointe? Wählen wir eine beliebige natürliche Zahl, beispielsweise die 5. Nach Maurolicus' Beweisführung ist die Summe der ersten fünf ungeraden Zahlen gleich 5 zum Quadrat, wenn die Summe der ersten vier ungeraden Zahlen gleich 4 zum Quadrat ist. Letzteres ist der Fall, wenn die Summe der ersten drei ungeraden Zahlen gleich 3 zum Quadrat ist. Das ist wiederum der Fall, wenn die Summe der ersten beiden ungeraden Zahlen gleich 2 zum Quadrat ergibt, was zutrifft, wenn die Summe der ersten ungeraden Zahl gleich 1 zum Quadrat ist. Diese Behauptung hatte er aber im ersten Beweisschritt bereits dargelegt. Hier erkennen wir das Prinzip der Rekursion. Schritt für Schritt gehen wir auf die vorangegangene natürliche Zahl zurück – wir rekurrieren auf sie –, bis wir bei der 1 angekommen sind. Die Zahl 5 ist willkürlich gewählt, es hätte auch jede beliebige andere natürliche Zahl sein können. Maurolicus hatte also gezeigt, dass seine Aussage für alle natürlichen Zahlen zutrifft.

Warum funktioniert das Prinzip der Rekursion? Betrachten wir zunächst eine rekursive, episodische Erinnerung. Ich kann mich nur an etwas episodisch erinnern, was ich mir zuvor in das episodische Gedächtnis eingeprägt habe. Wenn ich mich rekursiv, episodisch, an gewisse Ereignisse erinnere, dann kann ich eine lineare Reihenfolge der Ereignisse erfahren. In dieser Reihenfolge habe ich aber zuvor die Ereignisse in das episodische Gedächtnis eingeprägt – sukzessive, Schritt für Schritt. Genauso zählen wir – Schritt für Schritt. Bei einer Rekursion mit natürlichen Zahlen wird jeder gedachte oder vollzogene Zählschritt nacheinander in umgekehrter Reihenfolge bis zum ersten Zählschritt rückgängig gemacht.

Der französische Mathematiker Blaise Pascal erkannte in dem Beweis von Maurolicus ein Prinzip, das in der modernen Mathematik unter der Bezeichnung ›vollständige Induktion‹ bekannt ist. Durch vollständige Induktion kann die Gültigkeit gewisser Aussagen über alle natürlichen Zahlen bewiesen werden. Ein Beweis einer Behauptung über jede natürliche Zahl durch vollständige Induktion ist in zwei Teile gegliedert:

- → die Gültigkeit der Behauptung über die Zahl eins wird bewiesen,
- → die Gültigkeit der Behauptung über jede beliebige andere Zahl wird unter der Voraussetzung bewiesen, dass die Behauptung über deren Vorgänger richtig ist.

Der erste Teil des Beweises heißt Induktionsanfang, der zweite Teil Induktionsschritt. Im Induktionsschritt wird die Gültigkeit einer Behauptung über eine natürliche Zahl auf die Gültigkeit der Behauptung über deren Vorgänger zurückgeführt. Durch Rekursion können wir die Gültigkeit der Behauptung auf die Gültigkeit der Behauptung über den Vorgänger des Vorgängers zurückführen usw., bis wir schließlich die Gültigkeit der Behauptung auf die Gültigkeit der Behauptung über die Eins zurückgeführt haben.

Ein ähnliches Prinzip kennen wir aus dem Alltag. Wenn wir morgens aufwachen, dann wissen wir im Allgemeinen, welchen Wochentag wir haben, ohne auf den Kalender zu schauen, da wir uns erinnern, welcher Wochentag gestern war. Damit sind wir in der Lage, den heutigen Wochentag zu bestimmen. Eine Aussage über den heutigen Wochentag wird auf eine Aussage über den gestrigen Wochentag zurückgeführt. Haben wir also einmal damit angefangen, uns den richtigen Wochentag ins Gedächtnis einzuprägen, erhalten wir verlässlich eine wahre Aussage über den aktuellen Wochentag. Wie bei der vollständigen Induktion führen wir die Wahrheit einer Aussage über den Wochentag auf die Wahrheit der Aussage über den Vorgänger, hier den vorangegangenen Wochentag, zurück.

Pascal bewies durch vollständige Induktion, wie die Koeffizienten der verallgemeinerten binomischen Formel berechnet werden können. Die binomische Formel $(a+b)^2 = a^2+2ab+b^2$ ist gut bekannt. Ihre Koeffizienten sind 1, 2 und 1. Eine verallgemeinerte binomische Formel ist ein entsprechender Ausdruck für $(a+b)^n$, wobei n jede beliebige natürliche Zahl sein kann. Pascal zeigte, wie die Koeffizienten der Formel für $(a+b)^{n+1}$ aus denen der Formel für $(a+b)^n$ berechnet werden können. Schematisch kann die rekursive Berechnung durch das Pascalsche Dreieck dargestellt werden. Es ist daher eine schematische Darstellung gewisser rekursiver Erinnerungen. (Beim Pascalschen Dreieck ist auch $n=0$ zugelassen.)

$$
\begin{array}{ccccccccccc}
 & & & & & 1 & & & & & \\
 & & & & 1 & & 1 & & & & \\
 & & & 1 & & 2 & & 1 & & & \\
 & & 1 & & 3 & & 3 & & 1 & & \\
 & 1 & & 4 & & 6 & & 4 & & 1 & \\
1 & & 5 & & 10 & & 10 & & 5 & & 1 \\
 & & & & & \vdots & & & & & \\
 & & & & & \textit{usw.} & & & & &
\end{array}
$$

Das »usw.« bedeutet, dass in jeder Zeile rechts und links eine Eins geschrieben wird, und dazwischen die Summe der beiden darüberstehenden Werte. Die Spitze des Pascalschen Dreiecks steht für $(a+b)^0 = 1 \cdot a^0 b^0 = 1$.

Wir erhalten nacheinander:

$$(a+b)^1 = 1a+1b,$$
$$(a+b)^2 = 1a^2+2ab+1b^2,$$
$$(a+b)^3 = 1a^3+3ab^2+3a^2b+1b^3,$$
$$(a+b)^4 = 1a^4+4a^3b+6a^2b^2+4ab^3+1b^4,$$
$$(a+b)^5 = 1a^5+5a^4b+10a^2b^3+5ab^4+1b^5,$$
$$\vdots$$

usw.

Wenn wir die Koeffizienten in einer Zeile des Pascalschen Dreiecks ausrechnen wollen, dann müssen wir uns daran erinnern, welche Werte wir in der darüberstehenden Zeile ausgerechnet haben. Falls diese noch nicht ausgerechnet sind, müssen wir uns wiederum daran erinnern, welche Werte wir in der nächst darüber befindlichen Zeile ausgerechnet haben, usw. In diesem Sinn ist das Pascal'sche Dreieck eine schematische Darstellung einer rekursiven, episodischen Erinnerung.

Rechnen mit Ordinalzahlen

Im Zusammenhang des Galileischen Pendelexperiments wurde erkennbar, wie Ordinalzahlen das episodische Gedächtnis entlasten. Können wir also durch Rechnen auch komplexe Gedächtnisoperationen unterstützen? Was haben Gedächtnisoperationen und Rechnen gemeinsam? Wir haben bereits kennengelernt, wie ein lagezeitliches Verhältnis zwischen zwei Ereignissen durch eine Differenz von zwei natürlichen Zahlen berechnet werden kann. Die beiden natürlichen Zahlen stellen je eine modalzeitliche Beziehung dar. Jede der modalzeitlichen Beziehungen kann durch eine rekursive Erinnerung erfahren werden. Die lagezeitliche Beziehung erhielten wir auch, indem wir die beiden rekursiven Erinnerungen in Beziehung setzten, sie verglichen. Anstatt zu rechnen, erinnerten wir uns rekursiv episodisch.

Die grundlegenden Gedächtnisoperationen sind *Einprägen* und *Erinnern*. Um einen Zusammenhang der Gedächtnisoperationen mit den Rechenoperationen zu erkennen, ist der Begriff des Merkschrittes nützlich. Während eines Merkschrittes präge ich mir in das episodische Gedächtnis ein,

- → dass ich über die Existenz eines Gegenstandes geurteilt habe, und
- → dass ich mich daran erinnere, dass ich unmittelbar zuvor einen Merkschritt vollzogen habe, insofern ich das getan habe.

Merkschritte vollziehen wir sukzessive, einen nach dem anderen – so wie wir zählen. Wir erkennen eine Nachfolgerbeziehung der Merkschritte, wie sie auch die natürlichen Zahlen haben. So können wir z.B. zu jedem Merkschritt wie zu jeder natürlichen Zahl einen Nachfolger bilden, und es gibt genau einen Merkschritt, der kein Nachfolger ist, wie es genau eine natürliche Zahl gibt, die kein Nachfolger ist, nämlich die Eins. Wir können nun von einem Merkschritt oder einer natürlichen Zahl

- → den Nachfolger bestimmen,
- → den Vorgänger bestimmen, insofern er existiert.

Jede Rechnung mit natürlichen Zahlen, insbesondere die vier Grundrechenarten, kann aus diesen beiden elementaren Rechenoperationen zusammengesetzt werden. Da die beiden elementaren Rechenoperationen auch mit Merkschritten durchgeführt werden können, können wir gleichsam mit Merkschritten rechnen, falls wir über ein hinreichend gutes Erinnerungsvermögen verfügen. Das wirft ein Licht auf das Rätsel der Inselbegabung.

Inselbegabung

Oliver Sacks stellt in seinem Buch »Der Mann, der seine Frau mit einem Hut verwechselte« Zwillinge, John und Michael, vor, die aufgrund einer geistigen Behinderung seit ihrem siebten Lebensjahr ununterbrochen in Heilanstalten lebten (Sacks, 2010, S. 273-298). Der Autor schreibt über Personen, mit denen er in einem Arzt-/Patientenverhältnis stand. Schon für seine einfühlsame und respektvolle Art, über Menschen zu schreiben, die aufgrund einer gesundheitlichen Beeinträchtigung zu keinem normalen Leben fähig sind, ist das Buch lesenswert. Die beiden Zwillinge haben einen IQ von 60 und sind nicht in der Lage, die Grundrechenarten zu begreifen. Sie scheitern bereits an einfachen Additionen und Subtraktionen und verstehen nicht, wie man multipliziert und dividiert. Doch sie verfügen über ein außergewöhnliches Gedächtnis. Sie können sich an die kleinsten visuellen Details ihrer Erfahrungen erinnern. An jeden Tag ihres Lebens, den sie etwa ab dem vierten Lebensjahr erlebten, können sie sich erinnern und erzählen, wie das Wetter war und welche Ereignisse geschehen sind. Das episodische Gedächtnis entwickelt sich ab etwa dem dritten oder vierten Lebensjahr und speichert die persönlichen Erlebnisse. Die Zwillinge verfügen offenbar über ein schier grenzenloses episodisches Gedächtnis.

Sacks schildert, wie die Zwillinge beobachtet hatten, dass eine Streichholzschachtel zu Boden gefallen war, ihr Inhalt verstreut herumlag. Zeitgleich riefen beide: »einhundertelf«. John fügte anschließend noch »siebenunddreißig« hinzu, Michael ebenfalls, und John wiederholte dies noch einmal. Oliver Sacks zählte die Streichhölzer und kam auf 111. Er konnte die Anzahl der Streichhölzer aber nicht annähernd so schnell bestimmen wie die Zwillinge. Sie erzählten ihm, sie hätten die Streichhölzer gar nicht gezählt, vielmehr ihre Anzahl gesehen. Auf die Frage, warum sie anschließend noch dreimal »siebenunddreißig« gesagt hätten, antworteten beide im Chor: »Siebenunddreißig, siebenunddreißig, siebenunddreißig, einhundertelf«. Und richtig, 3 mal 37 ergibt einhundertelf. Nach einem Satz der Mathematik kann jede natürliche Zahl eindeutig in Primfaktoren zerlegt werden. Die Zwillinge hatten 111 in die Primfaktoren 3 und 37 zerlegt, ohne dividieren zu können, ohne überhaupt zu wissen, was eine Primzahl ist.

Bei anderer Gelegenheit beobachtete Sacks, dass sich die beiden hohe, mehrstellige Zahlen zuriefen. Über jede einzelne der Zahlen freuten sie sich, sie strahlten wie über eine erhellende Entdeckung. Einer Ahnung folgend, besorgte sich Oliver Sacks eine Primzahltabelle. In der Tat! Sie riefen sich Primzahlen zu. Sacks beteiligte sich an dem Spiel, schummelte allerdings dabei, wenn er in unbemerkten Augenblicken auf seine Tabelle schielte. Als dann die Primzahlen, die die Zwillinge entdeckten, die Größenordnung seiner Primzahltabelle überschritten, musste er aufgeben.

Das wirft Fragen auf. Wie kann man dieAnzahl von 111 sehen? Wie können die Zwillinge ohne Kenntnisse der Multiplikation und Division eine Zahl in Primfaktoren zerlegen? Wie können sie überhaupt so große Primzahlen entdecken, ohne überhaupt zu wissen, was eine Primzahl ist? Zunächst zur ersten Frage: Was ist eine Anzahl von 111? Die Anzahl wird durch eine natürliche Zahl angegeben, die eine Ordinalzahl ist. Mit einer Ordinalzahl können wir eine Position in einer Reihenfolge bestimmen. Bei einer Zählung der Streichhölzer kommt im Resultat heraus, dass es ein 111. Streichholz gibt und kein nachfolgendes mehr. Die Streichhölzer werden durch die Zählung in der Reihenfolge der Zählschritte angeordnet. Wenn es ein 111. Streichholz gibt, dann auch ein 110., ein 109. usw. Die Anzahl der Streichhölzer ist dann genauso groß wie die Menge

$$\{1,2,3,\ldots,109,110,111\}.$$

Jemand, der zählt, drückt durch die Verwendung von Ordinalzahlen die Reihenfolge seiner Zählschritte aus. Diese lässt indirekt Rückschlüsse auf die Anzahl der gezählten Gegenstände zu. Die Zwillinge zählten nicht und verwendeten trotzdem Ordinalzahlen. Haben sie sich die Streichhölzer schrittweise mit rekursiven Erinnerungen an vorangegangene Schritte in ihr Gedächtnis eingeprägt? Bezeichnen sie mit den natürlichen Zahlen rekursive Erinnerungen? Ihre nachweislich enormen – geradezu übermenschlichen – Gedächtnisfähigkeiten lassen die Vermutung plausibel, zumindest möglich erscheinen. Die

Zwillinge hätten dann nicht nur ein grenzenloses Vermögen, sich zu erinnern, sondern auch, sich Dinge einzuprägen, weil sie durch Einprägen die Anzahl der Streichhölzer so schnell erkennen können. Nun sind Einprägen und Erinnern grundlegende Gedächtnisoperationen, die den grundlegenden Rechenoperationen *Bestimmung des Nachfolgers* und *Bestimmung des Vorgängers einer Ordinalzahl* entsprechen. Da sich jede Rechenoperation aus den beiden Rechenoperationen zusammensetzt, konnten die Zwillinge jede Rechenoperation mithilfe entsprechender Gedächtnisoperationen durchführen. Sacks fragt sich, ob die Zwillinge Eigenschaften von Zahlen unmittelbar konkret, sinnlich fühlbar wahrnehmen können, anstatt sie auf abstrakte, begriffliche Art zu erfassen. Er meinte damit insbesondere Eigenschaften bestimmter Beziehungen zwischen Zahlen. Durch rekursive Erinnerungen können wir in der Tat Eigenschaften solcher Beziehungen konkret und anschaulich erfahren.

Reelle Zahlen

Verhältnisse

Seitdem es Kalender gibt – und die gab es schon in der Steinzeit wie z.B. die Anlage von Stonehenge zeigt –, besteht das Problem, verschiedene astronomische Zyklen zu synchronisieren, etwa den Mond- und Sonnenzyklus oder den Tages- und Jahreszyklus. Dazu versuchte man die astronomischen Zyklen in einem übergeordneten Zyklus unterzubringen. Gängig war ein Zyklus von ca. 19 Jahren. Nach dieser Zeit wiederholt sich die Konstellation von Sonne, Mond und Erde weitgehend. Ein Zeugnis dafür könnten die Goldhutfunde sein (siehe Abb. 12, S. 120), von denen in Süddeutschland und Frankreich insgesamt vier gefunden wurden. Die Funde stammen aus der späten Bronzezeit und wurden vermutlich zwischen 1400 und 800 v. Chr. hergestellt. Sie dienten als Verkleidung einer Kopfbedeckung und symbolisierten vermutlich das kalendarische Wissen des Trägers. Die Ornamente könnten Merkzeichen sein, die an

Sonnen- und Mondphasen erinnern, die zusammen einen etwa 19-jährigen Zyklus ergeben (Menghin, 2000).

Platons zyklischem Zeitbegriff lag die Überzeugung zugrunde, dass sich die astronomischen Konstellationen nach einer gewissen Zeit wiederholen (siehe Kapitel 5). Dann aber hätten die Umlaufzahlen der Gestirne ein ganzzahliges Verhältnis. Da die alten Griechen nur Anzahlen und keine anderen Zahlen – wie reelle Zahlen – kannten, konnten sie ein anderes als ein ganzzahliges Verhältnis nicht denken. Das traf in der frühen griechischen Mathematik auch auf Verhältnisse von Strecken zu. Umso erschütternder war die Erkenntnis griechischer Mathematiker, dass es Strecken gibt, die in keinem ganzzahligen Verhältnis stehen, etwa die Seite eines Quadrates und seine Diagonale oder eine Seite und eine Diagonale eines Fünfecks. Diese eigentlich bahnbrechende Entdeckung blieb aber folgenlos für die griechische Arithmetik. Erst in der Neuzeit wurden auch andere Zahlenverhältnisse als ganzzahlige entdeckt. Dafür verwendet der neuzeitliche Mathematiker reelle Zahlen, deren Struktur das Merkmal der Kontinuität aufweist, sodass mit ihr kontinuierliche Bewegungen – z.B. von Gestirnen – erkannt werden konnten. Wurden die reellen Zahlen im Kontext der neuzeitlichen, episodischen Erinnerungskultur entdeckt?

Das Merkmal der Kontinuität

Die Struktur der reellen Zahlen weist das Merkmal der Kontinuität auf. Dieses Merkmal hat sie mit einer Bewegung gemeinsam. Was wollen wir darunter verstehen? Eine Bewegung verläuft nicht sprunghaft, wie in den ersten Stummfilmen. Wie können wir also Kontinuität erfahren? Widmen wir uns zunächst einer Eigenbewegung, z.B. einer Handbewegung. Wir nehmen in jedem Moment ihre Richtung und Geschwindigkeit wahr. Auch entschließe ich mich für eine bestimmte Richtung und Geschwindigkeit, ich kontrolliere sie mit der Wahrnehmung. Wenn ich mich zu einer Richtung und Geschwindigkeit entschließe und sie gleichzeitig wahrnehme, dann erfahre ich die Bewegungswahrnehmung als meinen Entschluss. Ich bin präsent und erlebe einen Gegenwartsmoment. Durch meinen Entschluss verbinde ich die vergangene Phase meiner Eigenbewegung mit der zukünftigen, ein wesentliches Merkmal der Kontinuität. Während meines Bewegungsentschlusses bewahre ich eine Vorstellung über den unmittelbar vorangegangenen Verlauf meiner Eigenbewegung in meinem Bewusstsein und antizipiere den unmittelbar anschließenden Verlauf. So erfahre ich, dass ich die vergangene Bewegung durch die zukünftige fortsetze. (Mehr dazu in Kapitel 3.)

Der Sachverhalt wirft ein Licht darauf, dass uns Gegenstände gegenwärtig erscheinen, die wir unter einer Perspektive sehen. Eine Perspektive erkennen wir nur dann, wenn wir uns auch eine andere Perspektive vorstellen können. Die Erkenntnis einer Perspektive hängt mit der Erkenntnis zusammen, sie durch eine Eigenbewegung ändern zu können. Wir sehen dann in einem Gegenwartsmoment der Eigenbewegung die Gegenstände aus einer Perspektive gleichsam als eine Momentaufnahme.

Welche Rolle spielen episodische Erinnerungen für die Erkenntnis eines Gegenwartmomentes? Den Gegenwartsmoment als solchen kann ich nicht aufmerksam wahrnehmen, weil er flüchtig ist. Warum bin ich dazu nicht in der Lage, obwohl ich ihn durch meinen Entschluss zu einer Bewegung und ihre Wahrnehmung erfahre? Will ich ihn aufmerksam wahrnehmen, entschlüpft er sogleich meiner Aufmerksamkeit. Er ist bereits vergangen. Wenn ich mich entschließe, dann richte ich meine Aufmerksamkeit auf den Gegenstand des Entschlusses, in dem Fall auf die Richtung und Geschwindigkeit. Ich kann aber meine Aufmerksamkeit nicht teilen und sie gleichzeitig auf mein Entschließen richten. An den Entschluss kann ich mich anschließend nur episodisch erinnern und meine Aufmerksamkeit auf die Erinnerung richten. Wie können wir uns an einen Entschluss episodisch erinnern, obwohl wir ihn nicht aufmerksam wahrnehmen können? Wir stellen die Frage bis zum dritten Kapitel zurück. Entscheidend ist an dieser Stelle, dass ein Gegenwartsmoment Teil einer Bewegung ist, den ich nicht mehr unterteilen kann, da ich meinen Entschluss zu einer Richtung und Geschwindigkeit und ihre unmittelbare Wahrnehmung nicht unterteilen kann. Sie bilden eine Einheit. Damit ist ein Gegenwartsmoment ein unteilbarer Teil der Bewegung, den wir Moment der Bewegung nennen.

In einem Gegenwartsmoment meiner Eigenbewegung nehme ich die Richtung und Geschwindigkeit wahr, zu der ich mich entschließe. Meinen Entschluss finde ich nicht in der Außenwelt, sondern in meinem Inneren. Dagegen ist die Bewegungswahrnehmung eine äußere Wahrnehmung. In dem Gegenwartsmoment erlebe ich eine Übereinstimmung meines inneren Entschlusses und meiner äußeren Bewegungswahrnehmung – ich erlebe meine Wirksamkeit. Um die Übereinstimmung zu erkennen, muss ich in der Lage sein, zwischen meiner Außen- und Innenwelt zu unterscheiden. Dazu befähigt mich episodisches Erinnern.

Welche Struktur haben die Momente einer Eigenbewegung?

→ Wenn ich eine Eigenbewegung ausführe, erfahre ich jeden ihrer einzelnen Momente einmal als Gegenwartsmoment. In diesem Moment ist jeder andere Moment entweder vergangen oder zukünftig. Nur die zukünftigen Momente werde ich als Gegenwartsmomente erfahren. So erhalte ich eine lineare Ordnung der Momente.

→ Zwischen zwei Momenten einer Eigenbewegung führe ich wiederum eine Eigenbewegung aus. Diese können wir durch einen Moment unterteilen. Zu je zwei Momenten einer Eigenbewegung existiert ein dritter Moment, der bezüglich der linearen Ordnung zwischen den beiden Momenten liegt.

→ Zwei aufeinanderfolgende Phasen meiner Eigenbewegung sind durch einen Moment miteinander verbunden. Ich kann mich episodisch daran erinnern, dass ich die frühere Phase durch einen Bewegungsentschluss, den ich unmittelbar wahrnahm, mit der späteren verbunden habe.

Insbesondere der letzte Punkt charakterisiert die Kontinuität. Aristoteles schreibt in seiner »Physik« dazu:

> »Das Jetzt aber ist die Stetigkeit der Zeit; wie gesagt. Denn es verbindet die Zeit, die vergangene und die zukünftige, und ist überhaupt Bewegung der Zeit (Aristoteles, Physik, Buch IV, Kap. 13).

Ich habe hier dargestellt, wie wir einen Gegenwartsmoment als eine Übereinstimmung eines in die Zukunft gerichteten Wollens und einer vergänglichen Wahrnehmung erfahren können, und dass er in eine lineare Ordnungsstruktur eingebettet ist. Dieses setzt episodisches Erinnern voraus.

Die Ordnungsstruktur ist die der reellen Zahlen. Wenn ich mir vorstelle, dass ich mich längs einer Zahlengeraden in Richtung aufsteigender Zahlen bewege, dann spiegelt die Ordnung der reellen Zahlen die zeitliche Ordnung der Momente meiner Eigenbewegung wider.

Wie können wir nun die Kontinuität einer Fremdbewegung erfahren? Wenn wir eine Fremdbewegung beobachten, folgen wir mit unseren Blicken der Fremdbewegung, wenden unser Haupt oder unseren Rumpf und begleiten sie vielleicht mit zusätzlichen Eigenbewegungen. Wir ahmen die Fremdbewegung gleichsam nach. Den jeweils wahrgenommenen Moment nehmen wir als den Gegenwartsmoment der Eigenbewegung wahr. Ich ordne einem Gegenwartsmoment meiner Eigenbewegung einen Moment der Fremdbewegung zu. Ein Beispiel soll hier der Verdeutlichung dienen: Angenommen, wir messen mit einer Stoppuhr die Zeit, die ein Läufer von der Startlinie bis zur Ziellinie benötigt. Wir verfolgen mit unseren Blicken den Läufer und drücken in dem Moment den Knopf der Stoppuhr, in dem wir beobachten, dass er die Start- bzw. die Ziellinie überquert. Auch das Drücken der Stoppuhr ist eine Eigenbewegung, und wir erleben einen Gegenwartsmoment. Der entscheidende Moment ist hier der Beginn des Knopfdruckes. Ein temperamentvoller Mensch würde vielleicht sogar mit Nachdruck den gesamten Arm bewegen, um das Erlebnis des Gegenwartsmoments zu intensivieren. Dabei bewegt er seinen Arm senkrecht zur Laufrichtung.[14] Die zur Laufrichtung senkrechte Bewegung kann nicht mehr in mehrere Laufrichtungen unterteilt werden, jede ihrer Teilbewegungen verläuft senkrecht zur Laufrichtung. Dadurch wird zusätzlich die Unteilbarkeit des Moments des Starts und des Moments des Erreichens des Ziels betont und erfahren.

Die Synchronisation einer Fremdbewegung mit einer Eigenbewegung können wir uns am Beispiel der Galileischen Experimente mit der schiefen Ebene vor Augen führen. Galilei wollte den freien Fall untersuchen. Da sich aber ein Gegenstand im freien Fall für die damaligen Möglichkeiten der Zeitmessung zu schnell bewegt, ließ er eine Kugel unter dem Einfluss der Schwerkraft auf einer schiefen Ebenen herunterrollen. Er beobachtete den freien Fall gleichsam in Zeitlupe. Anfangs hatte er keine Uhr zur Messung zur Verfügung. Daher sang der in einer Musikerfamilie aufgewachsene Galilei – sein Vater hatte ein Buch über die Kompositionslehre verfasst – ein Lied. Nach jedem Takt markierte er die Stelle, an der sich die rollende Kugel gerade befand (Bellone, 1998). Er entdeckte, dass die Kugel in gleichen Zeiteinheiten – während eines Taktes – zunehmend länger werdende Strecken zurücklegte. Er schloss daraus, dass ein Gegenstand unter dem Einfluss der Schwerkraft eine Beschleunigung erfährt. Zuvor war Beschleunigung als solche unbekannt, Galilei hatte sie entdeckt. Das konnte nur gelingen, weil er in der Lage war, nach jedem Takt den synchronen Moment der Bewegung der rollenden Kugel zu identifizieren. In diesem Moment markierte er die Position der Kugel. Was ist aber der Moment nach einem Takt? Wenn ich ein Lied singe, dann setze ich meine Stimmorgane in Bewegung – häufig auch meine Hände, Arme oder sogar den ganzen Körper. Dabei wie-

14 Ähnliches kann man beim Autorennen beobachten, wenn der neben der Ziellinie positionierte Rennrichter schwungvoll die Zielflagge hoch und runter schwenkt, sobald die Autos durchs Ziel fahren.

derhole ich gewisse Bewegungsmuster rhythmisch, Takt für Takt. Ähnliches kann man bei einem Dirigenten beobachten, der nach jedem Takt die Bewegungsrichtung seines Taktstockes umkehrt. Es gibt keinen radikaleren Bewegungsentschluss als den, die Bewegungsrichtung umzukehren. Dadurch drückt der Dirigent den Moment des Taktendes und den Beginn des neuen Taktes mit einer lautlosen Geste aus, den die Musiker mit Tönen, Stimmen und vielleicht Paukenschlägen füllen. Der musikalisch geschulte Galilei erfuhr beim Singen die Momente seiner Eigenbewegung und konnte sie so mit Momenten der Bewegung der rollenden Kugel synchronisieren. Hätte Galilei die Beschleunigung auch entdecken können, wenn er gleich zu Beginn seiner Experimente über eine Uhr verfügt hätte? Die Erfahrung eines Moments einer Bewegung, die nur bei einer Eigenbewegung möglich ist, wäre zumindest erschwert gewesen. Jedoch ist auch eine gewisse Vertrautheit mit Eigenbewegungen und ihren Momenten eine notwendige Voraussetzung, eine Uhr zu lesen.

Das Kontinuum der linearen Zeit

Denken wir uns eine Zahlengerade mit einer gradlinigen, gleichförmigen Bewegung entlang der Geraden in Richtung aufsteigender Zahlen als eine Uhr. Dann können wir Merkmale der Zeit Newtons erkennen.

> »Die absolute, wahre und mathematische Zeit verfließt an sich und vermöge ihrer Natur gleichförmig und ohne Beziehung auf irgendeinen äußeren Gegenstand.« (Newton, 1730)

Die Newtonsche Zeit ist in dem Sinn »mathematisch«, als ihre Ordnungsstruktur die der reellen Zahlen ist – wie die der Momente einer Eigenbewegung. Eine gedachte gradlinige, gleichförmige Bewegung vollzieht sich, »fließt« zunächst »ohne Beziehung auf irgendeinen äußeren Gegenstand« – sie ist gedacht, ohne in Erscheinung zu treten. Aus der Formulierung Newtons können wir schließen, dass er die Zeit als etwas

Innerliches auffasste – im Gegensatz zu den äußeren Gegenständen. Oben habe ich dargelegt, dass ein Merkmal der neuzeitlichen, episodischen Erinnerungskultur die Fähigkeit eines Zeitgenossen ist, zwischen seiner Innen- und Außenwelt zu unterscheiden. Der religiöse Newton verortete die Innenwelt jedoch nicht in seiner Person, das hätte er vermutlich als anmaßend empfunden, vielmehr sei es Gott, der die Bewegungen der Planeten, Kometen und all der anderen Dinge mit seinem Willen veranlasse und innerlich wahrnehme, so wie wir Teile unseres Körpers bewegen. Im dritten Kapitel werde ich die verblüffende Parallele zwischen der Bewegung des Newtonschen Gottes, der sie innerlich wahrnimmt, und einer Eigenbewegung eines Menschen erörtern.

Da wir eine Eigenbewegung mit einer Fremdbewegung synchronisieren können, ist es auch denkbar, eine Fremdbewegung mit dem gedachten Zeitkontinuum zu synchronisieren. Das gilt insbesondere für die Fremdbewegung einer realen, d.h. nicht gedachten Uhr, mit der wir die Zeit messen. Die Bewegung einer Uhr, ihr »Ticken«, repräsentiert ein Intervall des Zeitkontinuums. Die Momente einer beliebigen Bewegung sind somit in einem umfassenden Zusammenhang der reellen Zahlen eingebettet. Insbesondere kann eventuell ein zukünftiger Bewegungsverlauf berechnet werden. Die Newtonschen Bewegungsgleichungen ermöglichen dies.

Da die Synchronisation einer Fremdbewegung mit einer Eigenbewegung – auch wenn sie nur gedacht ist – von der Person abhängt, die sich bewegt und die Synchronisation vornimmt, ist das Zeitkontinuum nicht absolut – anders als bei Newton, der an eine göttliche Eigenbewegung glaubte. Hier tangieren wir das Gebiet der speziellen Relativitätstheorie Einsteins, die ohne die versteckte Annahme eines absoluten Gottes auskommt. Während wir in dem Weltbild Newtons noch Überreste mittelalterlichen Glaubens erkennen, sind diese in der Relativitätstheorie restlos der neuzeitlichen episodischen Erinnerungskultur gewichen.

Koordinaten

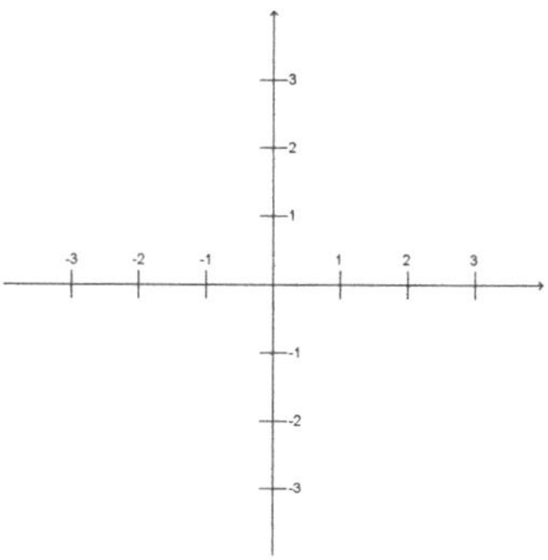

Räumliche Verhältnisse erfahren wir durch Bewegungen. Können sie durch die Momente gewisser Bewegungen – also durch reelle Zahlen – bestimmt werden? Das geschieht in der analytischen Geometrie. Geometrische Verhältnisse werden durch Beziehungen von reellen Zahlen, z.B. einer Gleichung, dargestellt. Notwendig dafür ist ein Koordinatensystem. Z.B. hat eine Ebene die Eigenschaft, dass von einem Punkt aus jeder andere Punkt durch höchstens zwei gradlinige Bewegungen erreicht werden kann, die hintereinander ausgeführt werden. Für ein Koordinatensystem in der Ebene wählt man sich einen Referenzpunkt – gleichsam einen gedachten Standpunkt – sowie zwei Geraden, die sich in dem Punkt schneiden und senkrecht aufeinander stehen. Jeder andere Punkt kann von dem Referenzpunkt erreicht werden, indem man sich eine Weile in Richtung einer der Geraden bewegt, und dann in Richtung der anderen Geraden. Ein Punkt in der Ebene ist so durch ein Paar von zwei reellen Zahlen eindeutig bestimmt. Jede der beiden reellen Zahlen ist je ein Maß für die Dauer einer gewissen Bewegung in je einer der beiden Richtungen vom Koordinatenursprung aus.

Koordinatensysteme setzten sich während der Renaissance durch, insbesondere in der Navigation, Kartographie und der analytischen Geometrie. Ihnen liegt die Erkenntnis zugrunde, dass in der Ebene bzw. im Raum ein Punkt von einem anderen Punkt aus durch höchstens zwei bzw. drei gradlinige Bewegungen erreicht werden kann. Daher kann die Lage eines Punktes bezüglich eines Referenzpunktes durch die Dauer von zwei bzw. drei gradlinigen Bewegungen bestimmt werden, also durch zwei bzw. drei reelle Zahlen. Einer Dauer liegt aber die moderne lineare Zeit zugrunde. Letztere – und damit die Koordinatensysteme – ist eine Erscheinung der episodischen Erinnerungskultur der Renaissance und Neuzeit.

Fazit

Der Mensch der Neuzeit charakterisiert Zahlen und Zeit mit dem Merkmal der linearen Ordnung. Hierin unterscheiden sich neuzeitliche Zahl- und Zeitkonzepte von denen vorangegangener Epochen. Ein Zahl- oder Zeitkonzept einer früheren Epoche kann auch das Merkmal der linearen Ordnung haben, jedoch wurde es anders charakterisiert – die Menschen im Mittelalter etwa legten der Zeit einen göttlichen Heilsplan zugrunde. Er war für das eschatologische Zeitverständnis des Mittelalters charakteristisch.

Eine lineare Reihenfolge bestimmter Ereignisse erfahren wir, wenn wir uns rekursiv, episodisch an sie erinnern. Seit der Renaissance ist das episodische Erinnern kulturprägend, während die mittelalterliche Kultur vorwiegend von semantischen Erinnerungen beeinflusst wurde, etwa der Vorstellung von einem göttlichen Heilsplan.

In welcher Beziehung das rekursive, episodische Erinnern zu den neuzeitlichen Zahl- und Zeitkonzepten steht, konnten wir an dem Galileischen Pendelexperiment gut erkennen. Die linear zeitliche Reihenfolge der Pendelausschläge drückte jeder der beiden Experimentatoren durch Ordinalzahlen aus: 1. Pendelausschlag, 2. Pendelausschlag, 3. Pendelausschlag usw. Jedes Mal, wenn der Experimentator einen Pendelausschlag beobachtet, erinnerte er sich episodisch daran, dass er unmittelbar zuvor einen Pendelausschlag beobachtet hatte, insofern er tatsächlich stattgefunden hatte, und mit welcher Ordinalzahl er ihn gezählt hatte. Von dieser bestimmte er dann die nachfolgende Ordinalzahl. Ohne Kenntnis der Ordinalzahlen kann er mit Merkschritten zählen. In einem Merkschritt prägt der Experimentator sich in das episodische Gedächtnis ein,

- → dass er einen Pendelausschlag beobachtet,
- → dass er sich daran erinnert, dass er unmittelbar zuvor einen Merkschritt ausgeführt hat, falls er das getan hat.

Ordinalzahlen entlasten das episodische Gedächtnis von den Mühen des rekursiven Erinnerns. Der Grund dafür ist, dass mit einer Ordinalzahl eine Eigenschaft einer Rekursion bezeichnet werden kann, nämlich ihre Rekursionstiefe. Aus ihr können wir die Rekursion logisch folgern – wir müssen sie uns nicht in das Gedächtnis einprägen.

Mit Merkschritten können wir wie mit Ordinalzahlen rechnen. Dafür stehen uns die Gedächtnisoperationen *Einprägen* und *Erinnern* zur Verfügung. Sie entsprechen dem *Bestimmen eines Nachfolgers* und dem *Bestimmen eines Vorgängers* einer Ordinalzahl. Auch hier entlasten Ordinalzahlen erheblich das Gedächtnis. Eine Rechnung mit Ordinalzahlen ist eine gedachte, episodische Gedächtnisoperation.

Dem modernen Konzept eines Kontinuums liegt ebenfalls eine lineare Ordnung zugrunde. Merkmale des Kontinuums erfahren wir während einer Eigenbewegung. Wir bewegen uns nicht sprunghaft oder ruckartig, sondern kontinuierlich. Während einer Eigenbewegung entschließen wir uns in jedem Moment – einem unteilbaren Teil einer Bewegung – zu einer Richtung und Geschwindigkeit. Diese nehmen wir zur Kontrolle mit unserem Bewegungssinn wahr. Einen Gegenwartsmoment erfahren wir durch den Entschluss zu einer Richtung und Geschwindigkeit und ihrer simultanen Wahrnehmung. Er teilt unsere Eigenbewegung in eine vergangene und eine zukünftige Phase. Da jede der beiden Phasen wiederum eine Eigenbewegung ist, können sie in eine frühere und eine spätere Phase unterteilt werden. Zwei aufeinanderfolge Phasen verbinden wir in einem Gegenwartsmoment mit unserer Bewegungsentschluss. Weil jeder Moment einer Eigenbewegung einmal als Gegenwartsmoment erfahren werden kann, folgern wir, dass

1. die Momente einer Eigenbewegung linear geordnet sind,

2. es bezüglich der Ordnung zwischen je zwei Momenten einen dritten Moment gibt,

3. es genau einen Moment gibt, der eine frühere und eine spätere Phase einer Eigenbewegung miteinander verbindet, in die sie unterteilt worden ist.

Eine Fremdbewegung erfahren wir, indem wir sie mit einer Eigenbewegung synchronisieren bzw. uns die Synchronisation vorstellen. Daher schreibt der moderne Mensch einer Fremdbewegung auch die drei oben genannten Eigenschaften zu. Newton glaubte, dass es ein intelligentes Wesen gebe, das die Gegenstände des Kosmos so bewege wie wir die Glieder unseres Körpers – eine Fremdbewegung weise also Eigenschaften einer Eigenbewegung eines intelligenten Wesens auf. Weil auch die Struktur der reellen Zahlen diese drei Merkmale aufweist, kann der lineare Zeitverlauf einer Bewegung durch reelle Zahlen erkannt werden, wie das in den Naturwissenschaften geschieht. Newton charakterisierte die Struktur der reellen Zahlen als etwas, mit dem man messen kann.[15] Nun beruht jede Messung auf Bewegung, in ihrer elementarsten Form auf Eigenbewegung.

Während der Renaissance entstanden die Naturwissenschaften, der moderne lineare Zeitbegriff, erste Vorstellungen über die Struktur der reellen Zahlen, und in der Mathematik wurden erstmals in der Geschichte Ordinalzahlen thematisiert.[16] Die Entwicklung der Naturwissenschaften und Mathematik während der Renaissance spiegeln Erfahrungen der Menschen einer episodischen Erinnerungskultur wider. Sie trat während der Renaissance in Erscheinung und erfasste alle Bereiche des gesellschaftlichen Zusammenlebens wie Kultur, Politik und Wirtschaft. In diesen gesellschaftlichen Bereichen können daher Merkmale des episodischen Erinnerns erfahren werden. Auch politische Macht erstreckt sich auf die neuzeitlich erfahrene lineare Zeit. Das gesellschaftliche Zusammenleben wird in ihr

15 Genauer: Newton charakterisierte die Struktur der reellen Zahlen als etwas, mit dem auch nicht ganzzahlige Verhältnisse erfasst werden können (Newton et al., 1720). Nun bestimmen wir aber durch eine Messung ein Verhältnis zu einem Einheitsmaß.

16 Auch ältere Kulturen kannten Ordinalzahlen. Z.B. gab es in der antiken griechischen Sprache Ordinalzahlen. Sie wurden jedoch von der antiken Mathematik nicht thematisiert. Näheres werden wir in Kapitel 5 darüber erfahren. Gemeint ist hier, dass die Ordinalzahlen während der Renaissance zum ersten Mal in der Geschichte zum Gegenstand wissenschaftlicher Untersuchungen wurden.

organisiert. Dagegen herrschten mittelalterliche Machthaber über Ländereien und alles, was sich auf ihnen befand: Pflanzen, Tiere und Menschen. Die wirtschaftlichen Verhältnisse entwickelten sich während der Renaissance durch Arbeitsteilung und lösten die mittelalterliche Subsistenzwirtschaft ab. In der arbeitsteiligen Produktion der Renaissance stellten die Menschen einen Teil ihrer Zeit, an die sie sich später episodisch erinnern konnten, anderen Menschen zur Verfügung und erhielten dafür eine monetäre Gegenleistung. Auch wurde in dieser Phase die Zentralperspektive entdeckt. Die Illusion einer Raumtiefe wurde durch Größenverhältnisse der dargestellten Gegenstände dargestellt. Durch episodisches Erinnern erkennt der moderne Mensch, wie sich während des linearen Zeitverlaufs gewisser Eigenbewegungen die Größenverhältnisse wahrgenommener Gegenstände mit ihren Entfernungen ändern. Er erkennt damit auch seinen eigenen Standpunkt, der durch die Relation zu den Gegenständen hinreichend charakterisiert ist, d.h. durch mögliche Eigenbewegungen zu oder von den Gegenständen. Um eine Perspektive eines Bildes einschließlich des Standpunktes des Malers zu erkennen, muss das Bild als eine Momentaufnahme einer zumindest möglichen Eigenbewegung des Malers oder Betrachters erkannt werden. Die Zentralperspektive stellt daher ein Merkmal des Kontinuums und damit der Struktur der reellen Zahlen dar.

Wenn wir eine Perspektive auf einen Gegenstand erkennen, dann können wir uns die Perspektive in einem Zusammenhang mit einer Eigenbewegung vorstellen. Das ist der Grund, warum uns ein Gegenstand unter einer Perspektive gegenwärtig erscheint. Einen Gegenwartsmoment einer Eigenbewegung erfahren wir, wenn wir uns zu einer Richtung und Geschwindigkeit unserer Bewegung entschließen und sie gleichzeitig mit unserem Bewegungssinn wahrnehmen. Das Entschließen ist ein innerlicher Vorgang und die simultane Bewegungswahrnehmung eine äußere Wahrnehmung – auch wenn wir die Bewegung unseres Körpers wahrnehmen. Sie ist ein äußeres Ereignis, ein äußerer Gegenstand der Wahrnehmung – die Bewegung könnte auch ohne unseren Entschluss durch eine äußere Einwirkung verursacht worden sein. Um einen Gegenwartsmoment zu erkennen, müssen wir zwischen unserer Innen- und Außenwelt unterscheiden können. Dieses Vermögen konnten die Menschen der Neuzeit in einer episodischen Erinnerungskultur ausbilden. Es ist die Grundlage des Selbstbewusstseins, das sich während der Renaissance entwickelte.

Eine Erscheinung scheidet die Innenwelt von der Außenwelt. Von der Außenwelt erhält eine Erscheinung Sinneseindrücke, die der neuzeitliche Mensch als Eigenschaften eines Gegenstandes erkennt. Dazu schöpft er aus seinem Inneren einen Begriff, unter den der Gegenstand fällt. Die Sinneseindrücke ergänzt er häufig durch zusätzliche Vorstellungen, die er sich unter dem Begriff bildet. Eine Erscheinung ist eine Synthese von Sinneseindrücken, Begriff und Vorstellungen. Er kann eine Erscheinung verinnerlichen, d.h. in das episodische Gedächtnis einprägen, und sich später an sie erinnern.

Durch episodisches Erinnern erfährt der Mensch der Neuzeit, dass er durch eine eigene Bewegung einen Wechsel der Erscheinungen herbeiführen kann. Der Mensch der Neuzeit gewann während der Renaissance enorm an Mobilität. Er unternahm weite Handelsreisen zu Land und See, entdeckte neue Kontinente und Seewege. Bewegungen wurden Gegenstand wissenschaftlicher Untersuchungen. Galilei begründete die Kinematik, die Lehre der Bewegung. Kopernikus untersuchte für sein neues Weltbild die Bewegung der Planeten. Die räumlichen Verhältnisse einer Bewegung erfassten die frühen Forscher mit den Methoden der antiken griechischen Geometrie. Da sich mit der modernen linearen Zeit während der Renaissance etwas Neues entwickelte, lieferten Fragen nach den zeitlichen Eigenschaften einer Bewegung Impulse zur Entwicklung der modernen Mathematik, insbesondere zu einem modernen Zahlbegriff.

Abb. 1: Das Kippbild kann abwechselnd als Darstellung einer Vase oder zweier Gesichter wahrgenommen werden.

Abb. 2: Der Schiefe Turm von Pisa. Die Neigung erkennen wir durch unser Gleichgewichtsorgan, Foto: Jörg Witte.

Abb. 3: Der Kettenplan, Holzschnitt eines Gemäldes eines unbekannten Malers im Museo Firenze com'era, Florenz, ca. 1480. Kupferstichkabinett, Staatliche Museen zu Berlin. © bpk, Jörg P. Anders.

Abb. 4: Ansicht von Florenz; Loggia del Bigallo, Piazza Duomo in Florenz, Florenz, 1342. © bpk / Alinari Archives / Orsi Battaglini, Nicolò.

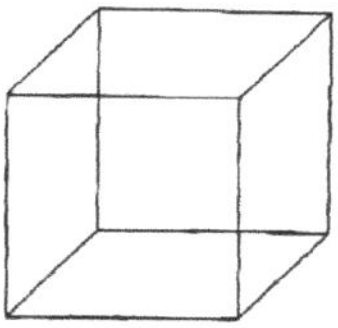

Abb. 5: Neckerscher Würfel

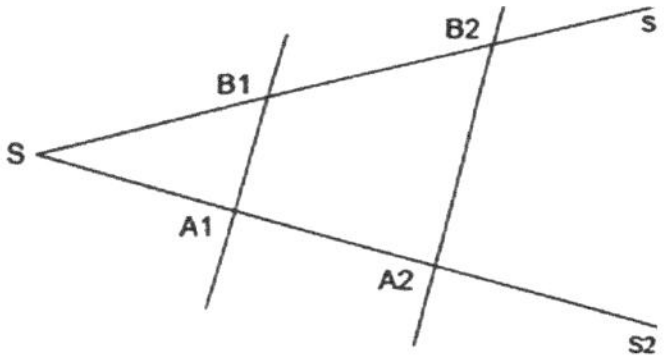

Abb. 6: Strahlen S1 und S2 mit gemeinsamem Scheitel S. A1, A2, B1 und B2 sind die Schnittpunkte der zwei parallelen Geraden mit den Strahlen.

Erster Strahlensatz:

$$\overline{SA1} : \overline{SA2} = \overline{SB1} : \overline{SB2}.$$

Zweiter Strahlensatz:

$$\overline{A1B1} : \overline{A2B2} = \overline{SA1} : \overline{SA2}.$$

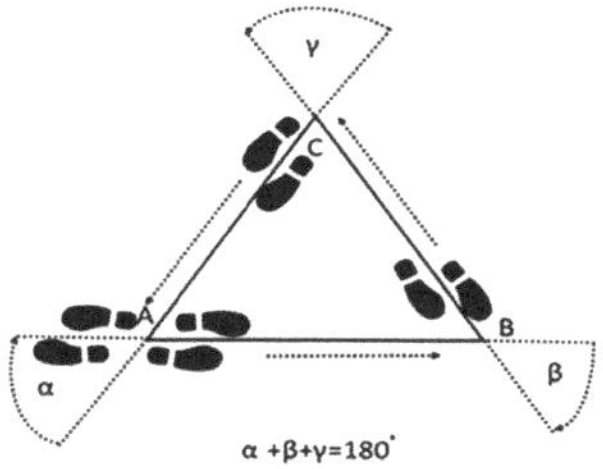

Abb. 7: Illustration zur Winkelsumme in einem Dreieck. Jemand, der längs der Dreieckseiten läuft und sich an jeder Ecke um den Innenwinkel dreht, erreicht seinen Ausgangspunkt um 180° gedreht.

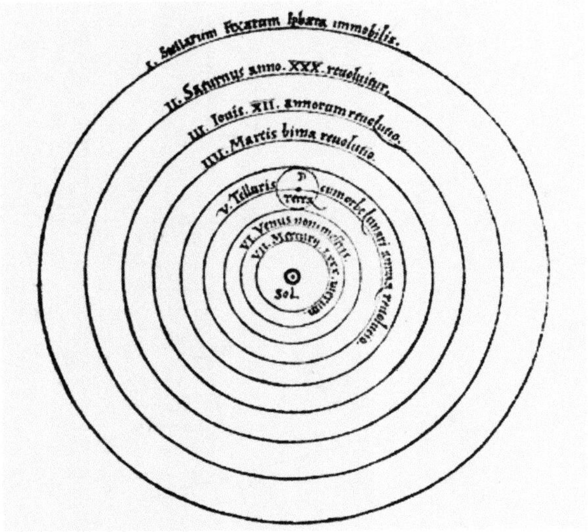

Abb. 8: Abbildung aus: Kopernikus, De revolutionibus orbium coelestium (Ausgabe von 1543). Münchener Digitalisierungszentrums der Bayerischen Staatsbibliothek.

Abb. 9: Zwei Schiffe, die gleichförmig in entgegengesetzte Richtung segeln.

Abb. 10: Antonio del Pollaiuolo, Prospetiva,
Detail vom Grabmal Papst Sixtus IV, 1493, Vatikan, San Pietro.
© Bildarchiv Foto Marburg

Abb. 11: Astrolab, Deutsches Museum München,
Foto: Jörg Witte.

Abb. 12: Goldhut, Neues Museum Berlin, Foto: Jörg Witte.

2. Merken und Erinnern, Zählen und Rechnen

Prolog

Nachdem wir im ersten Kapitel gesehen haben, wie Merkmale des modernen Zahl- und Zeitbegriffs durch das neuzeitliche, kulturprägende Erinnern erfahren werden, das wir von der mittelalterlichen Erinnerungskultur abgegrenzt haben, ahnen wir eine historische Entwicklung der Begriffe im Zusammenhang mit den Erinnerungskulturen vergangener Epochen. Diese Ahnung erhärten wir nun, indem wir uns der archaischen Anfänge zuwenden. Damit umreißen wir den Rahmen der Entwicklung. Während der Steinzeit wurden Anzahlen augenscheinlich durch Kerben auf einem Knochen dargestellt. Woher wissen wir, was die Menschen der Steinzeit, die noch keine Schrift kannten, mit den Kerben darstellten? Stellten sie überhaupt etwas dar? Es gibt noch heute diverse Ethnien, die vom Jagen und Sammeln leben oder eine einfache Form des Ackerbaus betreiben. Dafür verwenden sie Steinwerkzeuge. Ihre Sprachen stellen im Allgemeinen keine Zahlwörter, oder nur ›eins‹ und ›zwei‹ und manchmal noch ›drei‹, zur Verfügung. Erstaunlicherweise verwenden diese Ethnien ähnliche Artefakte wie die gekerbten Knochen. Dazu gehören gekerbte Hölzer, Knotenschnüre oder Haufen aus Kieselsteinen bzw. Muschelschalen. Sie dienen als Merkzeichen. Ein Merkzeichen soll an etwas erinnern – wie der berühmte Knoten im Taschentuch. Auch heute verwenden wir Strichlisten als Merkhilfe, z.B. in Kneipen auf einem Bierdeckel für jedes bestellte Bier. Wenn der Gast bezahlt, erinnern die Striche an die bestellten Biere. Für jedes Bier, das der Gast bezahlt, wird ein Strich abgezeichnet, übrig bleiben die Striche der unbezahlten Biere. In gewisser Weise ist die Differenz der bestellten und der bezahlten Biere ausgerechnet worden – ohne Zahlen zu verwenden. Sie benötigt der Wirt in diesem Beispiel nur, um den Preis zu errechnen.

Eine archaische Art des Rechnens besteht aus dem Hinzufügen und Entfernen von Merkzeichen – gleichsam dem Einprägen und Erinnern.

An was kann ein Merkzeichen erinnern? Gibt es eine Eigenschaft eines Merkzeichens, an die es mich erinnert? Es ist die Existenz. Z.B. erinnert mich der Knoten im Taschentuch daran, dass es etwas gibt, an das ich mich erinnern soll, denn auch der Knoten existiert, ich kann ihn ertasten.

Stellen wir uns vor, ein archaischer Mensch der Steinzeit hat kein äußeres Medium zur Verfügung, in das er Merkzeichen einprägen kann. Was kann er tun? Er kann ein Existenzurteil bilden und es sich in das Gedächtnis einprägen. Das macht er Schritt für Schritt – wir nennen einen solchen Schritt Merkschritt. Da er bei jedem Merkschritt die vorangegangenen Existenzurteile nicht vergessen darf, erinnert er sich in einem Merkschritt an den unmittelbar vorangegangenen Merkschritt, insofern er stattgefunden hat, und prägt sich die Erinnerung ebenfalls in sein Gedächtnis ein. Er kann auch mit Merkschritten rechnen. Die elementaren Rechenoperationen sind hier Einprägen und Erinnern. Aus ihnen ist jede Rechenoperation mit Merkschritten ausgebaut.

Durch Einprägen bzw. Erinnern bestimmen wir einen nachfolgenden bzw. einen vorangegangenen Merkschritt. Wir können nun erkennen, dass eine natürliche Zahl eine Eigenschaft eines Merkschrittes ist. Aus ihr können wir den nachfolgenden und ggf. den vorangegangenen Merkschritt bestimmen. Da jede Rechnung mit Merkschritten aus dem Bestimmen des Nachfolgers oder des Vorgängers zusammengesetzt ist, können wir anstelle von Merkschritten auch mit natürlichen Zahlen rechnen und so das Gedächtnis entlasten. Eine Rechnung mit natürlichen Zahlen setzt sich aus dem Bestimmen der Nachfolger und dem Bestimmen der Vorgänger bestimmter natürlicher Zahlen zusammen.

Hier wird erkennbar, warum wir mit Stellenwertsystemen besser rechnen können als mit anderen Zahlsystemen, etwa den römischen Zahlen. Zeichen eines Stellenwertsystems sind keine Merkzeichen, die die Existenz eines Gegenstandes darstellen, sondern sie drücken die Nachfolgerbeziehung der Merkschritte bzw. der natürlichen Zahlen aus. Viele Rechenregeln beziehen sich auf die Eigenschaft eines Stellenwertsystems. Es ist daher nicht verwunderlich, dass Computer mit einem Stellenwertsystem rechnen, nämlich dem Binärsystem. Die Entwicklung des Zahlbegriffs verläuft in einem Spannungsverhältnis zwischen innen und außen. Sie beginnt mit den äußeren Merkzeichen, führt zu den verinnerlichten Merkschritten, die Eigenschaften der natürlichen Zahlen haben, und endet bei der Struktur der natürlichen Zahlen, die innere Erfahrungen im Umgang mit Merkschritten auf einen Zahl-Begriff bringen. Auch ein Stellenwertsystem hat die Struktur der natürlichen Zahlen. Ihre Zahlzeichen werden in einem äußeren Medium eingeprägt. Mit ihnen kann dann mechanisch und automatisch gerechnet werden, ohne innere Anteilnahme, ohne Einprägen und Erinnern.

Merkzeichen

In verschiedenen Kulturen, die über kein Zahlensystem verfügen, verwenden die Menschen stattdessen einen Ersatz. Dieser besteht aus Merkzeichen und wird wie eine Strichliste geführt. Obwohl eine Strichliste eine Anzahl darstellt, kann sie erstellt werden, ohne Zahlen zu kennen. Sie kann ohne Zahlkenntnis als Merkhilfe benutzt werden.

Archäologen entdeckten Knochen mit eingeritzten Kerben aus der Steinzeit, deren Alter sie auf etwa 20.000 bis 30.000 Jahre schätzten. Die Kerben sind regelmäßig angeordnet, an einigen Knochen lässt sich eine Struktur erkennen. Offensichtlich sind sie nicht zufällig beim Zerlegen der Tiere entstanden, sie sind steinzeitliche Artefakte. Es wird vermutet, dass mit den Kerben gezählt worden ist.

1937 wurde in Mähren ein Wolfsknochen gefunden (Abb. 13, S. 142), der 55 Einkerbungen aufweist. Diese sind in fünf Gruppen mit je fünf kurzen Kerben und sechs Gruppen mit je fünf langen Kerben zusammengefasst. Der Mathematikhistoriker Hans Wußling hält eine Fünferbündelung für offensichtlich, wie wir sie auch von den zeitgenössischen Strichlisten kennen (Wußling,

2008, S. 10). Es ist aber auch denkbar, dass die Gruppierungen, ihre Positionierung auf dem Knochen sowie die Länge der Striche Informationen darstellen, welche Gegenstände gezählt worden sind – insofern die Kerben überhaupt Anzahlen darstellen.

Aufsehen erregte der Ischango-Knochen (Abb. 14, S. 142), der 1960 von dem belgischen Archäologen Jean de Heinzelin de Braucourt in Zentralafrika entdeckt wurde. Er ist durch den Einschluss in Vulkanlava außergewöhnlich gut erhalten. Die C-14-Methode[17] ergab eine Altersschätzung von 22.000 bis 27.000 Jahren.[18] Der Knochen ist ca. 10 cm lang. Die darauf befindlichen Kerben sind gruppiert, die einzelnen Gruppen wiederum in drei Spalten angeordnet. Wußling suchte nach einer inneren mathematischen Struktur (Wußling, 2008, S. 11), denn die beiden äußeren Spalten haben je 60, die innere Spalte 48 Kerben. Die linke Spalte enthält die Primzahlen 11, 13, 17, 19. In der rechten Spalte finden wir die Zahlen 10 + 1, 20 + 1, 20 - 1, 10 - 1.

2017 gruben Archäologen der Universität Tübingen unter der Leitung von Nicolas Conard auf der Schwäbischen Alb einen Mammutknochen aus, dessen Alter sie auf ca. 31.500 Jahre bestimmten.[19] In zwei Reihen waren je 83 und 90 und an einer anderen Stelle weitere 13 Markierungen in den Knochen geritzt (siehe Abb. 15, S. 143). Conard vermutet, dass etwas gezählt wurde. Ob es dabei um Jagdbeute, Menschen, Tage, Mondzyklen oder etwas anderes ging, vermochte er nicht zu deuten. Ge-

17 Bei der C-14-Methode wird der Anteil des radioaktiven Kohlenstoffisotops C-14 am gesamten Kohlenstoff eines abgestorbenen Organismus bestimmt. Da das Isotop in abgestorbenen Organismen zerfällt, aber in lebenden Organismen stets erneuert wird, kann aus dem Anteil eine Altersbestimmung vorgenommen werden.

18 Da durch den Vulkanausbruch in der Umgebung eine erhöhte Konzentration von bestimmten Kohlenstoffisotopen vorliegt, ist diese Altersangabe jedoch angezweifelt worden. Heinzelin schätzte aufgrund archäologischer Anhaltspunkte das Alter auf 6500 bis 9000 v. Chr. (Heinzelin, 1962). 1985 wurden bei erneuten Grabungen in Ischango Überreste von Weichtieren wie Muscheln oder Schnecken gefunden. Die Analyse ihrer Schalen ergab ein Alter von mindestens 20.000 Jahren (Brooks & Smith, 1987).

19 Auch hier wurde das Alter mithilfe der C-14-Methode bestimmt.

gen eine Form des Kalenders spricht, dass die Zahlen 83, 90 und 13 kein System erkennen lassen (Conard & Janas, 2018, S. 52-55).

Verfügte der prähistorische Mensch aber über Zahlen? Das muss mit Recht bezweifelt werden. Daher ist es fraglich, ob die gekerbten Knochen Zahldarstellungen sind. Wie sind sie aber sonst zu interpretieren? Hierzu kann ein Blick auf ähnliche Artefakte zeitgenössischer außereuropäischer Ethnien hilfreich sein.

Australische Ureinwohner etwa verwenden Botenstäbe als Gedächtnisstützen (Abb. 16, S. 143). Botenstäbe sind Bretter oder Stäbe aus Holz, in die Kerben geschnitzt sind. Sie dienen als Gedächtnishilfe für den Boten. Jede Kerbe steht für eine bestimmte Nachricht, die der Bote zu überbringen hat (Weule, 1915, S. 63). Der Bote kann sich so vergewissern, dass er keine Nachricht vergessen hat. Die indigenen australischen Sprachen verfügen über so gut wie keine Zahlwörter, allenfalls weist die eine oder andere Sprache Wörter für *eins* und *zwei* auf (Dixon, 2007, S. 116f.). Die Botenstäbe sind daher keine Zahldarstellungen, sondern ausschließlich Merkhilfen.

In Abbildung 17 (S. 144) sind Vorder- und Rückseite eines Botenstabes abgebildet. Die Kerben sind hier zu Gruppen zusammengefasst. Ihrer Position ist jeweils ein Begriff zugeordnet. Der Inhalt der Botschaft ist eine Einladung. Die Gruppen bedeuten im Einzelnen: Gruppe *a*: vier alte Männer, die zur Teilnahme am Tanz eingeladen werden, Gruppe *b*: Frauen, die außer den alten vier Männern eingeladen sind, Gruppe *c*: die übrigen Männer, die noch eingeladen sind, Gruppe *d*: Absender der Botschaft, Gruppe *e*: die drei Sänger, die den Tanz mit ihren Liedern begleiten werden, Gruppe *f*: die Frauen des einladenden Stammes, Gruppe *g*: die Männer des einladenden Stammes.

Die australischen Ureinwohner knüpften zur Gedächtnisstütze auch Knotenschnüre (Abb. 18, S. 144). Knotenschnüre oder Perlenketten sind aus verschiedenen Kulturen bekannt. Beispielsweise verwenden die Gläubigen unterschiedlicher Religionen Gebetsketten oder Rosenkränze, deren Zweck es ist, kein Gebet zu vergessen.

Auch der antike griechische Historiker Herodot berichtete von einer Knotenschnur. In der Erzählung ging es um den Perserkönig Darius, der sich auf einem Feldzug gegen die skythischen Reiter befand. Die verbündeten griechischen Soldaten sollten eine strategisch wichtige Brücke bewachen. Darius knüpfte 60 Knoten in einen Riemen, die Griechen sollten jeden Tag einen Knoten lösen. Sollte er nicht zurückgekehrt sein, wenn der letzte Knoten gelöst war, hatten die Griechen die Anweisung, an Bord zu gehen und nach Hause zu segeln. Darius bediente sich hier der Zahl 60, um vorauszuplanen. Die Griechen benötigten jedoch keine Zahlen für die Anwendung des Riemens. Er erinnerte sie jeden Tag daran, was zu tun war, nämlich einen Knoten zu lösen, solange noch ein Knoten vorhanden war und andernfalls nach Hause zu segeln (Ifrah, 1993, S. 125).

Die Inkas, die keine Schrift kannten, benutzten Knotenschnüre (Abb. 19, S. 145). Der französische Mathematiklehrer und Wissenschaftshistoriker Georges Ifrah schreibt:

> »Mit ihnen konnten religiöse, chronologische oder statistische Daten festgehalten werden; sie dienten als Kalender oder als Hilfsmittel zur Übermittlung von Botschaften. Die Farben der Fäden bezeichneten entweder sichtbare Gegenstände oder abstrakte Begriffe: z.B. bezeichnete weiß Geld oder Frieden, gelb Gold, rot Blut oder Krieg.« (Ifrah, 1993)

Eine kurios anmutende Verwendung von Knotenschnüren ist vom Stamm der Huicholes in Mexiko überliefert (Frazer, 1920, S. 123f.). Sie dient nicht nur der Erinnerung, sondern mehr noch dem anschließenden Vergessen. Eines der bedeutsamsten Rituale ist das »Peyote«. Peyote bezeichnet eine Kaktuspflanze, die die halluzinogene Droge Meskalin enthält und für rituelle Zwecke konsumiert wird. Da der Kaktus nicht im Siedlungsgebiet der Huicholes wächst, unternehmen die Männer des Huicholes-Stamms eine längere Reise, um den Kaktus zu sammeln. Von dem Ertrag der Reise hängen Gesundheit, Glück und sogar Leben ab. Um den Erfolg nicht zu gefährden, müssen die vor Ort gebliebenen Frauen und die Männer für die Dauer dieser Reise keusch bleiben und sich zudem von sexuellen Fehltritten in der Vergangenheit läutern. Zu diesem Zweck treffen sich die Frauen vier Tage nach dem Aufbruch der Männer und müssen jeden Mann nennen, mit dem sie intim waren – ließen sie auch nur einen aus, fänden die Männer keinen einzigen Kaktus. Um das Gedächtnis zu unterstützen, hat jede Frau zuvor eine Schnur angefertigt, in der sie für jede intime Beziehung einen Knoten geknüpft hat. In der Versammlung nun nennt sie laut jeden Mann und wirft anschließend die Knotenschnur in ein Feuer. Nachdem die Schnur verbrannt ist, gilt sie als ›gereinigt‹. Die Männer vollziehen während dieser Zeit ein ähnliches Ritual, auch sie verbrennen dabei Knotenschnüre.

Anstelle von Kerben oder Knoten wurden auch Kieselsteine als Merkzeichen eingesetzt. Der etymologische Ursprung des Wortes Kalkül ist das lateinische Wort Calculus: Kieselstein (Ifrah, 1993, S. 117). In Äthiopien legte jeder Krieger, der in den Kampf zog, einen Kieselstein auf einen Haufen. Bei seiner Rückkehr entnahm er wieder einen Kieselstein von dem Haufen. Die übrig gebliebenen Kieselsteine erinnerten an die gefallenen Krieger (Ifrah, 1993, S. 119). Tatsächlich führten die äthiopischen Krieger bereits eine Rechnung aus, ohne Zahlen zu kennen. Sie berechneten die Differenz zwischen den Kriegern, die in den Krieg zogen, und denen, die wieder heimkehrten.

Norbert Elias schreibt über einen kleinen afrikanischen Volksstamm, der sich im 19. Jahrhundert auf einer frühen Stufe des Ackerbaus befand. Nach der Trockenzeit wurde eine Vorhersage über den Beginn der Regenzeit getroffen, der mit einem Fest gefeiert wurde:

> »Außerdem ist das abstrakte Zählen nur mit Hilfe von Zahlwörtern für solche Menschen noch schwierig, oder es fehlt ganz. Daher legt der Priester jedes Mal, wenn er einen neuen Mond über einen bestimmten Ort hinwegziehen sieht, eine Kaurimuschel in einen Topf, um sich auf diese Weise zu erinnern, wie oft seit dem Aufhören der heißen, trockenen Winde ein Neumond am Himmel zu beobachten war. Die Größe des Muschelhaufens sagt ihm ungefähr, ob die rechte Zeit für die Festlichkeiten gekommen ist. Es mag schwer sein, sich heute menschliches Leben auf einer Stufe vorzustellen, auf der sich die Kenntnis des abstrakten Zählens nach unserer Art noch nicht entwickelt hat – so wie es schwer ist,

sich eine Stufe vorzustellen, auf der Menschen noch nicht die Zeitbestimmungs- und Datierungstechniken entwickelt haben, unter deren Voraussetzung wir erst die ›Zeit‹ als einen kontinuierlichen Fluss erleben können. Der Versuch aber ist die Mühe wert.« (Elias, 1988, S. 19)

Auch die etymologische Herkunft des deutschen Wortes ›Zahl‹ liefert einen Hinweis darauf, dass sich Zahlen aus Merkzeichen entwickelt haben. Das Wort ›Zahl‹ stammt von dem althochdeutschen Wort *Zala*, das eingekerbtes Merkzeichen bedeutet (Drosdowski, 1989). Das Verb »erzählen« hat den gleichen etymologischen Ursprung. Es beschreibt eine Tätigkeit, die auf Erinnern beruht. Auch Erzählen ist eine Gedächtnisleistung.

Rekursives Erinnern

Ein Merkzeichen wird in ein externes Gedächtnismedium geprägt. Wenn dieses nicht zur Verfügung steht, müssen die Dinge, die gemerkt werden sollen, in das Gedächtnis eingeprägt werden. Wir werden zeigen, dass wir uns rekursiv erinnern müssen, um uns eine Vielzahl von Dingen in das Gedächtnis einzuprägen. In den rekursiven Erinnerungen können wir Merkmale der Zahlen erkennen. Im Folgenden erläutere ich anhand eines fiktiven Beispiels den vermutlich ersten Schritt in der kulturhistorischen Entwicklung vom Merkzeichen zum Zahlbegriff. Obwohl das Beispiel fiktiv ist, zeigt es ein allgemeingültiges Prinzip.

In dem Essay »The Meaning of Counting« beschreibt Reuben Goodstein eine archaische Vorform des Zählens. Er beschreibt in seinem Essay einen prähistorischen Schäfer, der nicht zählen kann. Um sich vor einem Verlust einzelner Schafe seiner Herde abzusichern, merkte er sich die Anzahl der Schafe mithilfe eines Kerbholzes. Morgens trieb er die Schafe durch ein enges Gatter auf die Weide. Für jedes Schaf, das das Gatter passierte, schnitzte er eine Kerbe in das Holz. Abends wurden sie in umgekehrter Richtung durch das Gatter in den Pferch zurückgetrieben. Der Schäfer hielt das Kerbholz in der einen Hand, mit einem Finger der anderen Hand rutschte er von

Kerbe zu Kerbe, wenn ein Schaf das Gatter passierte. Blieb keine Kerbe übrig, nachdem das letzte Schaf das Gatter passiert hatte, wusste der Schäfer, dass kein Schaf auf der Weide zurückgeblieben war (Goodstein, 1965, S. 42). Auch hier berechnete der Schäfer die Differenz der Schafe, die er morgens auf die Weide getrieben hatte, und jener Schafe, die er abends wieder in den Pferch getrieben hatte – ohne dabei Zahlen zu verwenden.

Fragen wir uns zunächst, was ein Schaf auf der Weide und eine Kerbe gemeinsam haben. Gibt es ein gemeinsames Merkmal? Was spürt der Schäfer, wenn er mit einem Finger eine Kerbe ertastet? Er nimt die Existenz einer Kerbe mit seinem haptischen Sinn wahr. Daraus kann er schließen, dass noch ein Schaf auf der Weide sein muss. Das gemeiname Merkmal einer Kerbe und eines Schafes auf der Weide ist beider Existenz.

Stellen wir uns nun vor, dass der Schäfer kein Holz oder ein anderes Medium zur Verfügung hat, in das er seine Schafe einprägen kann. Er muss sich die Menge der Schafe seiner Herde in sein Gedächtnis einprägen. Wie geht er vor? Jedes Mal, nachdem er ein Schaf beobachtet hat, das das Gatter passiert hat, fällt er das Urteil: »Es gibt genau ein zusätzliches Schaf auf der Weide.« Der Schäfer muss sich also ein Existenzurteil merken. Er darf aber die vorangegangenen Existenzurteile nicht vergessen. Daher merkt er sich zusätzlich zu dem Existenzurteil eine Erinnerung an das letzte Existenzurteil, insofern er es gefällt hat. Diesen Vorgang haben wir bereits kennengelernt.

Nacheinander prägt sich der Schäfer Folgendes ein:

- Ein Existenzurteil: »Es gibt genau ein Schaf auf der Weide.«
- Ein Existenzurteil: »Es gibt genau ein zusätzliches Schaf auf der Weide« und eine Erinnerung an ein Existenzurteil.
- Ein Existenzurteil: »Es gibt genau ein zusätzliches Schaf auf der Weide« sowie eine Erinnerung an ein Existenzurteil und an eine Erinnerung an ein Existenzurteil. Usw.

Doch was ist eigentlich ein Existenzurteil? Ein Existenzurteil ist eine Behauptung, dass *etwas* existiert. Wir können uns fragen, ob es einen Mond der Venus gibt. Das »etwas« ist hier ein Gegenstand, der unter den Begriff »Venusmond« fällt. Ein

Existenzurteil ist ein Urteil, dass es einen Gegenstand gibt, der unter einen bestimmten Begriff fällt. Die Menge der Gegenstände, die unter einen bestimmten Begriff fallen, heißt der *Begriffsumfang* oder *Umfang des Begriffs*. Ein Existenzurteil ist daher auch ein Urteil über eine Menge. Es wird geurteilt, dass es einen Gegenstand in einer bestimmten Menge gibt. (Andernfalls hätten wir es mit einer leeren Menge zu tun – einer Menge ohne Gegenstände.)

Das »Usw.« in der obigen Auflistung deutet an, wie der Schäfer weiter verfährt, um sich die Schafe seiner Herde einzuprägen. Aber mit Andeutungen geben wir uns nicht zufrieden. Es braucht einen Begriff für die Tätigkeit des Schäfers. Mit einem solchen Begriff können wir auch die folgenden Sachverhalte besser begreifen. Wir nennen den Begriff *Merkschritt*.

Wir nehmen an, dass sich zunächst kein Schaf auf der Weide befindet. Jedes Mal, wenn nun der Schäfer beobachtet, dass ein Schaf das Gatter passiert, vollzieht er einen Merkschritt. In einem Merkschritt merkt er sich Folgendes:

- ein Existenzurteil: »Es gibt genau ein zusätzliches Schaf auf der Weide«, und
- eine Erinnerung an den letzten Merkschritt, insofern er stattgefunden hat.

Mit jedem Merkschritt prägt sich der Schäfer eine Menge von Schafen ein, indem er sich deren Existenzen merkt. Was kann er damit anfangen? Mehr als wir zunächst vermuten! Z.B. kann er zwei eingeprägte Mengen vergleichen. Angenommen, er hat sich morgens die Menge der Schafe eingeprägt, die auf die Weide getrieben wurden, und abends die Menge der Schafe, die wieder zurück in den Pferch getrieben wurden. Nun kann er feststellen, ob beide Mengen die gleiche Anzahl an Schafen haben, obwohl er keine Zahlen kennt. Er benötigt nur ein hinreichend gutes – zugegeben: geradezu übermenschliches – Erinnerungsvermögen. Ich möchte das Vorgehen an Hand eines Beispiels näher erläutern:

Wir nehmen an, dass *A* der letzte Merkschritt am Morgen und *B* der letzte Merkschritt am Abend ist. Weiterhin setzen wir voraus, dass A aus einem Existenzurteil und einer Erinnerung an A' besteht, dass A' aus einem Existenzurteil und einer Erinnerung an A'' besteht, und dass A'' nur aus einem Existenzurteil besteht. Entsprechend nehmen wir an, dass B aus einem Existenzurteil und einer Erinnerung an B' besteht, dass B' aus einem Existenzurteil und einer Erinnerung an B'' besteht, und dass B'' nur aus einem Existenzurteil besteht (siehe Abb. 20, S. 145). Nun zeigen wir, dass die mit A und B eingeprägten Mengen gleichzahlig sind.

→ Die mit A und B eingeprägten Mengen sind gleichzahlig, wenn die mit den letzten Merkschritten A' und B' eingeprägten Mengen gleichzahlig sind.

→ Die mit A' und B' eingeprägten Mengen sind gleichzahlig, wenn die mit den vorletzten Merkschritten A'' und B'' eingeprägten Mengen gleichzahlig sind.

→ Die mit den Merkschritten A'' und B'' eingeprägten Mengen sind gleichzahlig. Sie bestehen nämlich jeweils nur aus einem Schaf.

Bleiben wir noch einen Moment bei dem Beispiel. Aus den Merkschritten A und B entnehmen wir jeweils die Existenz eines Schafes. Die beiden Schafe können aufeinander bezogen werden. Sie können zu einem Paar zusammengefasst werden. Ebenso können wir aus den Merkschritten A' und B' jeweils die Existenz eines Schafes entnehmen, die wir zu einem Paar zusammenfassen. Analog verfahren wir mit den Merkschritten A'' und B''. Durch Paarbildung können wir feststellen, ob zwei Mengen die gleiche Anzahl an Gegenständen haben, ohne zu zählen. Nehmen wir z.B. an, wir wollten feststellen, ob zwei Streichholzschachteln die gleiche Anzahl an Streichhölzern haben. Dazu entnehmen wir je ein Streichholz aus jeder Schachtel und bilden ein Paar, das wir zur Seite legen. Die Paarbildung wiederholen wir so lange, bis in mindestens einer der beiden Schachteln kein Streichholz mehr vorhanden ist. Wenn beide Schachteln zugleich kein Streichholz mehr haben, dann hatten sie die gleiche Anzahl an Streichhölzern.

Wir vermuten, dass Merkschritte in der historischen Entwicklung der Bildung eines Zahlbegriffs vorangingen. Doch lässt sich diese Vermutung belegen? Älteste Definitionen eines Zahlbegriffs sind aus der griechischen Antike überliefert. Bei Euklid lesen wir:

1. Einheit ist das, wonach jedes Ding eines genannt wird.
2. Zahl ist die aus Einheiten zusammengesetzte Menge. (Euklid, 2010, S. 141, VII. Buch)

Da Euklid seine Definition der Einheit nicht näher erläuterte, ist es an uns, zu überlegen, wonach wir ein Ding eines nennen. Dafür benötigen wir einen passenden Begriff. Z.B. können wir einen Wald im Zusammenhang mit dem Begriff »Baum« nicht eines nennen, aber bezüglich des Begriffs »Wald«. Jedoch ist ein Begriff allein nicht ausreichend. So wurden während der Expansionsphase des Römischen Reiches auf der italienischen Halbinsel die Wälder abgeholzt, um die Flächen für die Landwirtschaft und das Holz für den Schiffsbau zu nutzen. Man hätte damals vergeblich nach einem Ding gesucht, das hinsichtlich des Begriffes »Wald« eines genannt wird. Damit ein Ding eines genannt wird, muss es also auch existieren. Vermutlich verstand Euklid unter »Ding« etwas Existierendes. Dasjenige, wonach das Ding eines genannt wird, ist dann eine Eigenschaft des Dings, nämlich unter einen bestimmten Begriff zu fallen. Eine Einheit im Sinne Euklids ist dann eine Einheit von Begriff und Existierendem, die wir dann etwa *einen* Wald nennen. Eine Einheit erfassen wir mit einem Existenzurteil. Mehrere Existenzurteile können wir nicht gleichzeitig fällen, sondern nur Schritt für Schritt, nacheinander. Um eine Quantität zu erfassen, müssen wir Merkschritte ausführen. Durch sie prägen wir uns eine Menge von Einheiten in das Gedächtnis ein, die Euklid eine Zahl nennt. Da wir die Existenzurteile nacheinander in Merkschritten in das Gedächtnis eingeprägt haben, können wir uns nur rekursiv an jedes einzelne Existenzurteil erinnern. Durch rekursives Erinnern erkennen wir schließlich eine Menge von Einheiten (mehr zum Euklidischen Zahlbegriff in Kapitel 5).

Man könnte nun einwenden, dass Merkschritte das Gedächtnis viel zu stark beanspruchen, als dass sie einer Begriffsbildung vorausgegangen sein könnten. Das trifft bei einer kleinen Anzahl an Dingen nicht zu, es kann sogar aufwendiger sein, sich Merkzeichen in ein äußeres Medium einzuprägen, als sich zwei oder drei Dinge zu merken – also zwei oder drei Merkschritte auszuführen. Außerdem schließen sich Merkschritte und die Verwendung von Merkzeichen zur Entlastung des Gedächtnisses beim rekursiven Erinnern nicht aus. Das ist dann der Fall, wenn wir mit den Merkzeichen Existenzurteile verbinden, an die wir uns bewusst erinnern – anstatt mit dem Merkmal der Existenz nur vertraut zu sein.

Zählen

Nehmen wir an, unser Schäfer hat sich mit Merkschritten vertraut gemacht und ist durch Übung zu herausragenden Gedächtnisleistungen fähig. Stellen wir uns nun vor, dass er die natürlichen Zahlen kennenlernt, so wie wir sie kennen. Sicher liegen Welten zwischen der Kultur des Schäfers, der routiniert mit Merkschritten umgeht, und unserer zeitgenössischen Kultur mit unserem modernen Zahlbegriff. Gerade dieser Kontrast führt uns aber sowohl deutlich vor Augen, welche Gemeinsamkeiten die Merkschritte mit den natürlichen Zahlen haben, als auch, welche gewaltigen Entwicklungsschritte bis zum modernen Zahlbegriff zurückgelegt wurden.

Der Schäfer kann nun die Merkschritte durch Zählschritte ersetzen. Das erspart ihm die Mühen des rekursiven Erinnerns, doch nun wird sein logisches Denkvermögen gefordert. Er kann aus der Aussage, dass es vier Schafe auf der Weide gibt, folgern, dass drei Schafe auf der Weide übrigbleiben, nachdem ein Schaf wieder zurück ins Gatter getrieben worden ist. Am Anfang begegnet der Schäfer solchen Überlegungen vielleicht mit Befremden. Sobald er aber erkennt, dass die natürlichen Zahlen das Merkmal der Rekursion aufweisen, wird ihm der Vorgang leichter fallen. Er erkennt, dass vier der Nachfolger von drei ist. Daher bleiben drei Schafe auf der Weide übrig, wenn er eines der vier Schafe zurück in das Gatter treibt. Das erkennt er einzig und allein mithilfe des logischen Denkens.

Sowohl Merk- als auch Zählschritte werden nacheinander ausgeführt. Die rekursive Erinnerung eines Merkschrittes kann durch eine natürliche Zahl zu einem Begriff wie »fünf Schafe« zusammengefasst werden. Beim Zählen fällen wir in jedem Zählschritt ein Urteil, etwa »es gibt fünf Schafe auf der Weide«. Ohne uns zu erinnern, können wir aus der Aussage folgern, dass in dem vorangegangenen Zählschritt geurteilt wurde, dass es vier Schafe auf der Weide gibt. Nur dass es noch ein zusätzliches Schaf, also ein sechstes Schaf, auf der Weide gibt, können wir nicht allein durch logisches Denken erkennen. Dafür müssen wir beobachten, dass ein weiteres Schaf die Weide betritt, und wissen, dass es bereits fünf Schafe auf ihr gibt. So geht der Schäfer beim Zählen vor. Er erinnert sich an das Urteil, das er im letzten Zählschritt gefällt hat, beobachtet ein Schaf und urteilt erneut, dass es nun sechs Schafe auf der Weide gibt.

In einem Zählschritt wird die rekursive Erinnerung eines Merkschrittes durch einen Begriff ersetzt, der das Merkmal der Rekursionstiefe hat.

Rechnen

Eine Rechnung bezeichnen wir auch mit dem Wort ›Kalkül‹, abgeleitet vom Lateinischen *calculus*, Kieselstein. Haben die Menschen früher bereits mit Kieselsteinen gerechnet? Ein Beispiel für eine solche einfache Rechnung haben wir oben bereits kennengelernt. Die äthiopischen Krieger berechneten die Differenz zwischen den Kriegern, die in den Krieg gezogen, und denjenigen, die wieder heimgekehrt waren. Sie rechneten, indem jeder Krieger, der in den Krieg zog, einen Kieselstein auf einen Haufen legte und jeder heimkehrende Krieger einen Kieselstein von dem Haufen entfernte. Auch der Schäfer berechnete mit einem Kerbstock die Differenz der Schafe, die er morgens auf die Weide und die er abends wieder zurück in den Pferch getrieben hatte, indem er morgens für jedes Schaf eine Kerbe in ein Holz schnitzte und abends Schaf für Schaf mit einem Finger von Kerbe zu Kerbe rutschte. Dadurch kennzeichnete er die Kerben auf einer Seite seines Fingers für die weitere Rechnung als ungültig, mit den anderen rechnete er weiter. Auch er entfernte Kerben aus der Menge der gültigen Kerben. Sie wurden nicht mehr als Merkzeichen verwendet, wenn auch nicht physisch von dem Kerbstock entfernt. Wir können uns zwei Kieselsteinhaufen vorstellen, und wie wir Schritt für Schritt aus dem einen Haufen einen Kieselstein entfernen und dem anderen Haufen zufügen – sie auf diese Weise dazuzählen. Wir berechnen dann eine Summe. Mit einer Menge von Merkzeichen können wir zwei elementare Operationen durchführen: Wir können ein Merkzeichen hinzufügen, und wir können ein Merkzeichen entfernen – etwas merken und erinnern. Wenn ein prähistorischer Mensch ein Merkzeichen hinzufügte, dann merkte er sich die Existenz eines Gegenstandes, wenn er eines entfernte, dann erinnerte er sich an eine Existenz eines Gegenstandes. Jedes Kalkül ist aus diesen beiden Operationen zusammengesetzt.

Archäologische Funde lassen darauf schließen, dass die Menschen ab dem 9. Jahrtausend v. Chr. im Vorderen Orient vermehrt Merkzeichen aus Ton brannten und verwendeten (siehe Abb. 21, S. 146) (Waschkies, 1989, S. 72). Um diese Zeit wurden die Menschen dort sesshaft und begannen Getreide anzubauen. Die landwirtschaftliche Produktion erforderte gewisse Kalkulationen, etwa bei der Planung, der Lagerung, der benötigten Anbaufläche usw. Die Vielfalt der erhaltenen Tonkörper nahm im 4. Jahrtausend v. Chr. zu (Waschkies, 1989, S. 82), einer Zeit, in der im Vorderen Orient die ersten Stadtstaaten entstanden. Sie zu errichten und zu versorgen erforderte eine höher entwickelte Arbeitsteilung, und zur Planung der arbeitsteiligen Produktion und der Verteilung der Güter waren wiederum umfangreiche Kalkulationen nötig. Die Menschen erfanden Schrift und Zahlzeichen. Die ältesten Schriftzeugnisse des Vorderen Orients in Form von Tontäfelchen dienten der Buchhaltung, sie verzeichneten Wirtschaftsgüter bzw. ihre Anzahl oder Menge. Es entstand der Stand der Schreiber, ihnen oblag es, die arbeitsteilige Produktion zu verwalten. Obwohl es Zahlzeichen und ein Stellenwertsystem gab, das Sexagesimalsystem, sind keine Rechnungen überliefert, die mit diesem Stellenwertsystem operierten. Nur die Ergebnisse der teilweise umfangreichen Rechnungen sind in dem Zahlsystem dargestellt. Es steht also zu vermuten, dass die Schreiber weiterhin mit Merkzeichen rechneten, indem sie Tonfiguren auf Rechenbrettern auslegten. Dafür spricht auch, dass der Schreiber auf den Tontafeln mitunter als ›Mann mit einem Registrierbrett‹ oder ›Mann mit Steinen aus Ton‹ bezeichnet wird (Waschkies, 1989, S. 84 f.). Die Zahlzeichen sind vermutlich Darstellungen von Merkzeichen und Bündelungen von Merkzeichen. Einige sehen so aus wie die Tonfiguren. Dennoch hat ein Stellenwertsystem noch eine darüber hinausgehende Struktur, die in einer Menge von Merkzeichen nicht erkannt werden kann. Durch ein Stellenwertsystem kann eine Nachfolgerbeziehung dargestellt werden. Ein Stellenwertsystem besteht nicht nur aus Zahlzeichen, sondern es hat Regeln, wie zu einem Zahlzeichen das nachfolgende Zahlzeichen konstruiert werden kann und wie zu einem Zahlzeichen sein Vorgänger bestimmt werden kann, insofern er existiert. Wenn wir auch in einer Menge von Merkzeichen keine Nachfolgerbeziehung erkennen können, so können wir doch einen Nachfolger bilden, indem wir ein Merkzeichen hinzufügen, einen Vorgänger, indem wir ein Merkzeichen entfernen. Die Nachfolgerbeziehung ist kein Merkmal einer Menge von Merkzeichen, sondern ihrer Verwendung, die den Schreibern vertraut war. Die Regeln des Zahlsystems der Sumerer und Babylonier haben daher Merkmale der Verwendung der Merkzeichen. Es ist jedoch noch ein weiterer Entwicklungsschritt nötig, um mit einem Stellenwertsystem zu rechnen. Durch ein Stellenwertsystem können nämlich auch Merkschritte oder Ordinalzahlen dargestellt werden. Die Zahlzeichen eines Stellenwertsystems können das Gedächtnis entlasten, das durch das Rechnen mit Merkschritten erheblich beansprucht wird. Da die Sumerer und Babylonier vermutlich mit Merkzeichen, jedoch nicht mit Merkschritten rechneten,[20] hätte das Rechnen mit ih-

20 Die Verwendung von Merkschritten setzt begriffliches Denken voraus, weil in jedem Merkschritt ein Existenzurteil gefällt wird, d. h. ein Urteil, dass etwas existiert, das unter einen bestimmten Begriff fällt.

rem Sexagesimalsystem ihr Gedächtnis nicht entlastet. Die Darstellung einer Anzahl jedoch, insbesondere ein Ergebnis einer Rechnung mit Rechensteinen, war übersichtlicher.

Stellen wir uns nun vor, dass wir keine Merkzeichen verwenden, sondern Merkschritte. In einem Merkschritt haben wir Existenzurteile zu einer Menge zusammengefasst. Dieser Menge können wir ein weiteres Existenzurteil hinzufügen, indem wir einen weiteren Merkschritt ausführen. Dann prägen wir ein zusätzliches Existenzurteil in das Gedächtnis ein. Wir können aber auch ein Existenzurteil aus der Menge entfernen, wenn in dem Merkschritt eine Erinnerung an den vorangegangenen Merkschritt eingeprägt worden ist. Der vorangegangene Merkschritt enthält dann die Existenzurteile, die übriggeblieben sind, nachdem ein Existenzurteil entfernt worden ist. Zu diesen beiden Gedächtnisoperationen sind Einprägen und Erinnern notwendig. Eine Rechnung mit Merkschritten ist daher aus Einprägen und Erinnern zusammengesetzt.

Zu einem Merkschritt können wir einen nachfolgenden Merkschritt ausführen oder ggf. seinen vorangegangenen Merkschritt bestimmen. Wir ahnen bereits, dass wir unser Gedächtnis erheblich entlasten, wenn wir anstelle der Merkschritte Ordinalzahlen verwenden. Eine Ordinalzahl ist die Rekursionstiefe gewisser Merkschritte. Anstelle des Nachfolgers oder Vorgängers des Merkschrittes müssen wir dann den Nachfolger bzw. Vorgänger der Ordinalzahl bestimmen. Eine Rechnung mit Ordinalzahlen setzt sich daher aus dem Bestimmen von Nachfolgern und Vorgängern zusammen.

Zahlsysteme und Merkzeichen

Uns ist das Zehnersystem vertraut. Darin können wir mit zehn Ziffern, die wir auf geeignete Positionen verteilen, jede beliebige natürliche Zahl darstellen (darüber hinaus können wir auch die Null darstellen). Das Zehnersystem ist ein Stellen-

Das begriffliche Denken entwickelte sich jedoch erst in der griechischen Antike.

wertsystem zur Basis 10. Jede natürliche Zahl, die größer als 1 ist, eignet sich für eine Basis eines Stellenwertsystems. So sind etwa in der Informatik Stellenwertsysteme zur Basis 2 und zur Basis 16 üblich. Die Babylonier verwendeten ein Stellenwertsystem zur Basis 60. Unsere Zeiteinteilung in Stunden, Minuten und Sekunden hat hier ihren Ursprung. Außer den Stellenwertsystemen sind Summensysteme bekannt. Sie bestehen aus spezifischen Zeichen, die je eine Anzahl symbolisieren. Mehrere Symbole stellen eine Anzahl dar, nämlich die Summe der Anzahlen, die die einzelnen Symbole darstellen. Im einfachsten Fall hat ein Summensystem nur ein Symbol für die Anzahl eins. Dann haben wir Merkzeichen. Es gibt Summensysteme mit Bündelungen. Die Anzahl mehrerer Symbole wird gebündelt und mit einem neuen Symbol gekennzeichnet. Als Beispiel seien hier die ägyptischen Zahlzeichen angeführt:

Zahlzeichen	*Wert*	*Bedeutung der Hieroglyphe*
𓏺	1	Strich
𓎆	10	Rindsgespann
𓍢	100	Seilschlinge
𓆼	1000	Wasserlilie
𓂭	10.000	Finger
𓆐	100.000	Kaulquappe
𓁨	1.000.000	Heh, Gott der Unendlichkeit

Tabelle 1: Ägyptische Zahlzeichen

Auch die Zeichen der Summensysteme mit ihren Bündelungen können als Merkzeichen verwendet werden. Zumindest scheint die Herkunft der Summensysteme aus den Merkzeichen offensichtlich.

Das römische Zahlsystem ist eine Variante eines Summensystems. Manche Zahlen werden dabei durch Differenzen ausgedrückt. Die Zeichen I, II, III für eins, zwei und drei erinnern an Kerben. Wahrscheinlich stellten sie ursprünglich Merkzeichen dar. Das römische Zahlsystem hat Bündelungen: V für fünf, X für 10, L für fünfzig, C für hundert, D für 500, M für tausend. Anzahlen können mit den römischen Zahlen durch Summen und Differenzen dargestellt werden. Summen werden gebildet, indem die Zeichen von links nach rechts in absteigender Größe ihrer Zahlwerte geschrieben werden. Aus schreibökonomischen Gründen kann links von einem Bündelungszeichen das nächst wertmäßig kleinere Zeichen ein- oder zweimal geschrieben werden. Der Wert wird dann entsprechend ein- oder zweimal abgezogen.

Das Rechnen in einem Summensystem ist umständlicher als in einem Stellenwertsystem. Warum? Durch ein Stellenwertsystem können Zahlen dargestellt werden, die durch eine Nachfolgerbeziehung geordnet sind. Es werden Ordinalzahlen dargestellt. In den Ordinalzahlen können wir rechnen, da jedes Rechnen auf die Bildung eines Nachfolgers oder den Rückgang zu dem Vorgänger einer Ordinalzahl zurückgeführt werden kann. Wird nun die Nachfolgerbeziehung in einem Zeichensystem ausgedrückt, dann vermuten wir, dass in dem Zeichensystem schriftlich gerechnet werden kann. Wie wird nun in einem Stellenwertsystem die Nachfolgerbeziehung ausgedrückt? Werfen wir einen Blick auf unser vertrautes Zehnersystem. Es besteht aus zehn Ziffern, die in einer Nachfolgerbeziehung stehen:

$$0 \Rightarrow 1 \Rightarrow 2 \Rightarrow 3 \Rightarrow 4 \Rightarrow 5 \Rightarrow 6 \Rightarrow 7 \Rightarrow 8 \Rightarrow 9$$

Die Ziffer 9 hat keine nachfolgende Ziffer. Daher benötigen wir noch die nächste Stelle, um einen Nachfolger zu bestimmen. Auch die Stellen sind durch eine Nachfolgerbeziehung geordnet. Durch die Kombination der Nachfolgerbeziehung der Ziffern und der Stellen erhalten wir eine Nachfolgerbeziehung der Zahlzeichen eines Stellenwertsystems.

Im Zehnersystem – und entsprechend in jedem anderen Stellenwertsystem – können wir Regeln angeben, wie ein Nachfolger gebildet oder zu einem Vorgänger zurückgegangen werden kann. Da jede Rechnung auf die beiden elementaren Rechenoperationen zurückgeführt werden kann, ist es möglich, Regeln anzugeben, wie die Zeichen eines Stellenwertsystems manipuliert werden müssen, um die Rechnung durchzuführen. Die Regeln können mechanisch – sogar von einer Maschine – angewendet werden. Eine Regel, die ohne innere Anteilnahme angewendet werden kann, nennen wir äußerlich. Den äußerlichen Rechenregeln der Stellenwertsysteme stehen die inneren Erfahrungen des Einprägens und Erinnerns gegenüber. Letztere bilden aber die Grundlage, um äußerliche Rechenregeln zu entwickeln. Eine Rechenmaschine wäre nie konstruiert worden, hätten Menschen nicht zuvor selbst gerechnet.

Fazit

Vorläufer der Zahlen sind Kerben auf einem Knochen oder Holzstück, Kieselsteine, Muschelschalen oder Tonfiguren, die als Merkzeichen dienen. Ein Merkzeichen hat das Merkmal der Existenz, das es mit dem gemerkten Gegenstand im Allgemeinen gemeinsam hat. Es erinnert daran, dass es einen registrierten Gegenstand gibt. Mit Merkzeichen kann auch gerechnet werden. Diese Eigenschaft der Merkzeichen liegt vermutlich der Erfindung des Abakus zugrunde.

Stellen wir uns nun einen Menschen vor, der sich eine Menge von Gegenständen in das Gedächtnis einprägen will. Wenn die Menge überschaubar ist, z.B. aus zwei oder drei Gegenständen besteht, dann ist das Vorgehen unter Umständen weniger aufwendig, als sich Merkzeichen zu besorgen. Zu jedem Gegenstand muss er ein Existenzurteil bilden, das er sich in das Gedächtnis einprägen kann. Er benötigt für ein Existenzurteil einen Begriff. Dann kann er zu dem Urteil gelangen, dass es *einen* Gegenstand gibt, der unter den Begriff fällt. Er prägt sich nun die Existenzurteile schrittweise in das Gedächtnis ein, wie jemand, der Zahlen kennt, schrittweise Existenzurteile fällt und sie zählt. Anstelle von Zählschritten führt er Merkschritte aus. In einem Merkschritt prägt er sich ein Existenzurteil und gegebenenfalls eine Erinnerung an den unmittelbar vorangegangenen Merkschritt ein. Durch rekursives Erinnern an Existenzurteile erkennen wir eine Menge von Einheiten, die Euklid Zahl nannte.

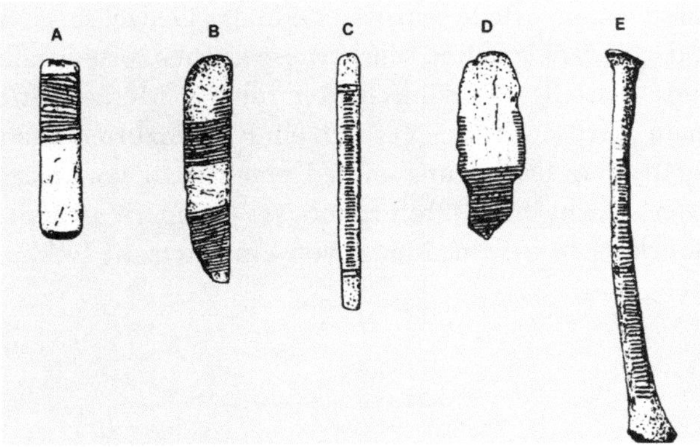

Abb. 13: Gekerbte Knochen aus dem Spätpaläolithikum.
A – D aus Aurignacien, E Wolfsknochen aus Magdalenien
(Ifrah, 1987, S. 111).

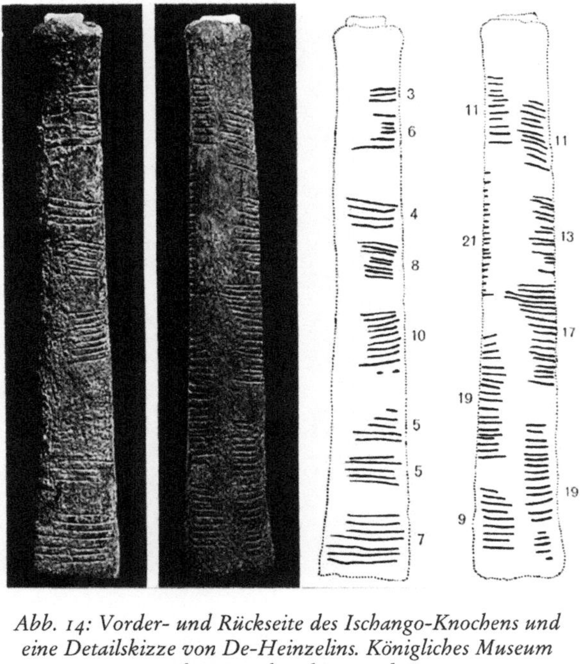

Abb. 14: Vorder- und Rückseite des Ischango-Knochens und eine Detailskizze von De-Heinzelins. Königliches Museum der Naturkunde Brüssel.

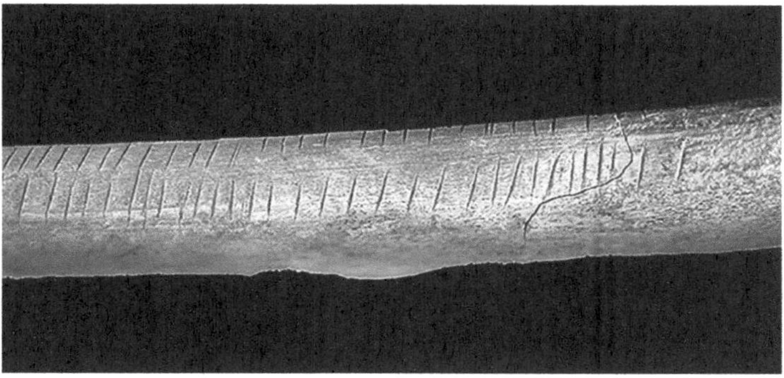

Abb. 15: Gekerbter Mammutknochen, ca. 30.000 bis 35.000 Jahre alt. Fundort: Schwäbische Alb, Foto: Maria Malina, Universität Tübingen.

Abb. 16: Australische Botenstäbe. Ethnologisches Museum Berlin, Foto: Jörg Witte.

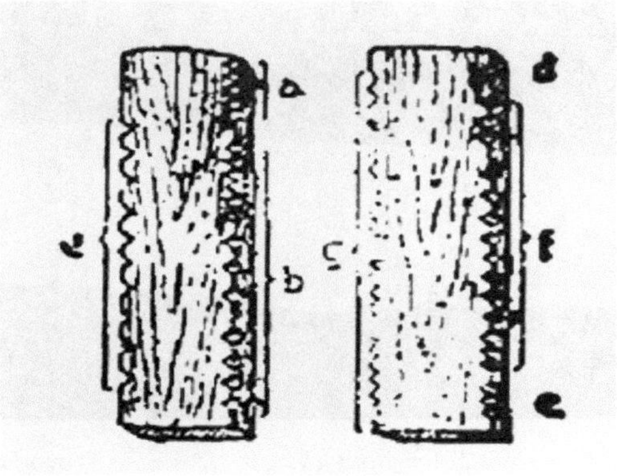

Abbildung 17: Australischer Botenstab (aus: Weule, 1915, S. 64).

Abb. 18: Australische Knotenschnur. Ethnologisches Museum Berlin, Foto: Jörg Witte.

Abb. 19: Knotenschnur der Inka.
Ethnologisches Museum Berlin, Foto: Jörg Witte.

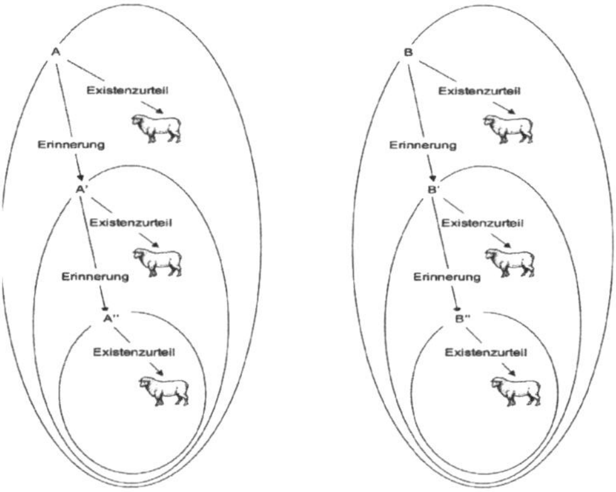

Abb. 20: Ein Oval umgrenzt eine Menge von Schafen, die der Schäfer in einem Merkschritt eingeprägt hat. Oben links ist an dem Oval eine Bezeichnung des Merkschrittes angebracht. Ein Pfeil zeigt auf das, was der Schäfer sich in einem Merkschritt gemerkt hat, also auf ein Existenzurteil über ein Schaf oder auf eine Erinnerung an einen vorangegangenen Merkschritt.

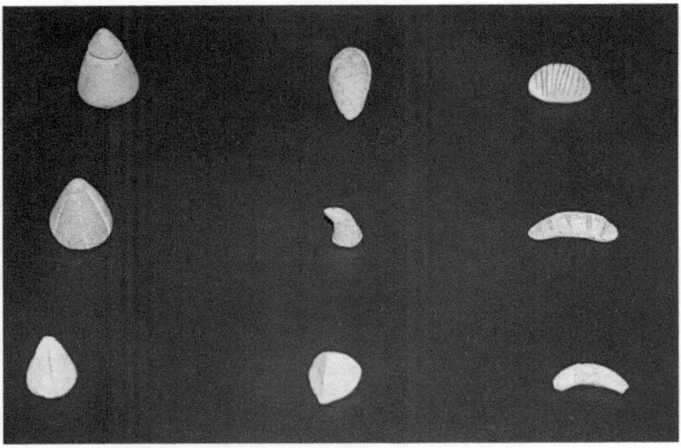

Abb. 21: Merkzeichen aus gebranntem Ton, die ab etwa dem 9. Jahrtausend v. Chr. im Vorderen Orient zur Registrierung von Wirtschaftsgütern verwendet wurden.

3. Phänomene des Erinnerns und Wahrnehmens

Prolog

Merkmale eines Zeit- und Zahlbegriffs erfahren wir, wenn wir uns rekursiv erinnern. So können wir z.B. eine zeitliche Reihenfolge oder eine bestimmte Menge nacheinander in das Gedächtnis eingeprägter Gegenstände und damit ihre Anzahl erfahren. Was erfahren wir beim Erinnern, insbesondere beim rekursiven Erinnern? Welche Phänomene des Erinnerns gibt es? Umgangssprachlich verwenden wir das Wort ›erinnern‹ in einem recht engen Sinn. Wenn wir von erinnern reden, meinen wir im Allgemeinen, dass wir uns etwas vorstellen, was wir zuvor wahrgenommen oder erfahren haben. Wir erinnern uns zum Beispiel an eine Episode unseres Lebens. Aber auch alles, was wir wissen, haben wir in das Gedächtnis eingeprägt. Ein Wissen ist kein persönliches Erlebnis. Persönliches Erinnern und Wissen sind die beiden bewussten Formen des Erinnerns, die wir kennen. Sie können in Worte gekleidet werden. Man spricht daher auch vom *deklarativen* Gedächtnis. Es ist in das *episodische* und das *semantische* Gedächtnis unterteilt. Des Weiteren kann uns etwas vertraut sein. Nehmen wir einmal an, dass jemand eine ihm unbekannte Stadt besucht. Zum ersten Mal sieht er einen gewissen Platz der Stadt. Dennoch kommt er ihm vertraut vor, als ob er hier schon mal gewesen war, doch er besitzt keine episodische Erinnerung an den Ort, auch weiß er nichts über ihn. Nach und nach dämmert ihm, dass er den Platz schon mal auf einem Foto gesehen hat. Das Vertrautsein ist eine Erinnerung, die wir nicht in Worte fassen können, die aber jedem Wiedererkennen vorausgeht. Bleibt Letzteres aus, liegt uns ein Beispiel eines nicht deklarativen Gedächtnisses vor.

Der Umgang mit Merkzeichen setzt ein Vertrautsein mit dem Merkmal der Existenz voraus. Wenn wir stattdessen Merkschritte verwenden, dann müssen wir uns rekursiv semantisch oder episodisch an Existenzurteile erinnern. In diesem Kapitel werde ich darlegen, dass wir im ersten Fall Merkmale der Kardinal- und im letzten Fall der Ordinalzahlen erfahren und wie die Merkmale je zu einem Begriff zusammengefasst werden.

Merkmale der Zeit erfahren wir durch Erinnern. Durch semantisches Erinnern erfahren wir Merkmale der zyklischen und durch episodisches Erinnern Merkmale der linearen Zeit. Das Vertrautsein, das keine bewusste, deklarative Erinnerung ist, liegt keinem Zeitbegriff zugrunde. Stattdessen wird das Handeln der Menschen durch vertraute Merkmale strukturiert. Man spricht von einer Handlungszeit.

Merkmale des rekursiven Erinnerns können uns vertraut sein. Daher kann ein Zeit- oder Zahlbegriff unbestimmt sein, obwohl der Umgang mit Zeit und Zahl sehr routiniert ist. Kant veranlasste diese begriffliche Unbestimmtheit zu der Annahme, die Zeit sei eine Form der inneren Wahrnehmung. Die Verhältnisse des Nacheinanders seien bereits determiniert, bevor etwas wahrgenommen wird. Durch Zählen werde diese innere Form, das Nacheinander zur Anschauung gebracht.

Weil das episodische Erinnern unsere zeitgenössische Kultur prägt und damit auch unser Selbstverständnis, ist diese Art des Erinnerns substanziell und bedarf einer Vertiefung. Da wir uns episodisch an Wahrnehmungen erinnern, fragen wir, wie wir wahrnehmen. Besonders wichtig wird die Unterscheidung zwischen äußerer und innerer Wahrnehmung sein. Physische Gegenstände oder Ereignisse nehmen wir äußerlich mit den Sinnesorganen wie Auge, Ohr, Tastsinn wahr, Vorgänge oder Aktivitäten unseres Bewusstseins nehmen wir innerlich wahr. Sie können wir nicht beobachten, d.h. mit Aufmerksamkeit wahrnehmen, weil der Vorgang oder Akt des Bewusstseins unsere Aufmerksamkeit bereits absorbiert. Dennoch wird uns ein Vorgang oder ein Akt unseres Bewusstseins gewahr, an den wir uns später erinnern können. Insbesondere nehmen wir Bewusstseinsakte wie Denken, Vorstellen, Wahrnehmen oder Erinnern innerlich wahr. Eine episodische Erinnerung wird sich als eine Erinnerung an eine innere Wahrnehmung entpuppen.

Den gegenwärtigen Moment können wir nicht erfassen. Er entschlüpft uns, sobald wir es versuchen. Doch haben wir eine Ahnung davon, dass es ihn gibt. Er ist der Moment, der die Vergangenheit von der Zukunft scheidet. Ihn können wir nicht beobachten, weil er im Moment der Beobachtung bereits vergangen ist. Da wir innerlich Wahrgenommenes nicht beobachten können, fragen wir uns, ob wir den Gegenwartsmoment innerlich wahrnehmen können. Andererseits können wir einen Gegenwartsmoment einer äußerlich wahrgenommenen Bewegung erfahren, z.B. den Moment der maximalen Auslenkung eines schwingenden Pendels. Erleben wir den Gegenwartsmoment durch ein gewisses Maß an Übereinstimmung einer äußeren mit einer inneren Wahrnehmung?

Wir wollen die Frage beantworten, wie wir Merkmale der Zeit und der Zahlen durch Erinnern erfahren, und warum sie uns im alltäglichen Umgang vertraut sind.

Episodisches und semantisches Erinnern

Nehmen wir an, Sie können sich daran erinnern, dass Ihnen gestern eine Ihnen bekannte Person begegnet ist, deren Namen Ihnen entfallen ist, obwohl er quasi auf der Zunge lag. Solche partiellen Gedächtnisausfälle zeigen, dass an einer Erinnerung häufig mehrere Gedächtnisarten beteiligt sind. Sie können sich an die Wahrnehmung der Person erinnern, aber etwas, was Sie über die Person wissen, nämlich der Name, ist Ihnen entfallen.

Wir können zwei Phänomene des bewussten Erinnerns unterscheiden, das episodische und das semantische Erinnern. Das episodische Erinnern bezeichnen wir gewöhnlich mit dem reflexiven Verb ›sich erinnern‹. Ich erinnere mich an das, was ich selbst erlebt, erfahren, wahrgenommen habe, was mir irgendwie gewahr wurde. Dagegen bezeichnen wir das semantische Erinnern mit dem Verb ›wissen‹. Alles, was ich weiß, habe ich gelernt, d.h. in das Gedächtnis eingeprägt. Im ersten Kapitel wurde deutlich, dass das episodische Erinnern in einem engen Zusammenhang mit der linearen Zeit und den Ordinalzahlen steht. Im nächsten Kapitel möchte ich diese Erkenntnis vertiefen und einen Zusammenhang zwischen dem semantischen Erinnern und der zyklischen Zeit und den Kardinalzahlen verdeutlichen.

Das episodische Erinnern ist ein kulturprägendes Merkmal der Neuzeit. Ein Zeugnis dafür ist etwa der Brief Petrarcas, in dem er seine Besteigung des Mont Ventoux schildert. Seine darin festgehaltenen Erinnerungen offenbaren eine Perspektive auf die Gegenstände, die er von seiner Position auf dem Berg sah. Die Verwendung der ersten Person Singular lässt auf ein autonoetisches Bewusstsein seiner Erinnerungsvorstellungen schließen. Er war sich bei der Niederschrift seiner Erinnerungen dessen bewusst, dass er selbst es war, der den Berg bestiegen und die Gegenstände aus einer neuen Perspektive gesehen hat. Autonoetisches Bewusstsein ist ein Merkmal einer episodischen Erinnerung. Sie ist eine Erinnerung an eine selbsterlebte Episode der eigenen Biographie.

Der Geograph und Kartograph Petrarca benötigte ein umfangreiches geographisches Wissen, um erkennen zu können, in welcher Richtung vom Berg aus gesehen Italien lag, die Alpen, die Berge der Provinz von Lyon, der Golf von Marseille und die Rhone. Ohne gute Kenntnis der verwendeten Begriffe hätte Petrarca seine Erfahrungen nicht in Worte fassen können. Das Wissen hat Petrarca erlernt, er hat es in sein Gedächtnis eingeprägt. Eine Erinnerung an ein erlerntes Wissen ist jedoch nicht von autonoetischem Bewusstsein begleitet. Im Allgemeinen können wir uns nicht an Episoden erinnern, in denen wir Wissen gelernt und in das Gedächtnis eingeprägt haben. Aber selbst wenn wir uns an eine Episode erinnern, in der wir etwas gelernt haben, dann bezieht sich das Gelernte nicht auf die Episode. Wenn sich jemand an die Situation und die Umstände erinnern könnte, in denen er gelernt hat, dass Caesar 44 v. Chr. ermordet wurde, ist die Ermordung Caesars trotzdem keine Episode seiner Biographie. Eine Erinnerung an Wissen ist nicht von autonoetischem Bewusstsein begleitet, sondern von *noetischem* Bewusstsein, d.h. von wissendem Bewusstsein (Tulving, 1985, S. 388).

Der kanadische Psychologe Tulving beschrieb den Unterschied zwischen dem episodischen und dem semantischen Gedächtnis: Im episodischen Gedächtnis werden Informationen über erlebte Episoden oder Ereignisse unserer Biographie gespeichert. Es werden nur Wahrnehmungen eingeprägt, sowie ihre räumlichen und zeitlichen Beziehungen und ihr autobiographischer Zusammenhang (Tulving, 1972, S. 385f.). Eine Wahrnehmung ist hier in einem erweiterten Sinn zu verstehen – dabei kann es sich um eine Sinneswahrnehmung, aber auch um eine Empfindung oder ein irgendein Gewahrwerden handeln. In dem semantischen Gedächtnis hingegen werden keine Wahrnehmungen, sondern ihre kognitiven Bezüge registriert (Tulving, 1972, S. 386). Diese bestehen aus Begriffen oder setzen sie zumindest voraus, im Falle Petrarcas etwa über den Begriff »Golf«. Kenntnisse über den Begriff sind notwendig, um den »Golf von Marseille« zu erkennen. Um Wörter sinnvoll zu verwenden, ist auch Faktenwissen notwendig, z.B. geographisches Wissen über den Golf von Marseille. Inhalt des semantischen Gedächtnisses sind Worte mit ihren Verwendungsregeln sowie Begriffe und Sachverhalte, die mit den Worten bezeichnet werden.

Während Sachverhalte unabhängig davon existieren, ob ich über sie Bescheid weiß, verhält es sich mit einer Wahrnehmung anders. Eine Wahrnehmung existiert nur dadurch, *dass* ich sie wahrnehme. Daher ist mit einer Erinnerung an eine Wahrnehmung auch das Bewusstsein verbunden, dass *ich* sie wahrgenommen habe. Weiterhin kann ich zwischen einer Wahrnehmung und einer Erinnerung an eine Wahrnehmung unterscheiden. Wenn ich mich an eine Wahrnehmung erinnere, dann nehme ich nicht mehr wahr, sondern bilde mir eine Vorstellung über die Wahrnehmung aus der Erinnerung. Das, was ich wahrnehme, ist mir gegenwärtig, eine Wahrnehmung, an die ich mich erinnere, ist mir jedoch vergangen. Daher erfahre ich durch episodisches Erinnern Vergänglichkeit.

Einen Hinweis auf die beiden Gedächtnisarten gibt die frühkindliche Amnesie. Frühkindliche Amnesie bezeichnet das Unvermögen, sich an Erlebnisse erinnern zu können, die etwa vor dem dritten Lebensjahr stattfanden. Eine episodische Erinnerung an frühkindliche Erlebnisse ist nicht möglich. Aber wir verwenden ein Leben lang Wörter, die wir schon vor dem dritten Lebensjahr gelernt haben. Dafür benötigen wir das semantische Gedächtnis.

Beim Einprägen und Erinnern werden die beiden Gedächtnisarten nicht notwendigerweise unabhängig voneinander verwendet. Sowohl Einprägen als auch Erinnern sind Ereignisse, an die wir uns episodisch erinnern können, deren Inhalt aber ein begriffliches Wissen sein kann. Andererseits verwenden wir unser semantisches Gedächtnis, wenn wir unsere persönlichen Erfahrungen in Begriffe fassen, wie wir bei Petrarca gesehen haben.

Nach Tulving werden Ereignisse mit raumzeitlichen und autobiographischen Bezügen in das episodische Gedächtnis eingeprägt. Einen physischen Gegenstand nehme ich aus einer Perspektive wahr. Eventuell kann ich mich erinnern, dass ich den Gegenstand zuvor unter einer anderen Perspektive wahrgenommen habe. Dann kann ich auf eine Bewegung schließen und eine raumzeitliche Beziehung erkennen. Wenn ich mich nun an die Wahrnehmung erinnere und an die Erinnerung, dass ich zuvor unter einer anderen Perspektive wahrgenommen habe, dann bekomme ich eine rekursive Erinnerung – genauer: eine rekursive, episodische Erinnerung. Rekursive, episodische Erinnerungen liegen auch einer episodischen Erinnerung an ein Ereignis mit seinen autobiographischen Bezügen zugrunde. Wenn wir ein Ereignis mit seinen autobiographischen Bezügen in das Gedächtnis einprägen, dann sind die autobiographischen Bezüge episodische Erinnerungen. Erinnern wir uns nun an das Ereignis mit seinen autobiographischen Bezügen, dann erinnern wir uns an das Ereignis und an episodische Erinnerungen, die die autobiographischen Bezüge sind.

Um die Bedeutung des autonoetischen Bewusstseins für eine episodische Erinnerung zu verdeutlichen, versuchen Sie sich einmal vorzustellen, dass Sie sich an eine Wahrnehmung, eine Empfindung oder ein Gewahrwerden erinnern, und zwar ohne autonoetisches Bewusstsein. Dazu erinnern Sie sich beispielsweise an eine Wahrnehmung eines Gegenstandes, aber nicht daran, dass Sie den Gegenstand wahrgenommen haben. Eine solche Vorstellung einer Erinnerung einer Wahrnehmung ohne autonoetisches Bewusstsein dürfte Ihnen schwerfallen, vielleicht sogar unmöglich erscheinen. Es ist plausibel, dass Ihnen etwas fehlen wird. Vermutlich können Sie gar nicht anders, als sich vorzustellen, dass ein anderer den Gegenstand wahrgenommen hat. Zu einer Wahrnehmung gehört nämlich nicht nur der wahrgenommene Gegenstand, sondern auch das Subjekt der Wahrnehmung. Das autonoetische Bewusstsein einer episodischen Erinnerung kann krankhaft gestört sein. Karl Jaspers gibt ein Beispiel:

> »Ein [...] Merkmal des Ichbewußtseins ist das Bewußtsein, in der Zeitfolge identisch derselbe zu sein. Es ist hinzuweisen auf Äußerungen von Kranken der schizophrenen Gruppe, die von ihrem ganzen früheren Leben – vor der Psychose – behaupten, das seien sie gar nicht selbst, das sei ein anderer gewesen. Ein Kranker formuliert:
> ›Indem ich meine Geschichte erzähle, bin ich mir bewußt, daß es nur ein Teil eines jetzigen Ichs war, der dies alles erlebte. Bis zu dem 23.XII.1901 kann ich mich nicht mit dem Ich von heute bezeichnen. Dies damalige Ich kommt mir jetzt vor wie ein kleiner Zwerg, der in mir sitzt. Es ist für mein Gefühl unangenehm und für mein Existenzgefühl peinlich, die Erlebnisse bis dahin in der ersten Person zu schildern. Ich kann es tun unter Anwendung von Gegenvorstellungen und indem ich mir bewußt bin, daß der ›Zwerg‹ bis zu dem obigen Tag regierte, dann aber seine Rolle ausgespielt hatte.« (Jaspers, 1973, S. 105)

Das Beispiel zeigt, dass der Gegenstand meiner episodischen Erinnerung mein Verhältnis oder mein Verhalten zu einem Ereignis ist. Fehlt das autonoetische Bewusstsein, oder ist es gestört, dann erscheint das Erinnerte als ein Verhältnis oder Verhalten zwischen einem anderen Menschen oder Wesen, wie dem »Zwerg« im oben genannten Fall, und dem Ereignis.

Tulving charakterisiert eine episodische Erinnerung durch drei Merkmale (Tulving, 2002):

- → Eine episodische Erinnerung ist von einem subjektiven Zeitgefühl begleitet: Durch eine episodische Erinnerung ist mir bewusst, dass ich das erinnerte Ereignis in der Vergangenheit erlebt habe. Ich kann eine mentale Zeitreise in die Vergangenheit unternehmen.
- → Eine episodische Erinnerung ist von einem autonoetischen Bewusstsein begleitet: Während einer episodischen Erinnerung bin ich mir bewusst, dass ich das Erinnerte erlebt habe.
- → Eine episodische Erinnerung offenbart ein Selbst: Es ist der Reisende einer mentalen Zeitreise. Weil mir während einer episodischen Erinnerung bewusst ist, dass ich, der Erinnernde, derselbe bin, der das Erinnerte erlebt hat, bin ich der Reisende.

Eine episodische Erinnerung unterscheidet sich in jedem der drei Merkmale von einer semantischen Erinnerung. Da es nur semantische und episodische Erinnerungen gibt, die uns bewusst sind, kann eine bewusste Erinnerung bereits durch ihr autonoetisches Bewusstsein als episodische Erinnerung identifiziert werden.[21]

Durch episodisches Erinnern habe ich in jedem Augenblick erfahren, dass der gegenwärtige Moment vergeht und einem zukünftigen Platz macht, und dieser wiederum vergeht usw. Daher werde ich mich in der Zukunft an den gegenwärtigen Moment episodisch erinnern können. Da die zukünftige, episodische Erinnerung mir mein Selbst offenbaren wird, werde ich in der Zukunft existieren. Das episodische Gedächtnis eröffnet also eine Perspektive auf die Zukunft. Durch eine Erkrankung kann die Perspektive auf die Zukunft verloren gehen. Tulving berichtet von einem Patienten, dessen episodisches Gedächtnis nach einem Motorradunfall nahezu vollständig ausgefallen war. Er konnte sich nur an Ereignisse erinnern, die nicht länger als ein oder zwei Minuten zurücklagen. Da sein semantisches Ge-

21 So bin ich im ersten Kapitel vorgegangen. Eine episodische Erinnerung habe ich dort allein durch ihr autonoetisches Bewusstsein bestimmt.

dächtnis aber intakt geblieben war, entsprach seine Allgemeinbildung seiner Schulbildung. Pläne für die Zukunft schmieden konnte er jedoch nicht (Tulving, 2002, S. 13f.).

Das episodische Gedächtnis liefert uns Kriterien, anhand derer wir unterscheiden können, ob ein Ereignis

- → in der Vergangenheit stattfand,
- → in der Gegenwart stattfindet, oder
- → in der Zukunft stattfinden wird.

Durch rekursives, episodisches Erinnern können wir eine Reihenfolge von Ereignissen erfahren. Der lineare Zeitbegriff der Neuzeit wird an derartigen Erfahrungen gebildet. Hier ist die Erfahrung des Einzelnen eine Grundlage des Zeitbegriffs, aber auch gesellschaftliche Erfahrungen in einer episodischen Erinnerungskultur. Durch eine rekursive, episodische Erinnerung erscheinen die Ereignisse in umgekehrter Reihenfolge: Zuerst erscheint das zuletzt erlebte Ereignis, zum Schluss das erste Ereignis. Das wird verwendet, um die Glaubwürdigkeit von Zeugenaussagen vor Gericht zu überprüfen. Rechtspsychologen lassen Zeugen ihre Erlebnisse in umgekehrter chronologischer Reihenfolge berichten (Köhnken, 2015). Die Zeugen werden aufgefordert, sich rekursiv, episodisch, an die erlebten Ereignisse zu erinnern. Das gelingt nur, wenn sie die Ereignisse auch wirklich in der Reihenfolge erlebt haben. Eine erfundene Geschichte von hinten nach vorne zu erzählen, ist ungleich schwerer.

Vertrautheit und Wiedererkennen

Vielleicht haben Sie einmal auf einer Fotografie eine Person gesehen, die Ihnen irgendwie vertraut vorkam. Jedoch konnten Sie sich beim Anblick der Fotografie nicht erinnern, dass Ihnen die Person jemals begegnet ist. Sie können sich nicht episodisch an sie erinnern. Es wäre dann möglich, dass Sie auf dem Foto eine berühmte Person sehen, der Sie nie persönlich begegnet sind. Sie erkennen aber die abgebildete Person auch nicht durch eine semantische Erinnerung. Sie können die Person in keinen begrifflichen (semantischen) oder erlebten oder autobiographischen (episodischen) Zusammenhang stellen. Sie erinnern sich dann weder semantisch noch episodisch an das Gesicht. Dennoch ist es möglich, dass Ihnen das Gesicht nicht völlig unbekannt erscheint. Vermutlich kennen Sie das Gefühl, dass Sie eine Person auf einem Foto kennen, Sie wissen aber nicht woher. Merkmale des Gesichts sind Ihnen jedoch vertraut. Solche Ausfälle sind ein Hinweis dafür, dass beim Wiedererkennen mehrere Gedächtnisvorgänge beteiligt sind (Jäger, 2016).

Das Vertrautsein ist eine Vorstufe einer bewussten Erinnerung. Sie geht dem Wiedererkennen voraus (Jäger, 2016). Was ist uns vertraut? Vertraut sind uns Merkmale, die wir bereits erfahren haben, ohne uns an die Erfahrung selbst bewusst zu erinnern. Das Vertrautsein ist eine Art Erinnerung an gewisse Merkmale, ohne sie zu einem Begriff zusammenzufassen. Daher können wir das, was uns vertraut ist, nicht immer in einen begrifflichen Zusammenhang einordnen. Ebenso wenig können wir uns bei dem Gefühl des Vertrautseins immer an eine Episode unseres Lebens erinnern. Notwendig für das Gefühl des Vertrautseins ist stets, dass wir die vertrauten Merkmale wahrnehmen. Das Gefühl der Vertrautheit tritt daher zwar beim Wiedererkennen auf, nicht jedoch beim freien Erinnern. Wenn wir einen Gegenstand wiedererkennen, dann erinnern wir uns, dass wir den wahrgenommenen Gegenstand schon einmal wahrgenommen haben. Bei einer freien Erinnerung zu einem Gegenstand können wir aus der Erinnerung über den Gegenstand erzählen, ohne dass wir ihn wahrnehmen.

Vielleicht haben Sie einmal ein kleines Kind beobachtet, das einen Gegenstand von einem Tisch aufnimmt und mit sichtlichem Vergnügen und schwungvoll nach unten wirft. Daraufhin heben Mutter oder Vater den Gegenstand wieder auf und legen ihn zurück auf den Tisch. Dies wiederholt sich, das Kind wirft, die Eltern heben, zunehmend schlecht gelaunt, den Gegenstand wieder auf. Manche Eltern verstehen nicht, dass das Kind sie mitnichten verärgern will, sondern mit der Schwerkraft experimentiert, die es mit dem Gleichgewichtssinn wahrnimmt. Mit der nach unten gerichteten Wurfbewegung ahmt es die Schwerkraft nach. Es macht sich mit den Merkmalen »oben« und »unten« vertraut. Dieses Vertrautsein wird von dem Kind benötigt werden, wenn es sich aufrichtet und Laufen lernt. Vertrautsein mit gewissen Merkmalen wird für viele sensomotorische Fertigkeiten benötigt. Hier wäre ein bewusstes semantisches oder episodisches Erinnern sogar hinderlich, wenn routinierte, schnelle Reaktionen erforderlich sind.

Das Kind macht sich auch mit den Merkmalen der Bewegungs- oder Wurfrichtung und der Richtung des Aufrichtens vertraut. Dieses Merkmal ist ein Merkmal des euklidischen Begriffs der »Strecke«, das wir im ersten Kapitel bereits kennengelernt haben. Wenn das Kind laufen lernt, erfährt es die Richtung des Gehens. Auch erfährt es, dass die Richtung des Aufrichtens senkrecht auf der Gehrichtung steht. Es erfährt ein Merkmal des rechten Winkels.

Bevor ein Kind sich aufrichtet und das Laufen erlernt, strampelt es um sich, stößt sich an manchen physischen Gegenständen. Das Kind ergreift und umgreift Gegenstände, versucht sie mit dem Tast- und dem Bewegungssinn zu begreifen. Durch den haptischen Sinn erfährt das Kind, dass es Gegenstände gibt. Es erfährt auch, dass sein Körper nicht dort sein kann, wo sich ein anderer physischer Gegenstand befindet. Wenn es mit den Fingern einen Gegenstand ertastet, spürt es durch den Druck nicht nur den Gegenstand, sondern auch den eigenen Körper, hier insbesondere seinen Finger. Die Druckempfindung kommt dadurch zustande, dass der Gegenstand auf die Haut einwirkt, der eigene Körper muss dem Gegenstand weichen. Der Finger kann den Gegenstand nicht durchdringen. Das Kind macht sich mit dem Merkmal vertraut, dass dort, wo ein physischer Gegenstand ist, es selbst nicht sein kann. Es lernt, einem physischen Gegenstand auszuweichen, der im Weg steht.

Wenn ein Kind sich an einem Gegenstand stößt, spürt es nicht nur den Gegenstand, sondern merkt auch, dass seinem Bewegungsdrang Grenzen gesetzt sind, dass seine Willensimpulse durch Gegenstände gehemmt werden können. Es spürt damit nicht nur die Existenz eines Gegenstandes, sondern auch seine eigene Existenz. Das Kind macht sich davon noch keinen

Begriff, aber es macht sich mit dem Zusammenhang zwischen Gegenstands- und Selbstbewusstsein vertraut. Es macht sich auch damit vertraut, dass es außer ihm noch etwas anderes gibt, es macht sich mit einer Mehrzahl vertraut. Dadurch, dass ein Kind einen physischen Gegenstand betastet, erfährt es mit dem Bewegungssinn seine geometrische Form.

Im ersten Kapitel habe ich dargelegt, dass die Begriffe der Euklidischen Geometrie Merkmale einer Bewegung aufweisen. Die Vermutung liegt nahe, dass zumindest einige mathematische Begriffe Merkmale haben, an deren Erfahrung wir uns im Allgemeinen nicht episodisch erinnern, die wir aber trotzdem erfahren haben, und die uns dadurch vertraut sind. Es ist Aufgabe eines Mathematikers, solche Merkmale zu einem Begriff zusammenzufassen. Weil mit den Merkmalen keine episodischen Erinnerungen verbunden sind, erscheinen uns die mathematischen Begriffe wenig anschaulich und abstrakt. Und doch sind sie uns häufig vertraut und unmittelbar einleuchtend, ohne sich auf eine Erfahrung, d.h. eine episodische Erinnerung zu beziehen – anders als die Begriffe der Erfahrungswissenschaften.

Ein weiteres Beispiel soll die These über die Natur einiger mathematischer Begriffe untermauern. Im ersten Kapitel wurde dargelegt, dass die Struktur der Ordinalzahlen Merkmale rekursiver, episodischer Erinnerungen aufweist. Die Merkmale haben wir gewiss nicht im Verlauf der frühen Kindheit erfahren, da sich das episodische Gedächtnis erst später entwickelt. Im alltäglichen Leben vollziehen wir immer dann eine rekursive, episodische Erinnerung, wenn wir aus der Erinnerung Erlebnisse in einer Reihenfolge anordnen, z.B. wenn wir uns an eine Episode unseres Lebens mit ihren autobiographischen Bezügen erinnern, insofern wir dabei nicht semantisches Wissen über die Reihenfolge heranziehen. Daher sind uns Merkmale rekursiver, episodischer Erinnerungen vertraut, aber wir achten im Allgemeinen nicht auf eine rekursive, episodische Erinnerung. Um auf etwas zu achten, müssen wir wissen, was das ist, auf das wir achten wollen. Wir benötigen einen Begriff, hier den Begriff »rekursive, episodische Erinnerung«.

Wenn wir zählen, dann erinnern wir uns während eines nachfolgenden Zählschrittes an den unmittelbar vorangegangenen Zählschritt. Das Merkmal des »unmittelbar Vorangehens« ist uns vertraut. Wie erfahren wir das Merkmal? Aufschlussreich ist es, zu fragen, wie wir das gegenteilige Merkmal des »unmittelbar Vorangehens« erfahren können. Dieses können wir nur durch rekursives, episodisches Erinnern erfahren. Unmittelbar Vorangehen erfahren wir durch unmittelbares, episodisches Erinnern und das Unvermögen, uns rekursiv zu erinnern. Daher benötigen wir für das Zählen Erfahrungen mit dem rekursiven, episodischen Erinnern, obwohl wir uns beim Zählen nur unmittelbar episodisch erinnern.

Eine rekursive, episodische Erinnerung hat auch Merkmale des linearen Zeitbegriffs. Augustinus hat diesen Sachverhalt wunderbar ausgedrückt – ohne ihn zu kennen: »Was ist denn überhaupt Zeit? Wer könnte das leicht und kurz erklären? Wer kann etwas über sie zur Sprache bringen oder sie auch nur in Gedanken erfassen? Was aber ist uns im Reden vertrauter und sicherer gegenwärtig als die Zeit? [...] Was also ist die Zeit? Wenn niemand mich danach fragt, weiß ich es; wenn ich es einem Fragenden erklären will, weiß ich es nicht (Augustinus, 2009, S. 23f.). Solange ihn niemand nach der Zeit fragt, sind ihm die Merkmale des linearen Zeitbegriffs vertraut. Er kann sich zeitlich orientieren. Explizit danach befragt, wird er jedoch eingestehen, dass er keinen oder nur einen vagen Begriff von ihr hat. Er besitzt kein oder nur ein ungenügendes semantisches Wissen über die Zeit. Er kann auch nicht auf eine Erfahrung, d.h. eine episodische Erinnerung verweisen, in der sich Merkmale des linearen Zeitbegriffs zeigen.

Merkmale des Raumes und der Zeit sind uns vertraut. Merkmale des Raumes erfahren wir mit dem Tast-, Bewegungs- und Gleichgewichtssinn, Merkmale der linearen Zeit durch rekursives, episodisches Erinnern. Im Allgemeinen sind wir uns der Erfahrungen dieser Merkmale jedoch nicht bewusst. Daher dachte Kant, wir urteilten unabhängig von der Erfahrung über Raum und Zeit. Er nahm an, dass Raum und Zeit Formen unserer Wahrnehmungen seien. Die Dinge an sich hätten keine räumlichen oder zeitlichen *Eigenschaften*. Aber alle Gegenstände, die wir mit den äußeren Sinnen wahrnehmen, stünden in einer räumlichen *Beziehung*. Wir könnten uns zwar vorstellen, dass es keinen Gegenstand in dem Raum gebe, aber wir könnten den Raum selbst nicht wegdenken. Da er eine Form der äußeren Wahrnehmung sei, sind wir Kant zufolge in der Lage, unabhängig von jeder äußeren Wahrnehmung über die Form der Wahrnehmung zu urteilen. Insbesondere können wir vor einer äußeren Wahrnehmung wissen, dass die wahrgenommenen Gegenstände in einer Beziehung des Nebeneinanders stehen werden. Ähnlich verhalte es sich mit der Zeit. Sie sei eine Form des inneren Sinns, mit dem wir Zustände unseres Gemütes wahrnähmen. Und diese stünden stets in einer Beziehung des Nacheinanders. Ein Urteil über diese Beziehung sei daher unabhängig von der Erfahrung möglich. Gleichsam seien arithmetische Urteile erfahrungsunabhängig. Als Beispiel führt Kant die Summe von 7 und 5 an. Das Ergebnis 12 erhält man durch sukzessives Hinzufügen von Einheiten. Eine Einheit kann durch einen Gegenstand wie einen Finger, einen Zählstein oder dergleichen symbolisiert werden. Nachdem zu sieben Gegenständen weitere fünf sukzessive hinzugefügt wurden, erhält man das Ergebnis in der Anschauung. Fügt man nacheinander Einheiten hinzu, so bringt man Kant zufolge die Zeit, welche die Form des inneren Sinns sei, zur Anschauung. Das Ergebnis 12 sei dann eine Form des inneren Sinnes und daher erfahrungsunabhängig. Wir haben jedoch gesehen, dass Merkmale des Raum-, Zeit- und Zahlbegriffs durchaus erfahren werden können. Dadurch sind uns die Merkmale vertraut, die Erfahrung ist uns im Allgemeinen nur nicht bewusst.[22]

Ein Merkzeichen kann dann verwendet werden, wenn man mit einem Merkmal des Merkzeichens vertraut ist, das es mit dem gemerkten Gegenstand gemeinsam hat. Das Merkmal erinnert dann an den Gegenstand. Das gemeinsame Merkmal ist die Existenz eines Gegenstandes – z.B. die Existenz eines Schafes in einer Herde oder die Existenz einer Kerbe auf einem

22 Mehr dazu im 4. Kapitel.

Kerbholz. Wenn der Schäfer mit seinem Finger eine Kerbe ertastet, spürt er die Existenz einer Kerbe. Das Merkmal ist ihm vertraut als das Merkmal der Existenz eines Schafes seiner Herde. Ein Merkzeichen, sei es eine Kerbe, ein Kieselstein, eine Muschel oder der berühmte Knoten im Taschentuch, erfüllt seinen Zweck einzig und allein kraft seiner Existenz. Mit einem Merkzeichen wird das Merkmal der Existenz eines Gegenstandes gemerkt.

Prozedurales Gedächtnis

Mit manchen Merkmalen können wir uns vertraut machen, indem wir bestimmte Tätigkeiten ausführen. Z. B. macht sich ein Kind mit Merkmalen der Schwerkraft vertraut, indem es sie nachahmt und immer und immer wieder schwungvoll einen Gegenstand auf den Boden wirft. Dabei nimmt es nicht nur mit seinem Gleichgewichtssinn die Erdbeschleunigung wahr, sondern auch mit dem Kraftsinn seine Muskelkraft, mit dem Bewegungssinn die Richtung und Geschwindigkeit seiner Eigenbewegung, mit der es den Gegenstand wirft und mit seinen Blicken verfolgt, mit den Augen nimmt es visuelle Wahrnehmungen auf. Alle diese verschiedenen Wahrnehmungen werden durch seine Tätigkeit in einen Zusammenhang gestellt.

Während einer Tätigkeit – sei es das Werfen eines Gegenstandes, das Aufrichten und Laufen, Fahrradfahren, Musizieren oder Tanzen – nehmen wir gewisse Merkmale wahr, die wir in einen Zusammenhang stellen, zu einem sinnvollen Ganzen zusammenstellen. Dafür benötigen wir nicht notwendigerweise einen passenden Begriff, durch die Nachahmung erfahren wir eine Vertrautheit. Im Allgemeinen ahmen wir menschliche Tätigkeiten nach, die uns jemand vorgemacht hat. Durch Wiederholungen erlangen wir über die Vertrautheit hinaus zudem eine Routine. Auch das ist eine Gedächtnisleistung – eine Leistung des *prozeduralen Gedächtnisses.*

Im prozeduralen Gedächtnis sind implizite Regeln eingeprägt, wie gewisse Tätigkeiten auszuführen sind. Im nächsten Kapitel charakterisiere ich die Inhalte des prozeduralen Gedächtnisses als vorbegriffliche Konzepte, die häufig einer Begriffsbildung vorausgegangen sind. Das trifft insbesondere auf den Zahl- und Zeitbegriff zu.

Episodisches Erinnern und neuzeitliche Wissenschaft

Durch das autonoetische Bewusstsein einer episodischen Erinnerung können Bewegungen und Veränderungen selbst erfahren und begriffen werden. Beispielsweise kann ich mich episodisch daran erinnern, dass ich das Veränderte damals anders wahrgenommen habe, als ich es gegenwärtig wahrnehme. Damit ist die Veränderung meine persönliche Erfahrung. Bewegungen und Veränderungen können so zu einem Gegenstand einer empirischen Wissenschaft werden. Die Anfänge der empirischen Naturwissenschaft in der Renaissance liegen in dem Studium von Bewegungsvorgängen, in der Kinematik, wie wir an den Pendelexperimenten Galileis gesehen haben. Durch rekursives episodisches Erinnern kann ein Experimentator eine Reihenfolge der Pendelausschläge erfahren. Galilei beabsichtigte, den wissenschaftlichen Erkenntnissen nachvollziehbare Wahrnehmungen und Erfahrungen zugrunde zu legen, auf deren Grundlage dann jeder zu einem eigenen Urteil gelangen konnte. In seinem »Dialog über die beiden hauptsächlichen Weltsysteme« verspottete er angestaubtes Bücherwissen, wie es zu seiner Zeit insbesondere in den Schriften des Aristoteles verbreitet war:

> »Salv. Ich kenne einige Edelleute, noch heute frisch und gesund, welche zugegen waren, wie ein Doktor an einer berühmten Hochschule, als er das von ihm noch nicht gesehene Fernrohr beschreiben hörte, sagte, die Erfindung sei dem Aristoteles entnommen. Als er sich einen Text hatte bringen lassen, suchte er eine gewisse Stelle auf, wo die Gründe abgehandelt werden, infolge deren vom Boden eines sehr tiefen Brunnens die Sterne bei Tag am Himmel gesehen werden können. Er sagte zu den Umstehenden: Hier habt Ihr den Brunnen, er ist das Rohr; hier die dichten Dämpfe, ihnen ist die Erfindung der Linsen nachgebildet; hier habt Ihr endlich die Verstärkung der Sehkraft beim Durchgang der Strahlen

durch ein dichteres, dunkles und durchsichtiges Mittel.« (Galilei, 2007, S. 60)

Der »Doktor an einer berühmten Hochschule« bemüht also sein semantisches Gedächtnis, um einen Text des Aristoteles auszulegen. Er kann sich noch nicht einmal episodisch erinnern, je ein Fernrohr gesehen zu haben. Um über Wahrnehmungen zu verfügen, für die hier sinnbildlich das Fernrohr steht, benötigen wir jedoch episodische Erinnerungen. Das gilt speziell für die Erforschung von Bewegungen, weil dafür Beobachtungen in einer zeitlichen Reihenfolge erfahren werden müssen.

Wahrnehmen und Beobachten

Nach Tulving erinnern wir uns episodisch an eine Wahrnehmung. Sie ist der Inhalt einer episodischen Erinnerung und ihr vorausgegangen. Wenn wir uns rekursiv, episodisch erinnern, dann erinnern wir uns an eine Erinnerung. An welche Wahrnehmung erinnern wir uns also? Können wir eine episodische Erinnerung wahrnehmen? Wenn nicht, wie können wir uns an eine episodische Erinnerung episodisch erinnern?

Was also ist eine Wahrnehmung – und damit der Inhalt einer episodischen Erinnerung? Im ersten Kapitel haben wir erfahren, dass in verschiedenen Kulturen die gleichen Dinge unterschiedlich wahrgenommen werden. Z.B. nahmen die Menschen im Mittelalter die Fixsterne als glitzernde und funkelnde Punkte einer kristallinen Sphäre wahr, welche die himmlische Welt der Engel und Gottes von dem irdischen Wohnsitz der Menschen abschirmte. Seit der Renaissance jedoch sehen wir in den Himmelskörpern Gegenstände, die wir unter einer irdischen Perspektive wahrnehmen. Wir können daher eine Wahrnehmung nicht auf eine Menge von Sinneseindrücken reduzieren.

Wir unterscheiden zwischen äußerer und innerer Wahrnehmung. Einer äußeren Wahrnehmung liegt ein Sinneseindruck zugrunde, den ein physischer Gegenstand oder ein Ereignis – jeweils ein Gegenstand der Wahrnehmung – auf ein Sinnesorgan ausübt. Während wir einen äußeren Gegenstand mit unseren Sinnesorganen wahrnehmen, nehmen wir einen Vorgang oder eine Aktivität in unserer Innenwelt durch eine innere Wahrnehmung wahr. Z.B. ist eine innere Wahrnehmung das Empfinden einer Gefühlsregung, eines Hoffens oder Bangens, eines Begehrens oder eines Wollens. Auch wenn wir äußerlich wahrnehmen, ist uns bewusst, dass wir wahrnehmen. Ein äußerliches Wahrnehmen nehmen wir innerlich wahr. Wenn wir uns unseres Denkens, Vorstellens oder Erinnerns bewusst sind, haben wir ebenfalls eine innere Wahrnehmung. Z.B. hatte unser Schäfer ein Schaf gesehen und ein Existenzurteil gefällt. Anschließend erinnerte er sich episodisch daran, dass er ein Schaf gesehen und ein Existenzurteil gefällt hatte. Ein Schaf zu sehen, ist eine äußere Wahrnehmung. Da er sich episodisch daran erinnern konnte, dass er ein Existenzurteil gefällt hatte, hatte er nicht nur ein Existenzurteil gefällt, er hatte dabei auch erfahren, dass er eines gefällt hatte. Die Erfahrung ist seine eigene innere Wahrnehmung. Im Gegensatz zur Wahrnehmung eines Schafes – einer äußeren Wahrnehmung – kann kein anderer den Akt des Urteilens wahrnehmen. Nur der Urteilende selbst kann es. Bevor wir den Unterschied zwischen äußerer und innerer Wahrnehmung vertiefen, werden wir die äußeren Wahrnehmungen und ihre gemeinsamen Merkmale bestimmen. Zu den äußeren Wahrnehmungen zählen:

- → visuelle Wahrnehmungen,
- → auditive Wahrnehmungen,
- → Wärmeempfinden,
- → Tastwahrnehmungen,
- → Geschmackswahrnehmungen,
- → Geruchswahrnehmungen,
- → Gleichgewichtsempfinden (vestibuläre Wahrnehmung),
- → Tiefensensibilität (propriozeptive Wahrnehmung):
  - – Lagesinn: Wahrnehmung der Lage der Körperteile zueinander,
  - – Kraftsinn: Wahrnehmung der Muskelkraft, z.B. beim Heben eines schweren Gegenstandes,

- Bewegungssinn (kinästhetischer Sinn): Wahrnehmung der Richtung und Geschwindigkeit einer Bewegung eines Körperteils.

→ Eine Tast- und ggf. eine mit ihr zusammenhängende Bewegungswahrnehmung nennen wir eine *haptische* Wahrnehmung, wenn sie durch einen Entschluss zu einer Eigenbewegung hervorgerufen wird. Typische Beispiele für haptische Wahrnehmungen sind Ertasten, Ergreifen oder Stoßen. Durch eine haptische Wahrnehmung erfahren wir eine Hemmung unserer Eigenbewegung, unserem Willen zu einer Bewegung ist ein Widerstand entgegengesetzt.

Die Sinnesorgane liefern uns eine große Menge an Sinneseindrücken. Im ersten Kapitel konnten wir sehen, dass die Wahrnehmung eines Gegenstandes nicht auf die Sinneseindrücke reduziert werden kann. In dem zunächst einmal zusammenhangslosen Wirrwarr der Sinneseindrücke müssen wir einen Gegenstand erkennen. Der Vorgang läuft im Allgemeinen routiniert und weitgehend unbewusst ab. In der pointillistischen Malerei jedoch kann er bewusst nachvollzogen werden, denn es ist das Anliegen der pointillistischen Maler, den Sehvorgang bewusst zu machen. Ein pointillistisches Gemälde besteht aus einer Unzahl von farbigen Tupfern – ähnlich einem visuellen Sinneseindruck. Die Netzhaut besitzt Rezeptoren für Rot, Grün und Blau sowie für Grautöne. Nur ist die Auflösung sehr viel größer. Jede Farbe können wir durch Überlagerung der drei Grundfarben Rot, Grün und Blau erhalten. Wenn wir ein pointillistisches Bild dicht vor Augen halten, erkennen wir nur die farbigen Punkte. Erst aus einer etwas größeren Entfernung lässt sich die Überlagerung der Farben erleben. Wir sehen nun farbige Kleckse, erkennen aber noch nicht sofort einen Gegenstand. Wir können uns vorstellen, dass ein ehemals Blinder in ähnlicher Weise visuelle Sinneseindrücke wahrnimmt, die aus einer Unzahl farbiger Kleckse bestehen. Er vermag in den verwirrenden visuellen Eindrücken keinen Gegenstand zu erkennen, den er zuvor ertastet hätte. Auch mit unseren Blicken können wir Kontrastlinien abtasten. So erkennen wir in der

Abbildung 22 (S. 178) die Umrisse gewisser Gegenstände. Flächen, die wir als Oberfläche gewisser physischer Gegenstände erkennen, ergänzen wir durch haptische Vorstellungen. Eine blaue Fläche können wir als Himmel identifizieren. Nun können wir oben von unten unterscheiden. Die visuellen Sinneseindrücke ergänzen wir mit vestibulären Vorstellungen. Ein ehemals Blinder kann frisch nach der Operation keine visuellen Merkmale erkennen und keine Beziehung zu taktilen, kinästhetischen und haptischen Merkmalen herstellen. Um einen Gegenstand zu erkennen, müssen wir über passende Begriffe verfügen. Wir entnehmen einen Begriff dem semantischen Gedächtnis. Das semantische Gedächtnis benötigen wir, um eine Wahrnehmung eines Gegenstandes in das episodische Gedächtnis einzuprägen. Daher entwickelt sich das episodische Gedächtnis zeitlich nach dem semantischen Gedächtnis.

Während einer äußeren Wahrnehmung erkennen wir an einer Vielzahl von Sinneseindrücken einen Gegenstand. Dabei können wir Eindrücke verschiedener Sinnesorgane durch Vorstellungen weiterer Sinne ergänzen. Z.B. sehen wir in einer visuellen Wahrnehmung räumliche Tiefe, indem wir sie durch Bewegungsvorstellungen ergänzen. Um eine physisch undurchdringbare Oberfläche eines Gegenstandes zu erkennen, müssen wir den visuellen Sinneseindrücken haptische Vorstellungen hinzufügen. Der Ausdruck ›mit den Blicken etwas ertasten‹ spiegelt diesen Vorgang wider.

Die Art und Weise, wie wir Sinneseindrücke in einen Zusammenhang stellen und durch zusätzliche Vorstellungen ergänzen, ist kulturell geprägt. Während ein Mensch aus einer archaischen Kultur im Donner den grollenden Zorn eines Gottes heraushörte, ist ein Donner für den Menschen der Neuzeit ein meteorologisches Ereignis. Der archaische Mensch, der mit dem Merkmal des Grollens vertraut ist, ergänzt das wahrgenommene Donnergrollen um eine Vorstellung des göttlichen Zorns.

Um sich Zorn vorstellen zu können, oder auch um sich mit einigen seiner Merkmale vertraut zu machen, muss er zuvor wahrgenommen worden sein, so wie wir uns auch nur dann eine Farbe vorstellen oder mit ihr vertraut sein können, wenn wir sie zuvor gesehen haben. Eine Wahrnehmung des Zorns ist eine innere Wahrnehmung. Franz Brentano erkannte, dass wir einen inneren Vorgang oder eine innere Aktivität unseres Bewusstseins wahrnehmen, aber im Gegensatz zu äußeren Gegenständen oder Ereignissen nicht beobachten können (Brentano, 1973, S. 35 ff.). Unter »Beobachten« verstand Brentano aufmerksames Wahrnehmen. Etwas, das wir nebenbei wahrnehmen, ist eine Wahrnehmung, aber noch keine Beobachtung. »Denn wer den Zorn, der in ihm glüht, beobachten wollte, bei dem wäre er offenbar bereits abgekühlt, und der Gegenstand der Beobachtung verschwunden« (Brentano, 1874, S. 36). Der entscheidende Unterschied zwischen äußerer und innerer Wahrnehmung besteht nach Brentano darin, dass ein äußerer Gegenstand beobachtet, ein innerer Vorgang oder eine innere Aktivität aber nur wahrgenommen werden kann.

Eine äußere Wahrnehmung eines Gegenstandes ist mit einem Urteil verbunden. Ich urteile, dass die Sinneseindrücke Eigenschaften des Gegenstandes sind. Das Urteil befähigt mich, meine Aufmerksamkeit dem Gegenstand zu widmen, ihn zu beobachten. Dagegen ist eine innere Wahrnehmung frei von Urteilen. Der Gegenstand einer inneren Wahrnehmung ist mir durch die Wahrnehmung selbst gegeben, einen Bewusstseinsvorgang oder einen Bewusstseinsakt. Innerlich nehme ich wahr, dass mich ein innerer Vorgang meines Bewusstseins bewegt, oder dass ich einen Bewusstseinsakt vollziehe. Eine innere Wahrnehmung ist von autonoetischem Bewusstsein begleitet. Ich stehe nicht dem Gegenstand einer inneren Wahrnehmung gegenüber wie einem äußeren Gegenstand, ich bin selbst Teil der Wahrnehmung.

Wie können wir über innere Vorgänge oder Akte urteilen und reden? Wie können wir uns von ihnen einen Begriff bilden und in Worte fassen? Wir müssen ihm zunächst unsere ungeteilte Aufmerksamkeit widmen, sonst wüssten wir nicht, dass es Zorn gibt. An eine innere Wahrnehmung können wir uns nachträglich erinnern. Ich kann mich daran erinnern, dass ich zornig war. Das Erinnerte kann dann ein Gegenstand einer Beobachtung, d.h. meiner Aufmerksamkeit werden. Da die innere Wahrnehmung des Zorns von autonoetischem Bewusstsein begleitet ist, ist es auch die Erinnerung. Daher ist sie eine episodische Erinnerung.

Jeder kennt das Phänomen, sich zu blockieren bei dem Versuch, sich selbst zu beobachten. Wenn ich mich z.B. dazu auffordere, mich auf eine Sache zu konzentrieren, dann versuche ich, meine Konzentration auf die Sache zu beobachten. Ich konzentriere mich auf meine – nicht vorhandene – Konzentration anstatt auf die Sache. Erst im Nachhinein kann ich urteilen, ob ich mich auf die Sache konzentriert habe. Dafür muss ich mich daran erinnern, ob ich mich auf eine Sache konzentriert habe. Das ist mir aber nur dann möglich, wenn ich zuvor meine Konzentration bzw. mein Zerstreutsein wahrgenommen habe.

Wenn ich beobachte, dann beobachte ich *etwas*, ich richte meine Aufmerksamkeit auf *etwas*. Um zu beobachten, muss ich über den Gegenstand meiner Beobachtung ein gewisses Vorwissen haben. Der Gegenstand kann ein beliebiger sein, der unter einen bestimmten Begriff fällt, oder ein konkreter Gegenstand sein. In beiden Fällen muss ich urteilen, ob der Gegenstand unter den Begriff fällt, oder ob er der konkrete Gegenstand ist. Für das Urteilen sind Kenntnisse nötig, die ich meinem semantischen Gedächtnis entnehme. Eine innere Wahrnehmung kann ich nicht unmittelbar unter einen Begriff fassen. Auguste Comte zum Beispiel lehnte die Möglichkeit einer inneren Wahrnehmung rundweg ab – zumindest die des Denkens. Brentano wies dies zurück:

> »Noch vor kurzem glaubte man, das Sehen erklärt zu haben, indem man sagte, daß die Lichteinwirkung der Körper ein Gemälde von deren äußeren Gestalt und Farbe auf der Retina entwerfe. Und dagegen haben die Physiologen mit Recht eingewendet, daß wenn die Lichteindrücke wie Bilder wirkten, ein anderes Auge nötig sein würde. [...] Das denkende Individuum kann sich nicht in zwei zerteilen, von welchen das eine nachdenkt, während das andere es nachdenken sieht. Das Organ, welches beobachtet und das, welches beobachtet

wird, sind in diesem Fall identisch, wie könnte also die Beobachtung stattfinden?« (Zitiert nach Brentano, 1874, S. 40)

Brentano hielt Comte entgegen, dieser unterscheide nicht zwischen Wahrnehmen und Beobachten. In der Tat kann ich nicht mein Denken beobachten, während ich denke, d.h. ich kann mein gegenwärtiges Denken nicht zum Gegenstand genau dieses gegenwärtigen Denkens machen. Nachdem ich mein Denken aber vollzogen habe, kann ich mich daran erinnern, dass und wie ich gedacht habe. Ich habe mit meinem Denken Erfahrungen gemacht, an die ich mich nach dem Vollzug des Denkens erinnere, d.h. ich habe mein Denken innerlich wahrgenommen, aber nicht beobachtet.

Einen Bewusstseinsakt wie Denken, Vorstellen, Wahrnehmen oder Wollen nehmen wir durch eine innere Wahrnehmung wahr. Das ist auch der Fall, wenn der Bewusstseinsakt eine äußere Wahrnehmung ist. Ich nehme nämlich innerlich wahr, dass *ich* wahrnehme. Wenn ich mich nun an die innere Wahrnehmung einer äußeren Wahrnehmung erinnere, dann erinnere ich mich, dass *ich* einen Gegenstand wahrgenommen habe. Die Erinnerung ist von autonoetischem Bewusstsein begleitet, sie ist eine episodische Erinnerung. Weil nur eine innere Wahrnehmung von autonoetischem Bewusstsein begleitet ist, ist jede episodische Erinnerung eine an eine innere Wahrnehmung.

Sinneseindrücke, die ich als Eigenschaften eines Gegenstandes erkannt habe, nenne ich eine Erscheinung – eine Erscheinung des Gegenstandes. Ich kann nur in den Eindrücken einer äußeren Wahrnehmung Eigenschaften eines Gegenstandes erkennen. Bei einer inneren Wahrnehmung ist das nicht möglich, weil ich ihr keine Aufmerksamkeit widmen kann. Ich bin Teil der inneren Wahrnehmung. Daher ist sie von autonoetischem Bewusstsein begleitet. Eine innere Wahrnehmung nenne ich ein Phänomen des Bewusstseins. Eine innere Wahrnehmung eines Erinnerns ist dann ein Phänomen einer Erinnerung.

Der Gegenwartsmoment

Bestimmt haben Sie schon versucht, den Gegenwartsmoment zu fassen zu kriegen. Dann haben Sie erfahren, dass er Ihnen immer dann entschlüpft, wenn Sie es versuchen. Warum verhält er sich so rätselhaft? Mithilfe einer Eigentümlichkeit der inneren Wahrnehmung können wir die Unfassbarkeit des Gegenwartsmomentes verstehen. Wir können uns in jedem Moment zu einer Richtung und einer Geschwindigkeit einer Eigenbewegung entschließen.[23] Den Entschluss nehmen wir innerlich wahr, zur Kontrolle nehmen wir seine Umsetzung äußerlich mit dem Bewegungssinn oder haptischen Sinn wahr. Gibt es auch äußerlich wahrgenommene Bewegungen, zu deren Richtung und Geschwindigkeit wir uns nicht in jedem Moment entscheiden? Unwillkürliche Bewegungen führen wir bei einem Reflex aus. Wenn Sie z.B. mit einem kleinen Hammer auf die Sehnen unterhalb der Kniescheibe klopfen, lösen Sie den Kniesehnenreflex aus. Sie nehmen in jedem Moment Richtung und Geschwindigkeit der Bewegung des Unterschenkels wahr, jedoch erscheint Ihnen die Bewegung fremd. Sie ist unkontrolliert. Sie nehmen sie nicht als Ihren eigenen Entschluss wahr, die innere Wahrnehmung Ihres Entschlusses fehlt. Wenn wir uns während einer Eigenbewegung zu einer Richtung und Geschwindigkeit entschließen und sie mit dem Bewegungssinn wahrnehmen, dann setzen wir die bereits vollzogene Bewegung fort. Wir verbinden die vergangene Bewegung mit der noch zukünftig Beabsichtigten. Wir erfahren einen Gegenwartsmoment, der die Vergangenheit von der Zukunft scheidet. Ihn erfahren wir durch eine innere Wahrnehmung eines Bewegungsentschlusses und eine äußere Wahrnehmung der umgesetzten Bewegung. Die äußere Wahrnehmung ist vergänglich, während wir innerlich einen Entschluss wahrnehmen, der in die Zukunft

23 Unter Entschluss verstehe ich hier die unmittelbare Umsetzung eines Willensimpulses. Die etymologische Verwandtschaft mit dem Verb ›schließen‹ ist offenbar. Wenn ich innehalte und zögere, dann verschließe ich meinen Willensimpuls vor der Außenwelt. Das Gegenteil davon meine ich, wenn ich das Wort ›entschließen‹ verwende.

gerichtet ist. In einem Gegenwartsmoment sind wir mit unserem Wollen und äußeren Wahrnehmen präsent und spüren unsere Selbstwirksamkeit. Da wir das innerlich Wahrgenommene nicht beobachten können, können wir auch den Gegenwartsmoment nicht beobachten, sondern nur erfahren. Sobald wir unsere Aufmerksamkeit auf den Gegenwartsmoment richten, ist er bereits vergangen.

Der Arzt Hans Jürgen Scheurle schreibt:

> »Wir können uns nur gezielt bewegen, wenn in jedem Augenblick der Handlung zugleich die Empfindung der Bewegungsform und Weise auftritt. Die sogenannte Rückkopplung muss deshalb absolut gleichzeitig sein, weil die Bewegung, wenn sie nicht mehr zugleich mit der Ausführung empfunden würde, damit auch unkontrollierbar wäre. Ein von ihr getrennt einsetzender Wille wäre nicht mehr korrigierbar, unabhängig davon, ob der Zeitraum, der beide trennt, Stunden oder nur Millisekunden dauern würde. Denkt man sich also eine gegenwärtige Bewegung in unzählige winzige Augenblicke zerstückelt, welche jeweils zwischen Willen und Empfindung lägen, so käme jeder neue Bewegungsentwurf, insbesondere bei variablen Zielbewegungen, immer zu spät.« (Scheurle, 1993)

Dass in einem Augenblick der Handlung zugleich die Empfindung der Bewegungsform und Weise auftritt, erfahre ich durch einen Gegenwartsmoment – durch eine innere Wahrnehmung meines Bewegungsentschlusses mit seiner unmittelbaren Umsetzung und der äußeren Wahrnehmung der Umsetzung. Der so erfahrene Gegenwartsmoment ist punktförmig, d.h. unteilbar, da sonst zwischen Entschluss und Empfindung Augenblicke lägen. Zu einem späteren Augenblick kann ich meinen Entschluss aber nicht mehr innerlich wahrnehmen, sondern mich nur noch an ihn erinnern.

Newton hatte Gott die Wahrnehmung des Gegenwartsmoments zugeschrieben. Als Empiriker lehnte er metaphysische Ursachen zur Erklärung mechanischer Phänomene ab. Dennoch glaubte er, dass es eine erste Ursache geben müsse, die keine mechanische sei: eben einen Gott. Nach Newton war der unendliche Raum das Sensorium Gottes, in dem dieser die Bewegungen der Planeten, Kometen und Fixsterne vollständig und intim wahrnehme. Die Bewegungen im Raum treten äußerlich in Erscheinung, sie seien ihm aber auch intim, da er sie gewollt habe – wie wir die Bewegungen der Teile unseres Körpers. Andernfalls wären sie ihm fremd. Dadurch sei Gott allgegenwärtig (Newton, 1730). Newton stellte sich die Allgegenwart Gottes als ein Zusammenspiel einer äußeren Wahrnehmung seines Sensoriums mit einer inneren Wahrnehmung seines Wollens vor, und damit sei ihm die äußere Wahrnehmung eine intime. In seiner Argumentation ist sich Newton letztlich nicht treu geblieben. Die innere Wahrnehmung Gottes ist nicht empirisch fundiert – anders als unsere eigenen inneren Wahrnehmungen, wegen denen uns die Wahrnehmungen gewollter Eigenbewegungen intim erscheinen. Zwischen dem psychischen Phänomen eines Entschlusses zu einer Eigenbewegung und der Wahrnehmung dieser Bewegung durch den Bewegungssinn können wir einen Zusammenhang erkennen. Der Zusammenhang ist der Gegenwartsmoment. Der zutiefst religiöse Newton projizierte vermutlich diesen Zusammenhang auf die Allgegenwart Gottes.

William James (1842–1910) argumentierte, die erlebte Gegenwart könne nicht punktförmig sein. Wäre sie es, dann erführen wir die Gegenwartsmomente wie Perlen einer Kette aufgereiht, ohne jeden inneren Zusammenhang. Ein kontinuierlicher Zeitfluss wäre uns notwendigerweise fremd. In der erlebten Gegenwart sei uns aber das unmittelbar Verflossene noch präsent und wir erwarteten, dass sich etwas unmittelbar zukünftig an die Gegenwart anschließt. Die Gegenwart sei keine Messerschneide, die die Vergangenheit von der Zukunft scheidet, vielmehr säßen wir auf einem Sattelrücken, von dem aus wir in zwei Richtungen der Zeit blickten (James, 2007). Edmund Husserl (1859–1938) gliederte die erlebte Gegenwart in Retention, Urimpression und Protention, wobei die Retention das Bewusstsein des gerade noch Dagewesenen ist, die Protention das Bewusstsein des unmittelbar zukünftig Erwarteten

(Husserl, 1985). Unter Urimpression können wir uns einen Sinneseindruck vorstellen, etwa die akustischen Reize beim Hören eines Tons. Husserl verdeutlichte das am Beispiel der Musik. Wenn wir einen Ton hören, ordnen wir ihn in die Melodie ein, d.h. wir sind uns der gerade noch gehörten Töne bewusst und erwarten, dass die Melodie fortgesetzt wird. Der Komponist kann die Spannung dadurch erhöhen, dass die Melodie erst einmal nicht weitergeht, um anschließend umso effektvoller die Spannung aufzulösen. Lässt sich eine ausgedehnte Gegenwart mit dem weiter oben beschriebenen punktförmigen Gegenwartsmoment in Einklang bringen? Ist er ein Teil einer ausgedehnten, erlebten Gegenwart? Ich erfahre einen punktförmigen Gegenwartsmoment, wenn ich Richtung und Geschwindigkeit einer Eigenbewegung wahrnehme, zu der ich mich entschließe, um die unmittelbar vergangene Bewegung fortzusetzen. Dabei bin ich mir also der unmittelbar vergangenen Bewegung bewusst und erwarte ihre unmittelbar zukünftige Fortsetzung. Der punktförmige Gegenwartsmoment ist in der Tat Teil einer umfassenden, bewussten Gegenwart.

Phänomene des Bewusstseins und Naturwissenschaft

Zwischen den Phänomenen des Bewusstseins und den naturwissenschaftlichen Erklärungen klafft seit jeher ein tiefer Graben. Bereits Gottfried Wilhelm Leibniz (1646–1716) beschrieb diese Kluft, als er folgendes Gedankenexperiment anstellte: Wenn wir uns eine Maschine erdenken, aus deren Struktur Gedanken, Empfindungen und Wahrnehmungen erwachsen, und uns vorstellen, sie so zu vergrößern, dass man sie etwa wie eine Mühle betreten könnte, dann würden wir, wie in einer Mühle, nur einzelne bewegte Teile sehen, die ineinandergreifen. Wir würden aber nichts finden, was uns das Wahrnehmen erklären könnte (Leibniz, 1998). Die Kluft zwischen den naturwissenschaftlichen Erklärungen und dem bewussten Erleben aus der Ich-Perspektive entstand parallel zum Aufstieg der Naturwissenschaften. Zwei grundlegende Begriffe der Naturwissenschaft sind ohne Zweifel Raum und Zeit. Obwohl eine Naturwissenschaft eine empirische Wissenschaft ist, deren Aussagen jeder durch Beobachtung und Erfahrung überprüfen können sollte, bleibt es unklar, wie Raum oder Zeit erfahren werden – wenn auch die Regeln bekannt sind, wie räumliche oder zeitliche Verhältnisse gemessen werden. Daher kam Kant zu dem Schluss, Raum und Zeit seien Formen der äußeren bzw. der inneren Wahrnehmung, aber keine Eigenschaften des Wahrgenommenen. Husserl grenzte sich von der Kantschen Position ab. Er lehnte ein Ding an sich – einen Gegenstand jenseits der Bedingungen des Wahrnehmens – hinter einer Erscheinung oder einem Phänomen ab. Stattdessen müsse man sich an die Phänomene halten. Sie müssten gleichsam selbst zum Reden gebracht und alles andere ausgeklammert werden. Mit dieser phänomenologischen Methode untersuchte er Phänomene des inneren Zeitbewusstseins, wobei er folgerichtig Zusammenhänge mit physikalischen Vorgängen, insbesondere mit der gemessenen Zeit ausblendete. So bleibt die Kluft unüberbrückbar.

Naturgesetze sind Aussagen über den linearen, kontinuierlichen Zeitverlauf gewisser Bewegungen, oder sie können auf solche Aussagen logisch zurückgeführt werden. Alle physikalischen Größen hängen direkt oder indirekt mit Bewegungen zusammen – Länge, Zeit, Masse, die als träge Masse einer Bewegungsänderung einen Widerstand entgegensetzt und die als schwere Masse durch ihre Schwerkraft andere Massen beschleunigen kann sowie elektrische Ladung, die ein elektrisch geladenes Teilchen ebenfalls beschleunigen kann. Die Größen werden durch eine Ortsveränderung gemessen. Ihren linearen, kontinuierlichen Zeitverlauf erfahren wir aber nicht ausschließlich durch äußere Wahrnehmungen, sondern durch äußere Wahrnehmungen und zusätzliche Phänomene des Bewusstseins. Ein Naturwissenschaftler kann daher auf Phänomene des Bewusstseins nicht verzichten. Da in den Erfahrungswissenschaften Erfahrungen durch Phänomene des Bewusstseins aber als unwissenschaftlich gelten, ersetzt der Naturwissenschaftler an dieser Stelle die Empirie durch Regeln, wie zu zählen, zu messen und zu rechnen sei. So können wir z.B. Pendelausschläge mit Ordinalzahlen zählen und ihre Reihenfolge bestimmen. Wie wir die Reihenfolge erfahren, bleibt dabei im Dunkeln. Entsprechend können Naturgesetze nur verifiziert oder falsifiziert werden, wenn beobachtet wird, ob ein berechnetes, zukünftiges Ereignis tatsächlich eintritt. Konsequenterweise sprechen Naturwissenschaftler auch von Modellen und nicht von der Wirklichkeit.

Wenn ein Naturwissenschaftler ein Konzept der Eigenbewegung auf eine Fremdbewegung überträgt, abstrahiert er von dem Bewusstseinsphänomenen der Selbstwirksamkeit und des punktförmigen Gegenwartsmomentes, der in einem linearen Kontinuum eingebettet ist. Stattdessen charakterisiert er einen Zeitpunkt durch eine abstrakte, lineare, kontinuierliche Ordnungsstruktur, d. h. durch seine Beziehungen zu anderen Zeitpunkten. Was ein Zeitpunkt ist, bleibt dabei unklar. Auch ist kein Zeitpunkt als Gegenwartsmoment ausgezeichnet. Von einem Gespräch mit Albert Einstein berichtet Rudolf Carnap:

> »Einmal sagte Einstein, das Problem des Jetzt beunruhige ihn ernsthaft. Er erklärte dazu, dass das Erlebnis des Jetzt etwas Besonderes für den Menschen bedeute, etwas wesentlich anderes als Vergangenheit und Zukunft; doch dieser so wichtige Unterschied zeige sich nicht in der Physik und könne dort auch nicht auftauchen. Dass dieses Erlebnis von der Wissenschaft nicht erfasst werden kann, bedeute ihm einen schmerzlichen, aber unausweichlichen Verzicht. [...] es gäbe etwas Wesentliches am Jetzt, das einfach außerhalb der Reichweite der Wissenschaft liege.« (Carnap, 1993)

Ich erfahre das Jetzt, wenn der Gegenstand meines Bewegungsentschlusses aufgrund meines in die Zukunft gerichteten Wollens und meiner vergänglichen Wahrnehmung derselbe ist. Dann treffen sich Zukunft und Vergangenheit. Ich erkenne meine Absicht in meiner Wahrnehmung und erfahre meine Selbstwirksamkeit als ein Bewusstseinsphänomen. Wenn ein Wissenschaftler während eines Experimentes einen Vorgang beobachtet, dann kann er dessen linearen, kontinuierlichen Zeitverlauf ohne Phänomene des Bewusstseins nicht erfahren. Z.B. könnte er sich nicht in einem geeigneten Moment dazu entscheiden, ›jetzt‹ den Knopf der Stoppuhr zu drücken. Auch eine automatische Messung eines Zeitpunktes, etwa durch eine Lichtschranke, kann er ohne Erfahrung des Jetzt nicht verstehen. Genauso wenig kann er eine solche Messvorrichtung konstruieren. Phänomene des Bewusstseins gehören also zu jeder Empirie, sind aber nicht Gegenstand einer Naturwissenschaft.

Warum gibt es auf Seiten der Naturwissenschaft Vorbehalte gegen Bewusstseinsphänomene? Bewusstseinsphänomene können wir nur aus der Ich-Perspektive erfahren und entsprechend nicht intersubjektiv überprüfen. Die hier relevanten Bewusstseinsphänomene kann aber ein jeder durch einen Bewusstseinsakt bzw. Willensakt selbst konstruieren. Aussagen über sie können dann sehr wohl intersubjektiv überprüft werden.

Fazit

Warum sind uns Merkmale der Zeit und der Zahlen im alltäglichen Umgang vertraut, ohne dass wir notwendigerweise einen Zeit- oder Zahlbegriff kennen? Wie haben wir uns mit ihnen vertraut gemacht? Das Vertrautsein ist eine Voraussetzung zur Begriffsbildung. Daher ist die Fragestellung für die Kulturgeschichte, die Didaktik und die Erkenntnistheorie relevant. Wir können Merkmale der Zeit und der Zahlen in den Phänomenen des Erinnerns, insbesondere des rekursiven Erinnerns entdecken.

Ich habe drei Arten des Erinnerns präsentiert: das Vertrautsein, das semantische und das episodische Erinnern. Während der kulturhistorischen Entwicklung wurden sie in dieser Reihenfolge kulturprägend. Der Umgang mit Zeit und Zahl einer Epoche ist eine Erscheinungsform der jeweiligen Erinnerungskultur.

Das deklarative Gedächtnis – darunter fällt das semantische und das episodische Gedächtnis – ermöglicht uns, uns bewusst zu erinnern. Wir können dann das Erinnerte in Begriffe fassen, beurteilen und darüber reden. In das semantische Gedächtnis prägen wir unser begriffliches Wissen ein, in das episodische Gedächtnis unsere persönlichen Erlebnisse. Eine semantische

Erinnerung ist von autonoetischem Bewusstsein, eine semantische Erinnerung von noetischem Bewusstsein begleitet.

Die Unterscheidung zwischen äußerer und innerer Wahrnehmung ermöglicht ein tieferes Verständnis einer episodischen Erinnerung. Eine äußere Wahrnehmung eines Gegenstandes besteht aus Sinnesreizen, die wir als Eigenschaften des Gegenstandes erkennen. Eine äußere Wahrnehmung besteht daher auch aus einem Urteil, dass die Sinnesreize Eigenschaften des Gegenstandes sind. Äußeres Wahrnehmen ist eine Aktivität des Bewusstseins, ein Bewusstseinsakt. Eine Wahrnehmung eines Bewusstseinsaktes ist eine innere Wahrnehmung. Ihr kann ich nicht meine Aufmerksamkeit widmen, weil sie bereits von dem Bewusstseinsakt absorbiert ist. Da ich den Bewusstseinsakt vollziehe, ist eine innere Wahrnehmung von autonoetischem Bewusstsein begleitet. Eine episodische Erinnerung ist eine Erinnerung an eine innere Wahrnehmung.

Durch ein Zusammenspiel einer inneren und einer äußeren Wahrnehmung können wir einen punktförmigen Gegenwartsmoment erfahren. Wenn wir innerlich wahrnehmen, dass wir uns zu einer Richtung und Geschwindigkeit einer Eigenbewegung entschließen und sie zur Kontrolle mit dem Bewegungssinn wahrnehmen, dann erfahren wir einen unteilbaren Teil unserer Eigenbewegung, der den vergangenen Teil der Eigenbewegung mit dem zukünftig beabsichtigten Teil verbindet. Weil wir der inneren Wahrnehmung nicht unsere Aufmerksamkeit widmen können, entschlüpft uns der Gegenwartsmoment. Ihn können wir nur während einer nachträglichen episodischen Erinnerung erfassen. Interessanterweise schrieb Newton mechanischen Bewegungen Attribute einer Eigenbewegung eines intelligenten Wesens zu. Da nach Newton dieses intelligente Wesen Gott sein musste, hielt er den Gegenwartsmoment seiner Eigenbewegung für die Allgegenwärtigkeit Gottes.

Wir wollen verstehen, wie Merkmale, die wir durch rekursives Erinnern erfahren, zu einem Zahl- oder Zeitbegriff zusammengefasst werden. Dafür haben wir Phänomene des Erinnerns kennengelernt. Im nächsten Kapitel thematisieren wir, wie wir solche Merkmale zu einem Begriff zusammenfassen können.

Abb. 22: Georges Seurat, Die Seine an der Grand Jatte, Royal Museums of Fine Arts of Belgium.

4. Zahl- und Zeitbegriffe

Prolog

Ein Kreter behauptet, dass alle Kreter lügen. Zunächst würde man denken, die Aussage sei widersprüchlich. Wenn tatsächlich alle Kreter lügten, dann auch der Kreter, der dieses behautet. Dann wäre seine Aussage aber falsch. Wenn sie aber falsch wäre, dann könnte man meinen, dass alle Kreter die Wahrheit sprächen, insbesondere der Kreter, der diese Aussage macht. Der Satz wäre dann paradoxerweise sowohl falsch als auch wahr. Doch den Folgerungen liegt ein Denkfehler zugrunde. Wenn es falsch wäre, dass alle Kreter lügen, dann hieße das nicht automatisch, dass alle Kreter die Wahrheit sagen, sondern dass es mindestens einen Kreter gibt, der die Wahrheit spricht. Das ist der Fall, wenn nur einige Kreter lügen. Insbesondere würde dann unser Sprecher lügen. Die Aussage, dass alle Kreter lügen, ist also nicht widersprüchlich, sondern schlicht falsch.

Wir haben hier ein Beispiel für logisches Folgern kennengelernt. Welche Bedeutung hat logisches Folgern für den Zahlbegriff? Erinnern wir uns auch an dieser Stelle noch einmal an das Galileische Pendelexperiment. Würden die beiden Experimentatoren keine Zahlen kennen, müssten sie sich die Pendelausschläge in Merkschritten einprägen. Die dafür notwendigen rekursiven, episodischen Erinnerungen würden das Gedächtnis erheblich beanspruchen. Durch die Verwendung von Ordinalzahlen können die Experimentatoren ihr Gedächtnis entlasten. Aus der Aussage, dass der 100. Pendelausschlag stattfand, kann gefolgert werden, dass zuvor der 99. stattgefunden hatte und dass vor dem 99. Pendelausschlag der 98. Pendelausschlag stattgefunden hatte usw. Das Gedächtnis wird von den Mühen des rekursiven Erinnerns entlastet, weil die Experimentatoren die Rekursion als logische Schlussfolgerung erhalten. Die Rekursion ist in einem Begriff kondensiert. Logisches Schließen heißt, dass wir aus bestimmten Aussagen eine andere Aussage herleiten. Um etwas auszusagen, benötigen wir einen Begriff, z.B. den Begriff »Kreter«, »Kardinalzahl« oder »Struktur der Ordinalzahlen«. Hier möchte ich darlegen, was ein Begriff ist, und wie Zahl- und Zeitbegriffe gebildet werden. Daran erkennen wir, auf welche Weise Erfahrungen mit dem Erinnern in die Begriffsbildung eingehen – ja sogar grundlegend sind. Ich werde insbesondere erörtern, warum wir mit einem Zahl- oder Zeitbegriff reale Verhältnisse begreifen können.

Was ist ein Begriff – oder wie wir begreifen

Merkmal eines Begriffs

Was ist ein Begriff? Um die Frage zu beantworten, sollten wir untersuchen, wie wir Begriffe verwenden. Wir denken und urteilen mit ihnen. Lassen sie uns z.B. den aristotelischen Syllogismus nachvollziehen:

Alle Menschen sind sterblich.
Sokrates ist ein Mensch.
Also ist Sokrates sterblich.

Es geht hier um den Begriff »Mensch«. Sterblich zu sein, ist eine Eigenschaft. Es wird die Aussage getroffen, dass jeder Mensch diese Eigenschaft hat. Damit ist die Sterblichkeit ein Merkmal des Begriffs »Mensch«. Sicher ist die Sterblichkeit nicht das einzige Merkmal eines Menschen (sonst würden sich Menschen nicht von Dinosauriern unterscheiden, die bekanntlich auch sterblich waren). Es wird also stillschweigend vorausgesetzt, dass der Leser noch andere Merkmale des Begriffes »Mensch« kennt, sonst wäre die Aussage »Alle Menschen sind sterblich« unverständlich. Merkmale des Begriffes »Mensch« werden auch benötigt, um zu urteilen, dass Sokrates ein Mensch ist. Aristoteles hat einiges von Sokrates gehört und gelesen. In dem Gehörten und Gelesenen konnte er Merkmale eines Menschen erkennen, etwa dass Sokrates ein vernunftbegabtes Wesen war oder dass er sprechen und zuhören konnte. Das Urteil, dass Sokrates ein Mensch ist, und die Schlussfolgerung, dass Sokrates sterblich ist, sind in den Merkmalen des Begriffs »Mensch« begründet.

Eine Eigenschaft, die allen Gegenständen zukommt, die unter einen Begriff fallen, ist ein *Merkmal* des Begriffs. Wie hängen die Eigenschaften eines Gegenstandes mit den Merkmalen eines korrespondierenden Begriffs zusammen? Den Zusammenhang untersuchen wir an einem Beispiel. Stellen Sie sich vor, Sie beobachten abends im Westen den roten Himmel bei Sonnenuntergang. Weiterhin nehmen Sie an, dass Sie sich daran erinnern, am Abend zuvor ebenfalls bei Sonnenuntergang im Westen den roten Himmel gesehen zu haben. Sie haben nun einen wahrgenommenen roten Himmel und einen erinnerten roten Himmel. Zwischen ihnen gibt es zunächst keinen Zusammenhang. Erst die Erkenntnis, dass beide Erscheinungen die gleiche Farbe, Rot, aufwiesen, setzt sie in Beziehung. Weitere gemeinsame Merkmale wie die Tageszeit und die westliche Himmelsrichtung der beiden Phänomene kommen hinzu. Verbleiben wir jedoch bei der roten Farbe. Diese ist nun nicht mehr eine Eigenschaft eines bestimmten, einzelnen Gegenstandes, sondern ein gemeinsames Merkmal. Wir haben ein Merkmal des Begriffs »Abendrot« erhalten. Eine Eigenschaft ist einem Gegenstand eigen, durch die Erkenntnis eines gemeinsamen Merkmals wird die Eigenschaft gleichsam enteignet und vergesellschaftet.

Ein Merkmal unterscheidet sich von einer Wahrnehmung einer Eigenschaft hinsichtlich des Erinnerns. Episodisch erinnern wir uns an Erscheinungen, beispielsweise an die Wahrnehmung der roten Farbe eines bestimmten Abendhimmels. Das semantische Gedächtnis speichert Begriffe mit ihren Merkmalen. Das Merkmal der roten Farbe ist uns vertraut, der Begriff »Abendrot« mit dem Merkmal der roten Farbe ist ein Inhalt des semantischen Gedächtnisses, ein wahrgenommener roter Himmel am Abend wird in das episodische Gedächtnis gespeichert.

Das Merkmal der roten Farbe erkennen wir in allen Erscheinungen des Abendrots. Wir können zwischen dem Merkmal selbst und einer Erscheinung des Merkmals unterscheiden. Die Erscheinungen sind vergänglich; das Merkmal ist zeitlos.

Ein Merkmal kann auch eine Beziehung sein, in der jeder Gegenstand unter dem Begriff steht. Z.B. ist ein Merkmal des Begriffs »Wirkung« die Existenz eines Ereignisses, das die Ursache der Wirkung ist. Oder ein Merkmal des Begriffs »100. Pendelausschlag« ist die Existenz eines 99. Pendelausschlages.

Prädikat eines Begriffs

Ein Merkmal drücken wir durch eine Aussage über einen unbestimmten Gegenstand aus, der unter den Begriff fällt. Dazu ein Beispiel: »Zu einer Wirkung gibt es ein Ereignis, das die Ursache der Wirkung ist.« Der unbestimmte Gegenstand wird mit dem unbestimmten Artikel und dem Begriffswort bezeichnet, wie hier z.B. ›eine Wirkung‹. Merkmale des Begriffs »Mensch« werden wir demnach durch folgende Aussagen ausdrücken: »Ein Mensch ist sterblich«, »ein Mensch kann sprechen«, »ein Mensch kann zuhören« oder »ein Mensch ist vernunftbegabt«. Eine Aussage über einen unbestimmten Gegenstand nennen wir ein *Prädikat*. Wenn wir eine geeignete Menge von Prädikaten angeben, können wir einen Begriff definieren. Unter einem Begriff verstehen wir eine Menge von Prädikaten.

Wenn klar ist, dass genau ein Gegenstand unter den Begriff fällt, ergibt es keinen Sinn, einen unbestimmten Gegenstand in einem Prädikat des Begriffs zu verwenden. Stattdessen werde ich in diesem Fall den bestimmten Artikel verwenden: »Der Himmel ist blau« anstatt »Ein Himmel ist blau«.

Wenn wir Prädikate eines Begriffs kennen, können wir etwas über einen Gegenstand unter dem Begriff aussagen. Was ist eine Aussage? Unter einer Aussage verstehen wir einen Satz, der entweder wahr oder falsch ist. Der Satz »Buxtehude ist die Hauptstadt Venezuelas« ist eine Aussage, und zwar eine falsche. Eine Aussage hat immer ein Subjekt. Über das Subjekt wird etwas ausgesagt. Das Subjekt nennen wir auch den *Gegenstand der Aussage*. Ein Gegenstand einer Aussage ist dabei nicht notwendigerweise ein physischer Gegenstand. Er kann auch ein Ereignis, eine abstrakte Idee, eine Staatsverfassung usw. sein. Unter einem Gegenstand verstehen wir also im Folgenden alles, über das etwas ausgesagt werden kann – also einen Gegenstand einer Aussage. Ein Gegenstand unter einem Begriff ist ein Gegenstand jeder Aussage, die wir aus einem Prädikat des Begriffs erhalten, indem wir seinen unbestimmten Gegenstand durch den bestimmten Gegenstand ersetzen. Mit dem Begriff können wir etwas über ihn aussagen.[24]

Mythische Bilder

Ein mythisches Bild ist ein Sinnbild. In einem Sinnbild erkennen wir keine Eigenschaften eines Gegenstandes wie in einer Erscheinung, sondern uns vertraute Merkmale. Sie werden durch das Sinnbild in einen Zusammenhang gestellt. Beispiele von mythischen Bildern liefern Schöpfungsmythen. In einigen Schöpfungsmythen, z.B. der Genesis, heißt es, dass Gott Himmel und Erde, Licht und Finsternis erschuf. Was können wir uns darunter vorstellen? Z.B. dass Himmel und Erde alle physischen Gegenstände umspannen – zumindest aus der Sicht der Menschen aus mythischer Zeit –, und dass Himmel und Erde sowie alle Gegenstände zwischen Himmel und Erde gleichzeitig existieren. Weiterhin können wir uns vorstellen, dass uns Licht und Finsternis als Tag und Nacht erscheinen, dieses aber nicht gleichzeitig möglich ist, sondern nur nacheinander. Da

24 Den Begriff »Gegenstand« verwende ich hier in verschiedenen Bedeutungen. Aus dem Zusammenhang ist aber erkennbar, welche Bedeutung gemeint ist. Die verwendeten Bedeutungen sind: *erstens* ein physischer Gegenstand als ein Gegenstand, an dem wir uns stoßen können; *zweitens* ein äußerer Gegenstand als ein Gegenstand, den wir mit den äußeren Sinnen wahrnehmen können wie z.B. ein Ereignis; und *drittens* ein Gegenstand, der unter einen Begriff fällt. Über Letzteren können wir etwas aussagen, er ist also auch ein Gegenstand einer Aussage. Wir können auch über den Gegenstand eines Bewusstseinsaktes einen Begriff bilden und etwas aussagen. Die Begriffe »Gegenstand, der unter einen Begriff fällt«, »Gegenstand einer Aussage« und »Gegenstand eines Bewusstseinsaktes« haben den gleichen Begriffsumfang. In den verschiedenen Bedeutungsweisen können wir eine zunehmende Verallgemeinerung erkennen. Ein physischer Gegenstand ist ein äußerer Gegenstand, ein äußerer Gegenstand ist einer, der unter einen Begriff fällt.

wir uns zu einem Sinnbild etwas vorstellen können wie unter einem Begriff, scheinen beide etwas gemeinsam zu haben: Sie fassen Merkmale zusammen. In dem Schöpfungsmythos können wir Merkmale des Raumes und der Zeit erkennen. Der Raum umspannt alle physischen Gegenstände, die gleichzeitig existieren – wie die physischen Gegenstände zwischen Himmel und Erde. Ein Merkmal der Zeit ist ein Wechsel der Ereignisse, die nicht gleichzeitig geschehen können – wie Tag und Nacht. Das Bild des Himmels und der Erde, des Tages und der Nacht tragen bereits Bedeutung. Daher müssen die Bilder nicht mit einem Begriff ergänzt werden.

Ein weiteres Beispiel für die Einheit von Sinn und Bild finden wir im Zusammenhang von altägyptischen Grabbeigaben. Sie bestehen aus Schalen mit Getreide, die dem Verstorbenen auf seine Reise in das Jenseits mitgegeben wurden. In einigen Gräbern findet man auch reliefartige Darstellungen der Grabbeigaben an den Wänden oder auf den Sarkophagen. Die Darstellungen erfüllen den gleichen Zweck wie die realen Grabbeigaben. Ein alter Ägypter unterschied hier nicht zwischen Abbild und Abgebildetem. Beide haben die gleichen Merkmale. Eine Schale mit Getreide hat die gleichen Merkmale wie eine Darstellung einer Getreideschale in einem Relief, sie unterscheiden sich nur in einem Merkmal: Von einer bildlichen Darstellung von Nahrungsmitteln wird man nicht satt. Aber darauf kommt es bei einer Grabbeigabe offensichtlich nicht an. Wir können stattdessen in beiden noch das Merkmal, ein Geschenk oder Opfer für den Verstorbenen zu sein, dazu denken. Wesentlich ist hier die Geste des Schenkens oder Opferns, die ein Bestattungsritual ist. Das wesentliche Merkmal ist hier also, ein Bestattungsritual zu sein. Mythische Bilder sind Gegenstand vieler Erzählungen, sie werden aber auch bildhaft dargestellt, etwa in Gemälden, als Relief, Skulptur, Bauwerke, Kleidung oder Maske. Dabei werden die Darstellungen jedoch nicht als Abbilder aufgefasst, sondern als das Dargestellte selbst.

Um besser zu verstehen, warum die Darstellungen nicht als Abbild verstanden werden, kehren wir nochmals zu unserem anfänglichen Beispiel zurück. Einigen Schöpfungsmythen zufolge erschuf Gott Himmel und Erde, Licht und Finsternis. Das, was ein Mensch normalerweise wahrnimmt, befindet sich zwischen Himmel und Erde. Himmel und Erde sind zwei verschiedene Gegenstände, die in jedem Moment gleichzeitig existieren. Eine räumliche Beziehung ist eine Beziehung gleichzeitig existierender Gegenstände. Im Kontrast zu Himmel und Erde, die gleichzeitig existieren, stehen Licht und Finsternis. Sie können nicht gleichzeitig existieren, sondern nacheinander. Wir haben hier eine bildliche Zusammenfassung der Merkmale »gleichzeitig existierend« und »nacheinander existierend«. Ein Merkmal von Himmel und Erde ist auch, dass sie alle Gegenstände umspannen, die in einem Moment gleichzeitig existieren – zumindest aus der Sicht eines archaischen Menschen einer mythischen Kultur. Die Merkmale werden in dem Bild der Erschaffung von Himmel und Erde, Licht und Finsternis zusammengefasst und erhalten dadurch einen Sinn. Es entsteht ein Sinnbild, jedoch kein Begriff, da die Merkmale nicht als Prädikate ausgedrückt werden. Menschen können seinen Sinn daher erfassen, ohne über einen Begriff mit seinen Prädikaten zu verfügen. Beim Anblick eines Sinnbildes müssen uns nur die Merkmale vertraut sein. Eine semantische Erinnerung an ein Prädikat ist nicht nötig. Nun können wir unsere Frage beantworten, ob Menschen einer mythischen Kultur anders wahrnehmen. Ihnen sind Merkmale einiger Bilder vertraut. In den Merkmalen unterscheidet sich ein Bild nicht von dem Abgebildeten. Daher fassen sie das Abbild als das Abgebildete auf – sie unterscheiden nicht zwischen Abbild und Abgebildetem.

Vorbegriffliche Konzepte

Wie werden die Merkmale eines mythischen Bildes zu einem sinnvollen Ganzen zusammengefasst? Ein mythisches Bild zeigt eine Handlung, oft die Tat eines Gottes oder eines Helden, aber z.B. auch eine Opferhandlung eines Menschen. Die Merkmale werden durch die Handlung zusammengefasst. Ein Schöpfungsmythos erzählt, wie die Welt hergestellt wird, und vermittelt dadurch ein vorbegriffliches Konzept der Welt. Das, was wir selbst herstellen können, oder von dem wir uns vorstellen können, wie es hergestellt wurde, kennen wir in gewisser Weise. In unserem Alltagsleben können wir routiniert einige Dinge herstellen, ohne uns notwendigerweise einen Begriff von ihnen zu bilden. So können wir routiniert unsere Schnürsenkel binden, jedoch nur schwer erklären, was ein gebundener Schnürsenkel ist.

Ein vorbegriffliches Konzept besteht aus Regeln, wie gewisse Tätigkeiten auszuführen sind. Wir kennen sie nur implizit, d.h. sie sind uns nicht explizit bewusst, sondern wir führen sie routiniert, unbewusst aus. Sie wurden uns nicht erklärt, stattdessen hat sie uns jemand vorgemacht. Durch wiederholtes Üben machen wir uns mit den Merkmalen vertraut, die durch die Tätigkeit zusammengefasst werden. Die impliziten Regeln eignen wir uns als eine Gewohnheit an. Sie werden in das *prozedurale Gedächtnis* eingeprägt. Wenn wir über unsere Tätigkeit reflektieren und Aussagen über die Merkmale treffen, dann können wir einen Begriff bilden – z.B. den Begriff »gebundener Schnürsenkel«.

Historisch sind den Zahl- und Zeitbegriffen vorbegriffliche Konzepte vorausgegangen. Welche Regeln liegen ihnen zugrunde? Es sind Regeln, wie die Gedächtnisoperationen Merken und Erinnern auszuführen sind – z.B. wie sukzessiv in Merkschritten etwas in das Gedächtnis eingeprägt oder rekursiv erinnert wird. Zahlzeichen oder Zahlwörter können dabei das Gedächtnis entlasten. Dann betreffen die Regeln auch den Umgang mit ihnen. Viele Menschen zählen und rechnen auf der Grundlage eines vorbegrifflichen Zahlkonzeptes. In der Schule wird häufig zunächst nur ein solches Konzept vermittelt, d.h. der Lehrer rechnet vor und die Schüler ahmen die Rechnung mit vielleicht veränderten Werten nach. Einen Zahlbegriff lernen sie dabei nicht notwendigerweise kennen.

Die Regeln eines vorbegrifflichen Konzeptes können uns dazu befähigen, einen Gegenstand nicht nur real herzustellen, sondern auch imaginär, in der Vorstellung. Wir bilden uns dann ein inneres Bild von dem Gegenstand. Ein vorbegriffliches Konzept eines Kreises könnte beispielweise die folgenden Regeln enthalten:

→ Wähle in der Ebene einen Punkt.
→ Wähle einen zweiten Punkt und bewege Dich von diesem Punkt ausgehend so, dass die Bewegungsrichtung immer senkrecht auf der Verbindungsstrecke mit dem ersten Punkt steht.

Das können wir auch rein imaginär in der Vorstellung tun. Jedoch sind moderne Zahlbegriffe so abstrakt, dass es uns schwerfällt, sich etwas unter ihnen vorzustellen, obwohl es vorbegriffliche Konzepte gib. Diese geben uns vor, uns rekursiv zu erinnern. Eine rekursive Erinnerung ist kein äußerer Gegenstand, von dem wir uns ein inneres Bild bilden könnten wie von einem Schnürsenkel. Er ist selbst ein innerer Gegenstand, den wir nicht weiter durch eine Vorstellung verinnerlichen können. Von äußeren Gegenständen können wir uns ein inneres Bild machen, indem wir sie uns vorstellen. Wenn wir jedoch aufgefordert werden, uns eine rekursive Erinnerung vorzustellen, dann bleibt uns nichts anderes übrig, als sie durchzuführen. Wir können sie nicht durch eine Vorstellung abbilden. Nun ist eine rekursive Erinnerung anschaulich, weil wir sie mit dem inneren Sinn wahrnehmen. Aber sie beansprucht erheblich das Gedächtnis und überfordert es schnell. Moderne Zahlbegriffe haben aber Prädikate, aus denen die Rekursion oder eine lineare Ordnung, die durch rekursives, episodisches Erinnern erfahren werden kann, logisch folgt. Das rekursive Erinnern wird dann durch logisches Denken ersetzt, was erheblich das Gedächtnis entlastet und das rekursive Erinnern überflüssig macht. Es ist die Begriffsbildung selbst, die ihre eigene Anschauung, d.h. ihre vorbegrifflichen Konzepte in den Schatten stellt, sich gleichsam von ihnen emanzipiert. Der moderne Zahlbegriff scheint dann ausgedacht und unabhängig von den Erfahrungen des rekursiven Erinnerns zu sein.

Wir können uns routiniert in der linearen Zeit orientieren, weil wir ein vorbegriffliches Konzept von ihr haben. Mit ihren Merkmalen sind wir vertraut, so z.B. mit der Transitivität der linearen, zeitlichen Ordnung. Wenn ein Ereignis früher als ein anderes stattfand und dieses wiederum früher als ein drittes, dann schließen wir, dass auch das erste Ereignis früher als das dritte Ereignis stattfand. Woher wissen wir das? Wir wissen es gar nicht, es ist uns nur vertraut. Aber woher? Wir müssen es irgendwie erfahren haben. Wir erfahren Merkmale der linearen Zeit durch rekursives, episodisches Erinnern. Wenn ich mich an eine episodische Erinnerung episodisch erinnere, dann kann ich die erinnerte Erinnerung nicht durch eine Vorstellung abbilden, wie ich eine äußere Wahrnehmung durch eine Erinnerungsvorstellung rekonstruieren kann. Stattdessen muss ich die erinnerte Erinnerung erneut durchleben. So erfahre ich, dass ein rekursiv erinnertes Ereignis vergangen ist.

Merkmale physikalischer Größen werden operational definiert. Dafür werden Regeln festgelegt, nach denen in einem Experiment ein Merkmal bestimmt, d.h. gemessen werden soll. Physikalische Größen wie Länge, Zeit, Masse oder elektrische Ladung werden durch Handlungen in einem Experiment bestimmt. Die Größen sind dann vorbegriffliche Konzepte. Sie enthalten ein vorbegriffliches Zahlkonzept, gegebenenfalls auch ein vorbegriffliches Zeitkonzept. So setzte Galilei implizit die Transitivität der linearen, zeitlichen Ordnung voraus, sonst hätte er die zeitlichen Beziehungen der Pendelausschläge nicht durch Ordinalzahlen erfassen können. Beim Zählen erfährt ein Experimentator nur, dass ein Pendelausschlag auf den anderen folgt, dass z.B. der zweite Ausschlag auf den ersten folgt, dass aber auch alle anderen Ausschläge nach dem ersten Ausschlag stattfanden, ergibt sich aus der Transitivität. Da in den modernen Zahlbegriffen vorbegriffliche Konzepte durch logische Implikationen ersetzt werden, klafft eine Lücke zwischen den vorbegrifflichen Konzepten der Physik und den Begriffen der Mathematik. Daher wunderte sich Einstein: »Wie ist es möglich, dass die Mathematik, die doch ein von aller Erfahrung unabhängiges Produkt menschlichen Denkens ist, auf die Gegenstände der Wirklichkeit so vortrefflich passt?« (Einstein, 1921)

Die Kardinal- und Ordinalzahlen

Zu Beginn der griechischen Antike entwickelten die griechischen Denker das begriffliche Denken, das sie benötigten, um Existenzurteile zu fällen – mythische Bilder, wie sie in den vorangegangenen vorderasiatischen Kulturen verwendet wurden, reichten dazu nicht aus. Durch Existenzurteile wurde der erste Schritt von den äußeren Merkzeichen zu einem Zahlbegriff möglich: die Merkschritte. In einem Merkschritt wird ein Existenzurteil eingeprägt, und eine Erinnerung an den unmittelbar vorangegangenen Merkschritt, insofern er ausgeführt wurde. Die Erinnerung kann eine semantische oder eine episodische Erinnerung sein. Im ersten Fall hat ein Merkschritt Eigenschaften einer Kardinalzahl, im zweiten Fall einer Ordinalzahl.

Einen relativ modernen Hinweis auf die Bedeutung rekursiver Erinnerungen für die Bildung eines Zahlbegriffs finden wir bei Richard Dedekind (1831–1916). Er behauptet in seinem Buch »Was sind und sollen die Zahlen«, dass es (mindestens) eine unendliche Menge gibt. Er begründet das folgendermaßen: »Meine Gedankenwelt, d.h. die Gesamtheit S der Dinge, die Gegenstand meines Denkens sein können, ist unendlich. Denn wenn s ein Element von S bezeichnet, so ist der Gedanke s', dass s Gegenstand meines Denkens sein kann, selbst ein Element von S.« (Dedekind, 2017) Ein Gedanke kann nur dann ein Gegenstand meines Denkens sein, wenn ich an ihn denke, d.h. mich an ihn erinnere, sei es semantisch an seinen Sachverhalt oder episodisch an seinen Vollzug. Nun kann aber dem erinnerten Gedanken wiederum eine Erinnerung zugrunde liegen. Heute wird die Begründung Dedekinds nicht als mathematischer Beweis akzeptiert, weil er die Behauptung nicht aus den Merkmalen eines Zahlbegriffs folgerte. Stattdessen bezog er sich auf erfahrbare Eigenschaften gewisser Gedanken und Erinnerungen an sie. Seine Begründung ist aber ein Hinweis darauf, dass solche Überlegungen der Begriffsbildung vorangingen – auch in seinem Buch definierte er die »Reihe der natürlichen Zahlen« anschließend – und dass Dedekind Merkmale zu einem

Zahlbegriff zusammenfasste, die ihm und seinen Lesern als Eigenschaften des rekursiven Erinnerns vertraut waren.

Die Kardinalzahlen

Wir knüpfen an das Beispiel des Schäfers an, der sich in Merkschritten seine Schafe auf der Weide in das Gedächtnis einprägt. Nehmen wir an, dass der Schäfer sich Folgendes in das semantische Gedächtnis eingeprägt hat:

→ Merkschritt mit
- einem Existenzurteil: »Es gibt genau ein zusätzliches Schaf auf der Weide«, und
- einer semantischen Erinnerung an einen

→ Merkschritt, mit
- einem Existenzurteil: »Es gibt genau ein Schaf auf der Weide«.

Zunächst klären wir, was der Schäfer erfährt, wenn er sich semantisch an das Existenzurteil »Es gibt genau ein zusätzliches Schaf auf der Weide« erinnert. Semantisch erinnern heißt wissen. Er weiß also, dass ein zusätzliches Schaf auf der Weide existiert. Die Eigenschaft »zusätzlich« bedeutet, dass es bereits eine Menge Schafe gibt, und dass genau ein Schaf dazukommt. Durch rekursives, semantisches Erinnern erfährt der Schäfer mehr über die Menge. Wenn er sich semantisch an eine semantische Erinnerung an das Existenzurteil »Es gibt genau ein Schaf auf der Weide« erinnert, dann weiß er, dass er weiß, dass genau ein Schaf auf der Weide existiert. Zu wissen, dass man weiß, heißt nicht notwendigerweise zu wissen. Stellen Sie sich einen Prüfling vor, der sich intensiv auf die Prüfung vorbereitet hat, aber vor Aufregung auf eine Frage nicht antworten kann. Ihm liegt die Antwort auf der Zunge, er bringt sie aber nicht heraus, weil sie ihm entfallen ist. Er antwortet dann: »Eigentlich weiß ich die Antwort, aber sie ist mir gerade in diesem Augenblick entfallen.« Wie kommt er zu der Einschätzung, dass er die Antwort eigentlich weiß? Stellen Sie sich vor, dass der Prüfling die Antwort während der Vorbereitung auf die Prüfung schon einmal aus seinem semantischen Gedächtnis abgerufen hat. Sicher ist das Ereignis eine Episode, die in das episodische Gedächtnis eingeprägt wird. Er hat dabei aber auch erfahren, dass er die Antwort weiß, ein Sachverhalt, der in das semantische Gedächtnis eingeprägt werden kann. Daher ist es möglich, sich semantisch daran zu erinnern, etwas zu wissen, obwohl es einem im Moment entfallen ist. Wenn wir aber annehmen, dass unser Schäfer nicht von solchen Blockaden des Gedächtnisses heimgesucht wird, dann erhält er durch rekursives, semantisches Erinnern das folgende Urteil: »Es gibt genau ein Schaf und genau ein zusätzliches Schaf auf der Weide.« Das Urteil ist ein Urteil über eine Menge, über die Anzahl ihrer Elemente. Eine Anzahl nennen wir auch eine Kardinalzahl.

Durch rekursives, semantisches Erinnern an Merkschritte mit ihren Existenzurteilen erhalten wir eine Aussage über die Menge der registrierten Gegenstände. Jedes der Elemente ist durch zwei Eigenschaften charakterisiert:

- Es wurde über die Existenz des Elementes geurteilt. Es ist ein Seiendes.
- In jedem Merkschritt wurde geurteilt, dass das zu registrierende Element zusätzlich zu den bereits registrierten Elementen existiert. Je zwei Elemente unterscheiden sich, wenn über ihre Existenz in verschiedenen Merkschritten geurteilt wurde.

Eine Kardinalzahl ist eine Menge von Seienden, die sich paarweise[25] *unterscheiden.* Unter einem Seienden verstehe ich dasjenige, was in einem Existenzurteil anerkannt wird – nämlich die Existenz eines Gegenstandes unter einem Begriff. Durch rekursives, semantisches Erinnern an Existenzurteile können wir eine Menge von Seienden – also eine Kardinalzahl erkennen.

Unter welchen Voraussetzungen sind zwei Kardinalzahlen, also zwei Mengen von Seienden gleich? Sie sind dann gleich, wenn wir ihre Elemente paarweise aufeinander beziehen kön-

25 Wir können immer nur zwei Elemente einer Menge auf die Gleichheit vergleichen, d.h. *paarweise*.

nen. Angenommen, wir wollen zwei Merkschritte vergleichen und feststellen, ob mit ihnen die gleiche Anzahl von Seienden eingeprägt worden ist. Zunächst können wir die Existenzurteile der beiden Merkschritte aufeinander beziehen. Wenn beide Merkschritte je eine semantische Erinnerung an einen Merkschritt enthalten, dann verfahren wir mit ihnen ebenso. Rekursiv können wir so je zwei Existenzurteile aufeinander beziehen. Wenn wir jeweils die gleiche rekursive, semantische Erinnerung durchführen, sind die beiden Kardinalzahlen gleich.

Die Struktur der Ordinalzahlen

Merkschritte mit episodischen Erinnerungen beanspruchen erheblich das episodische Gedächtnis. Das gilt sowohl beim Einprägen, also bei der Art, wie mit Merkschritten gezählt wird, als auch beim Rechnen mit Merkschritten. Durch die Verwendung von Ordinalzahlen kann das Gedächtnis entlastet werden. Es müssen dann nämlich keine rekursiven Erinnerungen mehr durchgeführt werden, da eine Rekursion aus einer Ordinalzahl logisch gefolgert werden kann. Eine Ordinalzahl gibt die Rekursionstiefe eines Merkschrittes an. Durch sie ist ein Merkschritt bereits eindeutig bestimmt.

Durch rekursives, episodisches Erinnern erfahren wir, dass ein Merkschritt auf den anderen folgt. Durch die Nachfolgerbeziehung sind sie linear angeordnet. Wie lässt sich nun eine Menge von Merkschritten so charakterisieren, dass das rekursive Erinnern beim Zählen und Rechnen logisch gefolgert werden kann, wir also dann nicht unser Gedächtnis bemühen müssen. Hier haben wir ein Beispiel einer mathematischen Begriffsbildung, die von der Frage ausgeht, welche Merkmale ein mathematischer Begriff haben muss, damit aus ihm bereits bekannte Aussagen logisch gefolgert werden können.[26] Wir

26 Häufig wird die Mathematik als eine deduktive Wissenschaft bestimmt, doch diese Charakterisierung greift zu kurz. Mathematik ist auch die Kunst, die richtigen Begriffe zu finden, aus denen die gewünschten Schlussfolgerungen gezogen werden können. Hier berührt die Mathematik die Philosophie.

legen der Überlegung eine Menge von Merkschritten mit episodischen Erinnerungen zugrunde, die bereits vollzogen worden sind oder sukzessive vollzogen werden können. Ihre Struktur ließe sich folgendermaßen charakterisieren:

1. Zu jedem Merkschritt existiert ein nachfolgender Merkschritt.
2. Ein nachfolgender Merkschritt ist durch den vorangegangenen Merkschritt eindeutig bestimmt.
3. Es gibt genau einen Merkschritt, der keinem Merkschritt nachfolgt. Wir nennen ihn den *ersten Merkschritt*.
4. Jeder andere Merkschritt hat einen eindeutigen Vorgänger.
5. Jeder Merkschritt kann dadurch erreicht werden, dass man beim ersten Merkschritt beginnt und sukzessiv Merkschritte ausführt.

Der letzte Punkt scheint zunächst selbstverständlich, sein Sinn will nicht auf Anhieb einleuchten. Aber gesucht waren Eigenschaften, aus denen die Rekursion logisch gefolgert werden kann, d.h., dass man von einem beliebigen Merkschritt so weit zu den jeweils vorangegangenen Merkschritten zurückgehen kann, bis man beim ersten Merkschritt angekommen ist. Dafür müssen wir voraussetzen, dass die Merkschritte sukzessive hintereinander ausgeführt werden. Der fünfte Punkt entspricht dieser Voraussetzung, und da er aus den ersten vier Punkten nicht logisch gefolgert werden kann, ist er nicht überflüssig.

Durch die fünf Merkmale wird die Struktur der Ordinalzahlen, oder auch der natürlichen Zahlen, charakterisiert. Sie sind eine Variante jener Axiome, die nach dem italienischen Mathematiker Guiseppe Peano (1858–1932) benannt sind.[27] Alle Rechenvorschriften können ausschließlich mit der Nachfolgerbeziehung formuliert werden, und weitere Aussagen über die

27 Die Peano-Axiome drückt der Mathematiker in der Sprache der Mengenlehre aus. In ihr werden aber genau jene fünf Eigenschaften der Struktur der Merkschritte ausgedrückt. Die Struktur der Merkschritte mit episodischen Erinnerungen ist daher die Struktur der Ordinalzahlen.

Struktur der Ordinalzahlen lassen sich aus den Axiomen logisch folgern.

Begriffe mit Merkmalen der Bewegung

Geometrische Begriffe der griechischen Antike

Eigenschaften einer Bewegung, insbesondere einer Eigenbewegung, kann ich nicht gleichzeitig wahrnehmen. Sie erscheinen mir nacheinander. Im ersten Kapitel habe ich dargelegt, dass die Begriffe der antiken griechischen Geometrie solche Bewegungsmerkmale haben. Eine geometrische Konstruktionszeichnung stellt keinen visuell wahrnehmbaren Gegenstand der Geometrie dar, sondern ist eine Aufforderung, den Blick längs ihrer Linien zu bewegen bzw. den Blick auf einen gezeichneten Punkt zu fixieren. Durch die Bewegung der Augen erfahren wir dann Eigenschaften des geometrischen Gegenstandes. Unter einen geometrischen Begriff wie »Kreis« fällt daher ein Gegenstand, der erst durch unsere Eigenbewegungen in Erscheinung tritt. War es diese Eigentümlichkeit geometrischer Begriffe, die Platons Interesse erregte?

Über den Kreis schreibt Platon in seinem siebten Brief,[28] er sei das »in die Sinne wahrnehmbare Exemplar davon, zum Beispiel vom Zeichner oder vom Drechsler angefertigt, was sich wieder auslöschen und vernichten lässt, Zufälle welchen der Begriff des Kreises an sich, mit dem alle jene Meister sich beschäftigen, nicht unterworfen ist, weil er etwas anderes und ganz davon Verschiedenes ist. [...] ist das dies zusammenfassende Verstehen, das Begreifen durch den Verstand, die wahre Vorstellung von solchen Dingen, und diese ist eine [...] nicht in

28 Platon schrieb den Brief im Anschluss an seine dritte Sizilienreise an griechische Freunde in Syrakus. Der größte Teil des Briefes behandelt die politischen Verhältnisse in Syrakus. Platon erörtert aber auch seine Erkenntnistheorie, weil ein guter Politiker von wahrer Erkenntnis durchdrungen sein soll. So erörtert er ausführlich die Erkenntnis eines Kreises.

den der körperlichen Wahrnehmung zugänglichen Gestalten.« (Platon, Siebter Brief, 2014)

Ein Kreis ist demzufolge eine Gestalt, die nicht durch körperliche Wahrnehmung zugänglich ist. Dennoch sei ein gezeichneter oder gedrechselter Kreis ein sinnlich wahrnehmbares Exemplar. Was nehmen wir mit den Sinnen wahr, wenn wir einen gezeichneten Kreis sehen? Sicher sind die Farben, die wir sehen, unerheblich. Eine geometrische Form wie einen Kreis erkennen wir, indem wir sie mit unserem Blick abtasten. Wir nehmen dann in jedem Moment die Richtung wahr, in die wir unsere Augen bewegen. Damit haben wir aber noch nicht die Gestalt des Kreises erfasst. Sie begreifen wir erst durch »zusammenfassendes Verstehen«. Was verstehen wir dann? Wir erkennen eine Eigenschaft unserer Kreisbewegung, die in jedem Moment invariant bleibt. Da der Abstand zum Mittelpunkt konstant bleibt, bewegen wir uns nie in Radialrichtung, sondern immer senkrecht zu ihr. Das Senkrechtstehen ist eine Invariante der wechselnden Erscheinungen einer Kreisbewegung.

Es ließe sich einwenden, dass ein gleichbleibender Abstand zum Mittelpunkt ebenfalls eine Bewegungsinvariante ist. Zu dieser Invariante können wir uns aber nicht entscheiden und sie zur Kontrolle wahrnehmen. Wenn wir uns entscheiden, uns zu bewegen, dann entscheiden wir uns zu einer Richtung, die wir mit dem Bewegungssinn wahrnehmen und kontrollieren können. Die Aussage Platons, ein Kreis sei nicht der körperlichen Wahrnehmung zugänglich, muss relativiert werden. Die Merkmale nehme ich während einer Eigenbewegung sehr wohl wahr, jedoch nicht gleichzeitig, sondern nacheinander. Ich muss sie noch mit dem Verstand zusammenfassen, in einen begrifflichen Zusammenhang stellen. Dafür muss ich erkennen, dass ich mich, die Spitze eines Zirkels oder meinen Blick stets senkrecht zur Radialrichtung bewege. Ich erhalte so einen Begriff von der Figur. Diesen Begriff kann ich zukünftigen Bewegungsentwürfen oder Planungen zugrunde legen. Mit einem geeigneten Begriff können wir uns zielgerichtet bewegen. Seine Merkmale sind in diesem Fall Regeln. Die Regel, sich stets senkrecht zur Radialrichtung zu bewegen, führt zu einer Kreisbewegung. Die Regel, sich stets in dieselbe Richtung zu bewegen, führt zu einer gradlinigen Bewegung. In beiden Fällen ist die Bewegungsrichtung in jedem Moment durch die Regel eindeutig bestimmt. Haben sich deswegen die antiken, griechischen Geometer für die Konstruktion mit Zirkel und Lineal interessiert, weil sie jede einzelne Richtung eines Kreises oder einer Geraden begrifflich durch eine Invariante bestimmen konnten? Wir lassen die Frage offen.

Ich gerate scheinbar in einen *circulus vitiosus*, wenn ich die geometrische Begriffsbildung auf Erfahrungen mit Eigenbewegungen zurückführe, die Regeln für die Eigenbewegung aber den Begriffen entnehme. Wir verstehen nun den Sinn des Nachahmens. Wenn wir keinen Begriff von einer Bewegung haben, dann kann sie uns jemand zeigen und wir ahmen sie nach, so wie ein Tanzlehrer seinen Schülern Tanzschritte vorführt, die diese dann nachtanzen. Durch wiederholtes Üben machen sich die Schüler mit den Merkmalen der Bewegung vertraut, die sie durch die Bewegung zu einem Ganzen zusammenfassen – ohne sich notwendigerweise einen Begriff von der Bewegung dabei zu bilden. Dennoch können wir anfangen zu »begreifen« und zu »verstehen«, wenn wir uns bewegen, wenn wir z.B. nach etwas greifen oder aufrecht stehen. Auch eine geometrische Konstruktionszeichnung ist ein Appell zur nachahmenden Bewegung, um Merkmale der geometrischen Begriffe zu erkennen. Bewegen und Nachahmen sind ontogenetisch und phylogenetisch Vorstufen der Begriffsbildung – des Begreifens und Verstehens. Eliade schreibt: »In den Einzelheiten seines bewussten Verhaltens kennt der ›Primitive‹, der archaische Mensch, keine Handlung, die nicht von einem anderen gesetzt und vorgelebt worden wäre, von einem anderen, der kein Mensch gewesen ist. Was er tut, ist schon getan worden. Sein Leben besteht in der ununterbrochenen Wiederholung von Handlungen, die von einem anderen eingesetzt worden sind.« (Eliade, 2007, S. 21) In archaischer Zeit waren Erfindungen und Neuerungen so selten, dass die Menschen im Wesentlichen nur Handlungen ausführten, die ihre Vorfahren überlieferten und die sie nachahmten. Einen menschlichen Ursprung der Handlungen, eine Erfindung durch einen Menschen, war daher nur schwer vorstellbar, und so schrieben die Menschen den Handlungsursprung einem Gott zu.

Während der griechischen Epoche kannten die Menschen überlieferte Erfahrungen mit nachgeahmten Handlungen, insbesondere mit Eigenbewegungen. Der ursprünglichste Vergleich zweier Strecken bestand darin, zwei gradlinige Eigenbewegungen zu vergleichen. Das englische Längenmaß »Fuß« zeugt noch davon – aber auch das antike griechische Längenmaß »Stadium«. Ein Stadium ist die Strecke, die ein antiker Läufer während eines Wettkampfes zurücklegte. Vor dem Hintergrund dieser Vertrautheit mit Merkmalen der Eigenbewegungen ist die Begriffsbildung der antiken Geometer zu verstehen. Gleichsam als ein Nachklang der Überzeugung, dass menschliche Handlungen göttlichen Ursprungs seien, wurde die Erscheinung eines geometrischen Objektes als ein Schattenwurf ewiger, quasi göttlicher Ideen angesehen. Von der Vergänglichkeit und dem Wechsel der Erscheinungen sahen die griechischen Mathematiker ab – sie interessierten sich mehr für die Invarianten, sodass nur zeitlos ideelle Gegenstände übrigblieben.

Ein Beispiel der Abkehr von den Erscheinungen ist – neben der Hinwendung zu Invarianten der Bewegung – auch die Euklidische Definition eines Punktes als etwas, das keinen Teil hat. Euklid verweist auf keine wahrnehmbaren Eigenschaften, durch die wir einen Punkt bestimmen könnten. Stattdessen wird er durch eine Negation charakterisiert – durch die Negation des Merkmals, teilbar zu sein. Daher kann uns ein Punkt nicht erscheinen. Jedoch kann ein Punkt ein Teil von etwas sein, das uns erscheinen kann. Nach Euklid sind die Enden einer Linie Punkte, insbesondere die Enden einer Strecke. Eine Strecke setzt die beiden Punkte in Beziehung. Ein Punkt kann nur in solchen Beziehungen zu anderen Punkten bestimmt werden. Z. B. ist jeder der drei Eckpunkte eines Dreiecks durch seine Lage zu den anderen beiden Punkten bestimmt. Einen gezeichneten Punkt einer geometrischen Zeichnung können wir als Aufforderung interpretieren, unseren Blick dorthin zu bewegen, um ihn dort zu fixieren. Der Punkt ist dann der Endpunkt unserer Blickbewegung. Mit solchen Blickbewegungen suchen wir meist unbewusst das Gesichtsfeld ab, wir können sie aber auch bewusst steuern oder zum Stillstand bringen. Auch dann führt das Auge kleine unwillkürliche Bewegungen aus, aber wir beenden dann unsere bewusst gesteuerte und kontrollierte Blickbewegung. Einen Punkt nehmen wir nicht wahr, sondern erfahren ihn als Entschluss, eine Bewegung zu beenden. Wir erfahren ihn durch einen Willensakt.

Angenommen, wir durchlaufen mit unserer Blickbewegung eine Linie. Dann fixieren wir zunächst unseren Blick auf einen der beiden Enden, durchlaufen dann die Linie und fixieren schließlich unseren Blick auf das andere Ende. Während wir die Linie durchlaufen, entscheiden wir uns in jedem Moment der Bewegung zu einer Richtung. Stattdessen können wir uns auch dazu entscheiden, die Bewegung zu beenden, also unseren Blick zu fixieren. So erfahren wir, dass es zwischen den beiden Enden einer Linie einen Punkt gibt, und dass die Linie durch diesen Punkt in zwei Teile unterteilt wird. Diese sind wiederum Linien, die so ebenfalls unterteilt werden können. Wir erfahren, dass zu je zwei Punkten auf einer Linie ein dritter existiert, der zwischen ihnen liegt.

Wenn wir uns mit unserem Blick längs einer Linie bewegen, befinden wir uns in jedem Moment der Bewegung auf einem Punkt der Linie. Ihn könnten wir erfahren, wenn wir uns in dem Moment nicht zu einer Richtung entschieden, sondern die Bewegung beendeten und den Blick fixierten. Da wir uns aber zu einer Richtung entscheiden, schließen wir, dass eine Linie an jedem Punkt eine Richtung (Tangente) hat.

Nach Euklid ist eine Strecke eine Linie, die zu allen Punkten auf ihr gleichmäßig liegt. Was bedeutet diese Definition? Wir können uns vorstellen, dass Euklid sie seinen Schülern anhand einer Zeichnung erläuterte. Ein Schüler ahmt dann mit seiner Augenbewegung längs der Strecke die Bewegung des Zeichners nach. Dabei erfährt er, dass er sich gleichmäßig bewegt, dass er sich in jedem Moment zu der gleichen Richtung entscheidet. Eine Strecke hat an jedem Punkt die gleiche Richtung.

Der Schüler Euklids erfährt empirisch, dass es auf einer Strecke außer den Enden noch weitere Punkte gibt, und dass sie zu der Gerade gleichmäßig liegen. Eine empirische Begründung, ein Hinweis auf die Erfahrung ist keine deduktive, mathematische Begründung. Euklid wurde entsprechend dafür kritisiert, dass sein deduktives System lückenhaft sei. Wollte aber Euklid ein lückenloses deduktives System der Geometrie darstellen? Das erscheint fraglich, wenn wir uns die Klassifikation seiner Voraussetzungen vor Augen führen. Er unterscheidet zwischen Definitionen, Postulaten und Axiomen. Ein Axiom ist bei Euklid ein logischer Grundsatz wie z.B.: was einem Dritten gleich ist, das ist untereinander gleich. Diese legte Euklid seinen Deduktionen zugrunde. In den Definitionen werden Begriffe wie Punkt, Linie, Strecke, Kreis definiert. All seinen Definitionen liegt das Merkmal der Richtung zugrunde.[29] Eine Richtung nehmen wir in jedem Moment einer Eigenbewegung wahr. Daher können wir durch eine Eigenbewegung ein geometrisches Objekt zur Erscheinung bringen. Eine solche Eigenbewegung kann das Abtasten geometrischer Konstruktionen auf einer Zeichnung mit unseren Blicken sein, die Verrichtung eines Drechslers oder die Konstruktion mit Zirkel und Lineal. In den Postulaten fordert Euklid die Durchführbarkeit solcher Konstruktionen ein. Aus den Postulaten kann nur eine Aussage über die Möglichkeit gewisser Bewegungen gefolgert werden.[30] Gregor Schneider (Schneider, 2013, S. 15-28) konnte den Postulaten Bewegungstypen zuordnen, deren Durchführbarkeit die Postulate fordern. Die Möglichkeit, gewisse Konstruktionen mit Zirkel und Lineal durchzuführen, kann so aus den Postulaten mittels der in den Axiomen festgelegten logischen Grundsätze hergeleitet werden. Eigenschaften von Eigenbewegungen, die nicht ihre Durchführbarkeit betreffen, wie z.B. die Existenz von Punkten auf einer Linie, können wir daher nicht aus

29 Einem Punkt können wir das Merkmal der Richtung nicht direkt ansehen. Aber ein Punkt ist ein unteilbarer Teil einer Linie, die Euklid durch Bewegungsrichtungen charakterisierte.

30 Daher rührt die Anwendung der Geometrie in Navigation und Kartographie.

den Postulaten ableiten. Stattdessen werden wir auf Erfahrungen bei einer Eigenbewegung, z.B. mit Zirkel und Lineal, verwiesen. An dieser Stelle ist das »deduktive System« Euklids in der Tat lückenhaft. Dennoch können wir eine strenge Systematik erkennen, da er zwischen Definitionen, Postulaten und Axiomen unterschied.

Den euklidischen Begriffen Bewegungsmerkmale zuzuschreiben fordert Widerspruch heraus. So heißt es bei Thomas Bedürftig und Roman Murawski: »Für Euklid ist Geometrie statisch. Eine Gerade etwa, die durch Bewegung eines Punktes entsteht, ist bei Euklid undenkbar.« (Bedürftig & Murawski, 2010) Trotz des statischen Charakters der euklidischen Begriffe denken Bedürftig und Murawski eine Linie in einem Zusammenhang mit einer Bewegung, sei es auch nur, um den Zusammenhang zurückzuweisen. So zu denken ist allerdings nur möglich, wenn die euklidischen Begriffe Merkmale der Bewegung haben. Warum erscheinen sie dann statisch? Das liegt zum einen an den Invarianten. Zum anderen sucht man in den Begriffen vergebens nach dem Zeitverlauf einer Bewegung; es gibt keine Vergänglichkeit. Platon – und mit ihm seine Zeitgenossen – vertraten einen zyklischen Zeitbegriff, und in der zyklischen Zeit gibt es keine Vergänglichkeit, sondern nur ewige Wiederholung. Der statische Charakter der euklidischen Begriffe fügt sich daher in die zyklischen Zeitvorstellungen in der frühen griechischen Antike. Nach der platonischen Denkart sind die Bewegungen ein Schatten, ein Abbild einer geometrischen Gestalt. Diese habe einen ideellen, d.h. körper- und zeitlosen Charakter. Durch unsere Bewegungen wie z.B. Konstruktionen mit Zirkel und Lineal erfahren wir lediglich ein Abbild einer zeitlosen Idee.

Ein Zeichner oder Drechsler bringt nach platonischem Denken eine ewige Idee durch Bewegung zur Erscheinung. Hier erkennen wir im historischen Wandel eine Kontinuität in der Entwicklung. In vor- und frühgeschichtlicher Zeit ahmten die Menschen Bewegungen nach, die ihnen vorgemacht wurden – z.B. von einem Drechslermeister. Die Fertigkeiten wurden von Generation zu Generation überliefert, stammten aber letztendlich von einem Gott. In der griechischen Geometrie waren Begriffe, gleichsam göttliche Ideen, das Vorbild der Konstruktionen. Ein Grieche bildete durch eine geometrische Konstruktion eine Idee ab – und ahmte nicht eine vorgemachte Handlung nach. Die Griechen begannen, sich einen Begriff von Bewegungen zu bilden. Während dieser Entwicklung prägten semantische Erinnerungen die griechische Kultur.

Das lineare Kontinuum der Neuzeit

Im Kontrast zur griechischen Antike – wenn auch mit einem Rückgriff auf sie – begannen die Menschen in der Renaissance mit ihren Eigenbewegungen keine Ideen abzubilden, sondern Fremdbewegungen. Es entstand die Kinematik. Dafür lieferte die griechische Geometrie einige passende Begriffe. Z.B. gebrauchte Galilei für die Beschreibung der beschleunigten Bewegung in seinen Kugelexperimenten die Begriffe »Strecke« und »Streckenverhältnis«, typische Begriffe der griechischen Geometrie. Andererseits stieß man mit der Anwendung der griechischen Geometrie auf die Kinematik schnell an Grenzen. Wo diese Grenzen liegen, kann man bereits an dem Galileischen Experiment erkennen. Es setzte nicht nur Strecken in ein Verhältnis, sondern auch Zeitintervalle mit Strecken. Galilei entdeckte so die Beschleunigung, aber er konnte Geschwindigkeit und Beschleunigung in jedem Moment einer beschleunigten Bewegung im Allgemeinen nicht berechnen. Die Entwicklung der neuzeitlichen Mathematik erhielt neue Impulse. Z.B. wurde die Differential- und Integralrechnung entdeckt, aber auch ein moderner Zahlbegriff entwickelt.

Den Mensch der Neuzeit haben wir im hier vorliegenden Zusammenhang durch ein Gegenstands- und Selbstbewusstsein sowie seine neue Form der Mobilität charakterisiert. Der neuzeitliche Mensch steht einem Gegenstand gegenüber, den er beobachtet, wenn sich der Gegenstand bewegt, dann bewegt er seine Augen, seinen Kopf oder seinen Rumpf simultan mit ihm.

Was erfahre ich durch meine Eigenbewegung, während ich einen bewegten Gegenstand beobachte? Ich fixiere einen Punkt auf dem bewegten Gegenstand. Dabei entscheide ich mich in jedem Moment so zu einer Richtung und Geschwindigkeit meiner Eigenbewegung, dass der Punkt fixiert bleibt. Wir können uns vorstellen, wie ein Experimentator des Galileischen Pendelexperimentes die Spitze des Pendels mit seinen Augen fixierte und er seine Augen hin und her bewegte. Der Experimentator erfährt so die Bewegung des Pendels durch eine Eigenbewegung. In jedem Moment einer Eigenbewegung nehme ich zur Kontrolle meines Bewegungsentschlusses die Bewegungsrichtung und Geschwindigkeit wahr. Die Gleichzeitigkeit von Bewegungsentschluss und Wahrnehmung der Bewegung erfahre ich als Gegenwartsmoment. Er verbindet meine vergangene mit meiner zukünftigen Eigenbewegung. Der Gegenwartsmoment ist in dem kontinuierlichen, linearen Zeitverlauf meiner Eigenbewegung eingebettet. Durch den Zeitverlauf meiner Eigenbewegung erfahre ich den Zeitverlauf der beobachteten Fremdbewegung.

Dem Zeitverlauf meiner Eigenbewegung liegt der Zeitverlauf meiner Bewegungsentschlüsse zugrunde. Mit einem Bewegungsentschluss in einem Moment schließe ich die vergangene Bewegung ab und beginne die zukünftige. Daran kann ich mich episodisch erinnern. Durch rekursives, episodisches Erinnern erfahre ich, dass die Momente meiner Eigenbewegung linear geordnet sind, dass es zwischen zwei Momenten einen dritten Moment gibt. Ich erfahre aber auch ein Merkmal der Kontinuität. Angenommen, ich erinnere mich episodisch an eine Eigenbewegung. Wenn ich sie in der Erinnerung in zwei Phasen aufteile, eine frühere und eine spätere, dann kann ich mich daran erinnern, in genau einem Moment durch meinen Bewegungsentschluss die frühere Phase abgeschlossen und die spätere begonnen zu haben. Ich habe keinen Moment übersprungen.

Durch eine Eigenbewegung erfahren wir Merkmale eines linearen Kontinuums. Das sind Merkmale der Bewegung, der linearen Zeit und der reellen Zahlen, die wir zu einem Begriff zusammenfassen:

→ Ein lineares Kontinuum ist eine lineare Ordnung von gewissen Objekten, wie z.B. Momenten einer Bewegung oder reellen Zahlen.

→ In einem linearen Kontinuum gibt es bezüglich der Ordnung zwischen je zwei Objekten ein drittes Objekt.[31]

→ Wird die Menge der Objekte eines linearen Kontinuums in zwei Teile zerlegt, sodass jedes Objekt des einen Teils bezüglich der Ordnung vor jedem Objekt des anderen Teils liegt, dann gibt es ein eindeutiges Objekt, das die beiden Teile miteinander verbindet. Dann liegt jedes andere Objekt des einen Teils vor diesem Objekt, und jedes andere Objekt des anderen Teils nach diesem Objekt. Z.B. werden die Menge der vergangenen und die Menge der zukünftigen Momente eindeutig durch den gegenwärtigen Moment charakterisiert.

Den Begriff des Kontinuums bestimmte schon Aristoteles als etwas Zusammenhängendes, dessen Teile gemeinsame Grenzen haben (Aristoteles, 2005, 11. Buch 1069a). Im Sinne einer linearen Ordnung wird er in Naturwissenschaft und Mathematik jedoch erst in der Neuzeit gebraucht. Da eine lineare Ordnung durch rekursives episodisches Erinnern erfahren werden kann, fügt sich der Begriff des linearen Kontinuums in die moderne episodische Erinnerungskultur. Das Gleiche gilt für den Begriff des »Moments einer Bewegung«. Auf einen Moment einer Bewegung kann ich meine Aufmerksamkeit nur während einer episodischen Erinnerung richten, weil an der Wahrnehmung des Gegenwartsmomentes eine innere Wahrnehmung beteiligt ist.

Da ich mich während einer Eigenbewegung in jedem Moment zu einer Richtung und Geschwindigkeit entscheide, konstruiere ich das Kontinuum. Jedoch konstruiere ich nicht jeden einzelnen Moment für sich, sondern im Zusammenhang mit meiner Eigenbewegung. Dabei richte ich meine Aufmerksam-

31 Das Prädikat folgt logisch aus dem nächsten. Es ist daher redundant. Es ist aber anschaulicher, es dennoch zu erwähnen.

keit auf eine Invariante der Bewegung. Z.B. kann ich einen Punkt eines bewegten Gegenstandes fixieren und mich kontinuierlich so bewegen, dass er in Ruhe zu verharren scheint. Ebenso kann ich eine Invariante meiner Eigenbewegung zugrunde legen, die ich einem geometrischen Begriff entnehme. Das tue ich, wenn ich mich gradlinig oder im Kreis bewege. Anschließend kann ich mich episodisch an Phasen der Bewegung und an die Momente, die sie beenden, episodisch erinnern, und Merkmale des linearen Kontinuums erfahren.

Die historische Entwicklung

In der historischen Entwicklung der Begriffe mit Bewegungsmerkmalen identifizieren wir drei Phasen, nämlich Nachahmen, Begreifen und Entschließen.

1. Phase des Nachahmens: Die Menschen imitierten Handlungen, handwerkliche oder rituelle Verrichtungen, Bewegungsabläufe, die ihnen jemand vorgemacht hat. Merkmale fassten die Menschen durch ihre Handlungen sinnvoll oder zweckmäßig zusammen. Durch Wiederholungen machten sie sich mit den Merkmalen vertraut und gewannen gewisse Fertigkeiten. Dabei entwickelten sie nicht notwendigerweise einen Begriff oder eine Idee zu der Handlung. Diese Phase geht der Begriffsbildung voraus.

2. Phase des Begreifens: Platon unterschied in seinem »Siebten Brief« zwischen Urbild und Abbild eines Kreises. Durch die vertrauten Merkmale einer Kreisbewegung, wie sie ein Zeichner oder Drechsler ausführt, erfassten die griechischen Mathematiker durch »zusammenfassendes Verstehen« die Idee, d.h. den Begriff des Kreises. Durch einen Bewegungsbegriff werden Merkmale einer Bewegung zusammengefasst, die durch den kinästhetischen Sinn nacheinander wahrgenommen und in einem Zusammenhang erkannt werden. Die griechische Geometrie ist entstanden, als im antiken Griechenland semantische Erinnerungen die Kultur prägten und das Vertraute und Gewohnte einer mythischen Kultur zurückdrängten.

3. Phase des Entschließens: Merkmale eines Bewegungsbegriffs erfahren wir durch unseren kinästhetischen Sinn bei einer Eigenbewegung. Eine Fremdbewegung nehmen wir indirekt durch unsere Eigenbewegung wahr, die wir ausführen, wenn wir einen bewegten Gegenstand beobachten. Dabei entschließen wir uns in jedem Moment, den beobachteten Gegenstand mit einer Richtung und Geschwindigkeit unserer Eigenbewegung zu verfolgen. Durch unsere Entschlüsse fassen wir die Eigenschaften der Bewegung zusammen und stellen sie in einen Zusammenhang. Wir konstruieren den Zusammenhang, jedoch nicht willkürlich, sondern in Anlehnung an eine beobachtete Fremdbewegung. Anders als in der griechischen Antike orientieren wir uns dabei nicht notwendigerweise an einen Begriff wie z.B. »Kreis«, sondern wir können einen geeigneten Bewegungsbegriff aus der Beobachtung und Rekonstruktion durch unsere Eigenbewegung gewinnen.

Zyklische und lineare Zeit

Zyklische Zeit

Ein wesentliches Merkmal des zyklischen Zeitbegriffs ist die ewige Wiederkehr des Gleichen. Zyklische Zeitkonzepte oder mythische Bilder der ewigen Wiederkehr werden archaischen, prä- und frühgeschichtlichen Kulturen zugeschrieben. Im Alten Testament heißt es bei Salomon:

> »Ein Geschlecht vergeht, das andere kommt; die Erde aber bleibt immer bestehen. Die Sonne geht auf und geht unter und läuft an ihren Ort, dass sie dort wieder aufgehe. Der Wind geht nach Süden und dreht sich nach Norden und wieder herum an den Ort, wo er anfing. Alle Wasser laufen ins Meer, doch wird das Meer nicht voller; an den Ort, dahin sie fließen, fließen sie immer wieder. Alles Reden ist so voll Mühe, dass niemand damit zu Ende kommt. Das Auge sieht sich niemals satt und das Ohr hört sich niemals satt. Was geschehen ist, das wird hernach sein. Was man getan hat, eben das tut man hernach wieder und es geschieht nichts

Neues unter der Sonne. Geschieht etwas, von dem man sagen könnte: ›Sieh, das ist neu‹? Es ist längst vorher geschehen in den Zeiten, die vor uns gewesen sind.« (Prediger 1,4-10)

Der zyklische Zeitbegriff lehnt sich an periodischen Erscheinungen der Natur an, die nicht unterschieden werden. Das aktuelle Jahr unterscheidet sich ebenso wenig vom vergangenen wie vom zukünftigen. Es ist nachgerade sinnlos, von einem vergangenen, aktuellen oder zukünftigen Jahr zu sprechen, weil sich nach dem Ende eines Jahres genau dieses Jahr wiederholt. Vielleicht haben Sie von Menschen aus außereuropäischen Kulturen gehört, die nicht wissen, wie alt sie sind. Ein Mensch, der sich an einer zyklischen Zeit orientiert, kann sein Alter nicht kennen.

Zwei Jahre stimmen in den Merkmalen des Begriffs »Jahr« überein. An sie erinnern wir uns semantisch. Sicher unterscheiden sich Jahre auch in gewissen Eigenschaften. An sie erinnern wir uns episodisch. In einer Kultur mit vorwiegend zyklischen Zeitvorstellungen werden diese episodischen Erinnerungen jedoch ausgeblendet. Wir haben es hier mit einer semantischen Erinnerungskultur zu tun. In einer mythischen Kultur reicht sogar das Vertrautsein mit gewissen Merkmalen eines Jahres, die in einem Sinnbild zusammengefasst werden. Ein Zeitbegriff wird daher nicht gebildet. Zusammenfassend können folgende Merkmale einer zyklischen Zeit festgehalten werden:

- *Eine zyklische Zeit besteht aus einer Menge von Ereignissen* wie Jahreszeiten, astronomischen Konstellationen oder Mondphasen.
- *Zwei Ereignisse aus der Menge sind gleich, wenn sie unter einen bestimmten Begriff fallen*, z.B. können zwei Sommersonnenwenden gleich sein.
- *Ereignisse einer zyklischen Zeit wiederholen sich periodisch*. Sie vergehen nicht. Episodische Erinnerungen an sie werden durch das semantische Wissen über einen Begriff überlagert. Der Inhalt einer episodischen Erinnerung wird eher als Schein und Trug oder als ein Schattenbild einer ewigen Idee bzw. eines Begriffs aufgefasst.

Lineare Zeit

Ein Merkmal des linearen Zeitbegriffs ist die Vergänglichkeit. Nichts wiederholt sich, auch nicht periodisch wiederkehrende Ereignisse. Dieses Jahr ist nicht dasselbe Jahr wie das vergangene. Worin unterscheiden sie sich? Der wesentliche Unterschied besteht darin, dass wir uns an das vergangene Jahr episodisch erinnern und dass wir Erscheinungen des aktuellen Jahres wahrnehmen. Lineare Zeitvorstellungen findet man daher in einer episodischen Erinnerungskultur.

Deutlich ist bei den Pendelausschlägen in dem Galileischen Experiment die Vergänglichkeit als Merkmal der linearen Zeit zu erkennen. Jeder Pendelausschlag vergeht und macht einem neuen Ausschlag Platz – nicht demselben wie in einer zyklischen Zeit. Die einzelnen Ausschläge sind durch ihre Eigenschaften wie die Länge der Auslenkung aus der Gleichgewichtslage kaum zu unterscheiden. Sie sind aber durch eine Nachfolgebeziehung eindeutig charakterisiert, die ein Experimentator durch episodisches Erinnern an den vorangegangenen Pendelausschlag erkennt. Zudem kann der Experimentator eine Reihenfolge, d.h. eine lineare Anordnung der Pendelausschläge durch rekursives episodisches Erinnern erfahren. Diese lineare Anordnung von gewissen Ereignissen ist ein weiteres wesentliches Merkmal der linearen Zeit.

Kennzeichnend für eine rekursive, episodische Erinnerung ist die Reihenfolge der Erinnerungen. Wenn eine rekursive, episodische Erinnerung von uns konstruiert wird, wird dann auch die Reihenfolge von uns konstruiert? Dem ist nicht so. Wenn der Experimentator einen Pendelausschlag beobachtet, dann löst er mit seiner Aufmerksamkeit das Ereignis nicht aus, sondern er nimmt es wahr. Es hätte auch stattgefunden, wenn er weggesehen hätte. Ähnlich verhält es sich mit einer episodischen Erinnerung. Durch eine episodische Erinnerung richtet der Experimentator seine Aufmerksamkeit auf eine vergangene, abgeschlossene Beobachtung eines Pendelausschlages. Es gibt keinen vernünftigen Grund, anzunehmen, der Experimentator würde durch sein episodisches Erinnern diese Beobachtung erst konstruieren. Stattdessen fand die erinnerte Beobachtung notwendig vor der episodischen Erinnerung statt. Wenn der Experimentator während der episodischen Erinnerung einen weiteren Pendelausschlag beobachtet, dann sind die Beobachtung jenes Pendelausschlages und die Erinnerung an die Beobachtung eines vorangegangenen Pendelausschlages dem Experimentator gegenwärtig. Daher finden die beiden Beobachtungen nacheinander statt. Durch ein episodisches Erinnern richten wir unsere Aufmerksamkeit auf eine Reihenfolge, wir konstruieren sie aber nicht.

Ein möglicher Einwand ist der, dass eine Erinnerung auch täuschen kann. Der Einwand müsste dann aber konsequenterweise auch gegenüber einer Sinneswahrnehmung erhoben werden. Bereits die Beobachtung eines Pendelausschlages könnte eine Halluzination sein. Dennoch gewinnt eine empirische Wissenschaft Erkenntnisse durch Beobachtung. Experimente können von jedem nachvollzogen und wiederholt werden, sodass Sinnestäuschungen weitgehend ausgeschlossen sind. Wir unterstellen den Experimentatoren des Galileischen Pendelexperimentes, dass sie keinen Sinnestäuschungen unterlagen, als sie die Pendelausschläge beobachteten. Ebenso setzen wir voraus, dass sie sich fehlerfrei episodisch an die Beobachtung des jeweils vorangegangenen Pendelausschlages und der ihr zugeordneten Ordinalzahl erinnerten, als sie sie zählten.

Nur rekursive episodische Erinnerungen könnten so umfangreich sein, dass sie die Leistungsfähigkeit des Gedächtnisses sprengen und daher fehleranfällig sind. Hier zeigt sich ein weiterer Vorteil von Ordinalzahlen. Unsere Wahrnehmungen oder Erinnerungen können uns tatsächlich täuschen. Innerhalb – wie auch immer gearteter – geeigneter Umstände ist eine Täuschung aber weitgehend ausgeschlossen. Es gibt auch Kriterien solcher Täuschungen, sodass eine Wahrnehmung von einer Halluzination, eine richtige Erinnerung von einer falschen unterschieden werden kann.

Eine Dauer wird durch eine Bewegung gemessen, beispielsweise durch das Schwingen eines Pendels. Die Bewegung beginnt dann in einem Moment und endet in einem Moment. Unter einem *Moment* einer Bewegung verstehen wir einen Teil einer Bewegung, der selbst nicht mehr unterteilbar ist. Einen Moment einer Fremdbewegung, wie der eines Pendels, erfahren wir als synchronen Gegenwartsmoment einer Eigenbewegung, mit der wir der Fremdbewegung beobachtend folgen. So können wir auch das Kontinuum einer Bewegung erfahren. Wir können dann nicht nur die Pendelausschläge mit Ordinalzahlen zählen, sondern auch jedem Moment der Pendelbewegung zwischen zwei Ausschlägen genau eine reelle Zahl zwischen den korrespondierenden Ordinalzahlen zuordnen, sodass die Ordnungsstruktur der Momente durch die reellen Zahlen dargestellt ist.

Zeitliche Beziehungen lassen sich durch reelle Zahlen bestimmen. Wir können sie messen und aus ihnen gegebenenfalls weitere zeitliche Beziehungen berechnen.

Zahl- und Zeittypen in einer Erinnerungskultur

Die Struktur der Ordinalzahlen hat Merkmale rekursiver, episodischer Erinnerungen, eine Kardinalzahl Merkmale einer rekursiven, semantischen Erinnerung. Daher kann eine Ordinalzahl das episodische Gedächtnis und eine Kardinalzahl das semantische Gedächtnis entlasten. Wir können nun vermuten, dass es einen Zusammenhang zwischen der Erinnerungskultur einer Gesellschaft und ihren Zahlbegriffen gibt. In einer Gesellschaft mit einer episodischen Erinnerungskultur dürften Ordinalzahlen eine größere Bedeutung haben als in einer Kultur mit semantischer Erinnerungskultur, in der Kardinalzahlen mutmaßlich wichtiger sind.

Im nächsten Kapitel lernen wir die semantische Erinnerungskultur der griechischen Antike kennen. Obwohl die altgriechische Sprache Ordinalzahlen kennt, werden in der altgriechischen Mathematik nur Kardinalzahlen thematisiert. Die Ordinalzahlen spielten in der griechischen Antike eine untergeordnete Rolle. In Übereinstimmung mit der semantischen Erinnerungskultur finden wir dort auch einen zyklischen Zeitbegriff.

Zahl, Zeit und Erinnerung bei Kant und Helmholtz

Der Zeit- und Zahlbegriff bei Kant

Die weiter oben bereits gestellte Frage, ob das erkennende Subjekt eine Reihenfolge konstruiert, da es auch eine rekursive, episodische Erinnerung konstruiert, mit der es die Reihenfolge erfährt, steht in einem Zusammenhang mit Kants Zeitbegriff. Kant war der Ansicht, dass wir das Kriterium für die Gegenwart oder Vergangenheit eines Ereignisses in uns selbst finden. Daher verlegte er die Zeit in das Subjekt. Sie sei eine Form der inneren Wahrnehmung, nach der uns die Ereignisse nacheinander erscheinen. Die Zeit sei aber keine Eigenschaft der Ereignisse an sich. Auch die Verortung der Zeit im Inneren des erkennenden Subjekts ist ein Ausdruck der neuzeitlichen, episodischen Erinnerungskultur. Kant ist dabei aber einen Schritt zu weit gegangen. Lineare zeitliche Verhältnisse wie eine Reihenfolge können im Inneren des erkennenden Subjektes erfahren und dadurch erkannt werden, aber zeitliche Verhältnisse hängen nicht von ihrer Erkenntnis ab. Ich widerspreche Kants Auffassung in dem Sinne, dass die Zeit keine Form der inneren Wahrnehmung ist, sondern wir *erfahren* zeitliche Verhältnisse im Inneren. Da der Kantsche Zahlbegriff in einem engen Zusammenhang mit seinem Zeitbegriff steht, haben die hier angestellten Überlegungen auch Implikationen für den Zahlbegriff.

Kants Zahl- und Zeitbegriff ist in seiner Erkenntnistheorie eingebettet. Kant nennt zwei »Stämme der Erkenntnis«, nämlich die Anschauung und den Verstand: »Ohne Sinnlichkeit würde uns kein Gegenstand gegeben und ohne Verstand keiner gedacht werden. Gedanken ohne Inhalt sind leer, Anschauungen ohne Begriffe sind blind.« (Kant, Kritk der reinen Vernunft, B 75) Um zu erkennen, werden Erscheinungen, Phänomene und Begriffe vorausgesetzt. Durch Wahrnehmen und episodisches Erinnern erhalten wir Erscheinungen bzw. Phänomene. Das semantische Gedächtnis stellt uns die Begriffe zur Verfügung.

Kant unterscheidet zwischen verschiedenen Arten des Urteilens. Ein *analytisches Urteil* ist ein Urteil, das aus den Merkmalen eines Begriffs hergeleitet werden kann. Z.B. ist das Urteil »Ein Schimmel ist ein weißes Pferd« ein analytisches Urteil. Es fügt dem Begriff nichts Neues hinzu, sondern erläutert ihn nur und erweitert daher nicht unsere Erkenntnis. Anders verhält es sich z.B. mit einem Existenzurteil. Das Urteil »Es gibt ein Schaf auf der Weide« erweitert unsere Erkenntnis, denn die Existenz eines Schafes auf der Weide kann nicht aus dem Begriff »Schaf auf der Weide« hergeleitet werden. Kant hatte erkannt, dass ein Existenzurteil kein analytisches Urteil ist.[32] Wir erhalten keinen logischen Widerspruch, wenn wir annehmen, dass es kein Schaf auf der Weide gibt. Dagegen führt die Annahme, dass ein Schimmel *nicht* weiß sei, zu einem logischen Widerspruch. Das Urteil, dass ein Schimmel stets weiß ist, folgt nämlich aus den Merkmalen des Begriffs »Schimmel«. Ein Urteil, das nicht logisch aus den Merkmalen der Definition eines Begriffs hergeleitet werden kann, nennt Kant ein *synthetisches Urteil.* Es erweitert unsere Erkenntnis.

Analytische Urteile sind unabhängig von der Erfahrung. Ein Urteil, das unabhängig von der Erfahrung des beurteilten Sachverhaltes gefällt werden kann, nennt Kant ein *Urteil a priori.* Ein Urteil aufgrund einer Erfahrung bezeichnet er als ein *Urteil a posteriori.*

Für ein Urteil, das logisch aus den Merkmalen eines Begriffs hergeleitet werden kann, benötigt man keine Erfahrung. So kann jemand urteilen, dass ein Schimmel ein weißes Pferd ist, ohne je ein weißes Pferd gesehen zu haben. Ein analytisches Urteil ist daher immer ein Urteil *a priori.* Ist aber umgekehrt jedes Urteil *a priori* auch ein analytisches Urteil? Kant war nicht dieser Ansicht, er meinte, dass auch synthetische Urteile

32 Daher wies Kant jeglichen Beweis von der Existenz Gottes zurück. Diese könne, wie jede andere Existenz auch, nicht aus den Prädikaten eines Begriffs hergeleitet werden. Ein gängiger Gottesbeweis setzte Vollkommenheit oder Ähnliches voraus, zu dem auch die Existenz gehöre. Würde Gott nicht existieren, dann wäre er nicht vollkommen, was ein Widerspruch wäre. Kant wandte ein, dass dies kein Beweis für das Gegenteil sei, da in diesem Fall das Wesen mit den widersprüchlichen Eigenschaften gar nicht existieren würde.

a priori möglich sind. Diese Art von Urteil ist sogar der Dreh- und Angelpunkt des Kantschen Zahl- und Zeitbegriffs: »Wir finden aber, daß alle mathematische Erkenntnis dieses Eigentümliche habe, daß sie ihren Begriff vorher in der Anschauung, und zwar a priori, mithin einer solchen, die nicht empirisch, sondern reine Anschauung ist, darstellen müssen, ohne welches Mittel sie nicht einen einzigen Schritt tun kann [...].« (Kant, 1979, S. 32)

Was ist die reine Anschauung? Sie kann nur die Form der Anschauung sein, die keine Eigenschaft des Angeschauten ist. Die Form der äußeren Sinne ist der Raum. Die Gegenstände, die wir mit den äußeren Sinnen wahrnehmen, stehen alle in den räumlichen Beziehungen des Nebeneinanders. Wir können uns nicht vorstellen, dass kein Raum sei, aber sehr wohl denken, dass in ihm keine Gegenstände angetroffen werden können (vgl. Kant, 1787, B39). Durch den inneren Sinn werden wir uns selbst und unserer inneren Zustände bewusst. Sie sind durch die vorgängige Form der Zeit in den Verhältnissen des Nacheinanders angeordnet (Kant, 1787, B47-60). Die Formen der Anschauung gehen jeder Wahrnehmung voraus. Daher kann ich vor der Wahrnehmung über sie Bescheid wissen. Über die Formen der Anschauung kann ich ein Urteil *a priori* fällen, das nicht analytisch ist (Kant, 1979, S. 32).

Kant gibt der Zeit gegenüber dem Raum sogar Vorrang. Der Raum sei nur eine Form der äußeren Anschauung. Jede Vorstellung, auch wenn sie sich auf äußere Dinge bezieht, gehört jedoch zum inneren Zustand. Daher sei die Zeit eine Bedingung a priori aller Erscheinungen und Phänomene überhaupt (Kant, 1787, B50).

Eine äußere Wahrnehmung, insbesondere eine visuelle, ergänzen wir häufig durch Raumvorstellungen. Diese wiederum ergeben sich durch Bewegungsvorstellungen. Insbesondere die Raumtiefe ergibt sich nicht allein durch die visuellen Sinneseindrücke, sondern durch die zusätzliche Vorstellung einer Bewegung in die Tiefe des Raumes hinein. Wenn wir meinen, uns nicht vorstellen zu können, dass kein Raum sei, dann heißt das, dass wir uns immer eine Bewegung vorstellen können, auch dann, wenn wir keine Gegenstände wahrnehmen. Eine Bewegung kann ich schließlich selbst veranlassen und mit dem kinästhetischen Sinn wahrnehmen. Die Bewegungswahrnehmung hängt dann nur von mir selbst ab, und nicht von Gegenständen, die unabhängig von mir existieren. Im dritten Kapitel habe ich dargelegt, dass es kinästhetische Merkmale gibt, die uns vertraut sind und auf die wir routiniert reagieren, ohne uns ihrer bewusst zu sein. Daher war sich Kant nicht bewusst, dass der Raum sich aus Bewegungsvorstellungen zusammensetzt. Auf sie können wir auch verzichten. Dann stellen wir uns durchaus vor, dass kein Raum sei. Dann haben aber die wahrgenommenen Gegenstände keine räumlichen Merkmale mehr, schließlich beruhen auch sie auf Bewegungsvorstellungen. Wenn stattdessen eine äußere Wahrnehmung mit anderen Vorstellungen ergänzt wird, kann ein Gegenstand wie im Mittelalter eine religiös symbolische Bedeutung gewinnen oder auch beseelt erscheinen.

Während äußere Gegenstände eine Beziehung des Nebeneinanders haben, treten die inneren Zustände nacheinander auf. Zu ihnen zählen auch Vorstellungen und Wahrnehmungen äußerer Gegenstände. Da innere Zustände mit dem inneren Sinn wahrgenommen werden können, meinte Kant, die Beziehung des Nacheinanders sei eine vorgängige Form des inneren Sinns. Nun können wir aber mit dem inneren Sinn kein Nacheinander der inneren Zustände, Vorstellungen und Wahrnehmungen erfahren, stattdessen nehmen wir nur den aktuellen inneren Zustand wahr, den wir nach Brentano aber nicht unmittelbar beobachten können (Brentano, 1874, S. 34 ff.). Dafür benötigen wir eine Erinnerung an eine innere Wahrnehmung, die zugleich eine episodische Erinnerung ist (siehe 3. Kapitel). Durch sie rekonstruieren wir ein vergangenes Erlebnis, durch Rekursion rekonstruieren wir zusätzlich eine Reihenfolge. Die Zeit, das Nacheinander ist keine vorgängige Form des inneren Sinns. Stattdessen erfahren wir zeitliche Verhältnisse *a posteriori* durch episodisches oder episodisches, rekursives Erinnern.

Eine Anschauung der Zeit und der Zahl wird nach Kant gleichzeitig erzeugt, indem sukzessiv Gleichartiges zu einem

Ganzen zusammengefasst wird. Dadurch erzeuge ich die Zeit selbst in der Anschauung. (Kant, 1787, B182) Wenn ich beispielsweise mit den Fingern zähle, dann führe ich mir – nach Kant – die Zeit, die vorgängige Form meines inneren Sinns, vor Augen. Die Behauptung, die Zeit sei eine vorgängige Form des inneren Sinns, wurde bereits oben zurückgewiesen. Eine Anschauung der Zeit erhalte ich stattdessen durch rekursives, episodisches Erinnern. Ebenso haben Zahlbegriffe Merkmale rekursiver Erinnerungen. Eine vorgängige Form des inneren Sinns ist für unseren Zahlbegriff überflüssig.

Der Unterschied zwischen dem Kantschen Zeit- und Zahlverständnis und dem hier vertretenen ist der Folgende:

Bei Kant: Die zeitlichen Verhältnisse des Nacheinanders sind eine vorgängige Form des inneren Sinns.

Hier: Die zeitlichen Verhältnisse des Nacheinanders können nachträglich durch rekursive, episodische Erinnerungen erfahren werden.

Bei Kant: Eine Zahl hat Eigenschaften der vorgängigen Form des inneren Sinns, d. h. der Zeit.

Hier: Eine Zahl hat Eigenschaften einer nachträglichen rekursiven Erinnerung.

Eine Schwierigkeit, ein zeitliches Verhältnis des Nacheinanders und der Reihenfolge als eine nachträgliche Erfahrung zu begreifen, liegt darin, dass eine Beziehung des Nacheinanders asymmetrisch ist. Ein vergangenes Ereignis ist dann vermeintlich auch der Erfahrung entschwunden. Daher glaubte Kant, ein zeitliches Verhältnis des Nacheinanders erführen wir nicht nachträglich, sondern es sei eine vorgängige Form des inneren Sinns. Er erkannte nicht, dass wir nachträglich ein zeitliches Verhältnis des Nacheinanders rekonstruieren können – nämlich durch rekursives, episodisches Erinnern.

Durch eine episodische Erinnerung erfahren wir ein zeitliches Verhältnis als asymmetrisch. Durch sie konstruieren wir gleichsam einen Spiegel des Zeitverlaufs – das zuletzt erfahrene

Ereignis erscheint in der rekursiven Erinnerung als erstes, das erste Ereignis zuletzt.

Zahl und Gedächtnis bei Helmholtz

Helmholtz stellte einen Zusammenhang zwischen dem Zählen und dem Gedächtnis her:

> »Das Zählen ist ein Verfahren, welches darauf beruht, dass wir uns im Stande finden, die Reihenfolge, in der Bewusstseinsakte zeitlich nacheinander eingetreten sind, im Gedächtnis zu behalten. Die Zahlen dürfen wir zunächst als eine Reihe willkürlich gewählter Zeichen betrachten, von der nur eine bestimmte Art des Aufeinanderfolgens als die gesetzmäßige […] von uns festgehalten wird.« (Helmholtz, 1959, S. 81)

Helmholtz machte Anleihen bei Kant, indem er die Zeit als eine Form der inneren Anschauung auffasste:

> »Tatsächlich wirkt in unserem Bewusstsein jeder gegenwärtige Akt desselben, sei es Wahrnehmung, Gefühl oder Wille, zusammen mit den Erinnerungsbildern vergangener Akte, nicht aber zukünftiger, die zur Zeit im Bewusstsein noch gar nicht vorhanden sind, und der gegenwärtige Akt ist uns bewusst als spezifisch verschieden von den Erinnerungsbildern, die neben ihm bestehen. Dadurch ist die gegenwärtige Vorstellung in einem der Anschauungsform der Zeit angehörigen Gegensatz als die nachfolgende den vorausgegangenen gegenübergestellt, ein Verhältnis, welches nicht umkehrbar ist, und dem notwendig jede in unser Bewusstsein eintretende Vorstellung unterworfen ist. In diesem Sinne ist die Einordnung in die Zeitfolge die unausweichliche Form unserer inneren Anschauung.« (Helmholtz, 1959, S. 82)

Die Ansicht, die Zeitfolge sei eine unausweichliche Form unserer inneren Anschauung, habe ich bereits oben in dem Abschnitt über Kant zurückgewiesen. Dennoch beschreibt Helmholtz ein Phänomen des episodischen Erinnerns. Der gegenwärtige Bewusstseinsakt kann von einem (episodisch) erinnerten Bewusstseinsakt unterschieden werden. Helmholtz schreibt aber nicht, worin sich der gegenwärtige Bewusstseinsakt von einem erinnerten Bewusstseinsakt unterscheidet. Gegenwärtig nehme ich etwas wahr, stelle mir etwas vor, erinnere mich an etwas, denke etwas oder will etwas. Die Gegenwärtigkeit besteht im Vollzug eines Bewusstseinsaktes. Dagegen ist mir während einer episodischen Erinnerung bewusst, dass ich den erinnerten Bewusstseinsakt vollzogen habe. Mein vollzogener Bewusstseinsakt ist ein Gegenstand der episodischen Erinnerung und nicht mehr im Vollzug. Vollzogen wird stattdessen eine episodische Erinnerung. Diese kann anschließend wiederum Gegenstand einer episodischen Erinnerung werden.

Helmholtz erkannte, dass sich der gegenwärtige Bewusstseinsakt von den vergangenen Akten unterscheidet. Ihm fehlte nur noch ein kleiner Schritt zu den rekursiven, episodischen Erinnerungen,[33] nämlich zu erkennen, dass der gegenwärtige Bewusstseinsakt mit seinen Erinnerungsbildern wiederum Gegenstand einer episodischen Erinnerung werden kann. Stattdessen hielt er den Unterschied zwischen gegenwärtigen und vergangenen Bewusstseinsakten für eine unausweichliche Form der inneren Anschauung. Die Kantsche Form des inneren Sinns verstellte Helmholtz die Sicht auf rekursive Erinnerungen.

Fazit

Zahl und Zeit haben charakteristische Merkmale, die an Phänomenen des Erinnerns, insbesondere des rekursiven Erinnerns erfahren werden können. Wie fassen wir diese Merkmale zu einem Begriff zusammen? Und was können wir mit einem Zahl- oder Zeitbegriff erkennen?

Wir können erkennen, dass mehrere Erscheinungen oder Phänomene gleiche Eigenschaften haben. Die gleichen Eigen-

33 Helmholtz kannte den Unterschied zwischen semantischem und episodischem Gedächtnis noch nicht. Er verwendete das Wort ›Gedächtnis‹ aber im Sinne von »episodischem Gedächtnis«.

schaften nennen wir Merkmale. Durch ein Merkmal können zwei Erscheinungen oder Phänomene in Beziehung gesetzt werden. Durch Zusammenfassen von Merkmalen können Begriffe gebildet werden, die uns dazu befähigen, zu urteilen.

Grundlage des Urteilens sind Prädikate. Ein Prädikat ist eine Aussage über ein Merkmal eines unbestimmten Gegenstands unter einem Begriff. Z.B. können wir den Begriff »Abendrot« durch folgende Prädikate charakterisieren:

→ Ein Abendrot ist rot.
→ Ein Abendrot ereignet sich am westlichen Himmel.
→ Ein Abendrot ereignet sich kurz vor Sonnenuntergang.

Wenn wir in einem Prädikat den unbestimmten Gegenstand durch einen bestimmten ersetzen, dann erhalten wir eine Aussage, die wir als wahr oder falsch bewerten können. Begriffe haben wir von mythischen Bildern abgegrenzt, die ebenfalls Merkmale zusammenfassen, aber nicht als Prädikate, sondern durch ein Sinnbild. Anders als mit Begriffen können wir mit Sinnbildern nicht urteilen, auch keine logischen Schlussfolgerungen ziehen. Warum ist Letzteres für die Zahl- und Zeitbegriffe wesentlich? Merkmale der Zahlen und der Zeit erfahren wir durch rekursives Erinnern. Dieses beansprucht das Gedächtnis. Wenn wir Begriffe finden, aus denen eine Rekursion logisch gefolgert werden kann, dann entlasten wir das Gedächtnis.

Wir haben zwei Arten des bewussten Erinnerns kennengelernt, nämlich semantisches und episodisches Erinnern. Ein periodisch wiederkehrendes Ereignis wie einen Tag, eine Mondphase oder eine Sonnenwende können wir durch semantisches Erinnern erkennen, wir erfahren dann Merkmale des zyklischen Zeitbegriffs. Phasen eines Zyklus erfahren wir durch rekursives, semantisches Erinnern wie auch Merkmale der Kardinalzahlen. Durch rekursives episodisches Erinnern erfahren wir Merkmale der Ordinalzahlen und der linearen Zeit. Mit Merkschritten können wir zählen. In einem Merkschritt urteile ich über die Existenz eines Gegenstandes und erinnere mich gegebenenfalls an den vorangegangenen Merkschritt. Eine rekursive, semantische Erinnerung an Merkschritte liefert ein semantisches Wissen darüber, dass eine Menge von bestimmten, paarweise verschiedenen Gegenständen existiert – eine Anzahl, die wir auch Kardinalzahl nennen. Falls wir uns episodisch an Merkschritte erinnern, dann erfahren wir die Reihenfolge, in der wir die Merkschritte ausgeführt haben. Die Menge der ausgeführten und der zumindest theoretisch noch ausführbaren Merkschritte erfüllt die Peano-Axiome. Sie hat die Struktur der Ordinalzahlen.

Merkmale des linearen Kontinuums und damit der reellen Zahlen und der linearen Zeit erfahren wir durch rekursives, episodisches Erinnern an Phasen einer Eigenbewegung. Sie sind linear geordnet und durch einen Moment miteinander verbunden. Ein Moment ist ein unteilbarer Teil einer Bewegung. Ihn erfahren wir als Gegenwartsmoment, in dem wir uns zu einer Bewegungsrichtung und -geschwindigkeit entschließen, die wir mit unserem Bewegungssinn wahrnehmen. Diese Wahrnehmung ist vergänglich, unser Entschluss ist in die Zukunft gerichtet. Dem Gegenwartsmoment können wir nur in einer nachträglichen episodischen Erinnerung unsere Aufmerksamkeit widmen. So erfahren wir, dass die Struktur der Momente einer Eigenbewegung die Struktur des linearen Kontinuums ist. Die Kontinuität einer Fremdbewegung erfahren wir dann, wenn wir die Fremdbewegung durch eine Eigenbewegung z.B. mit unseren Augen nachvollziehen. Weil die Ordinalzahlen in das lineare Kontinuum der reellen Zahlen eingebettet werden können und eine Bewegung kontinuierlich verläuft, können wir mit den reellen Zahlen die Dauer einer Bewegung bestimmen und Zeitmessungen vornehmen.

Die Begriffe der Struktur der Ordinalzahlen, der linearen Zeit und des Kontinuums finden in den modernen Wissenschaften Anwendung. Welchen Erkenntniswert haben sie dort? Nach Kant können die Dinge an sich nicht erkannt werden, sondern nur die Form, in der wir sie wahrnehmen. Die Formen der Wahrnehmung seien der Raum als Form der äußeren und die Zeit Form der inneren Wahrnehmung. Dass die Zeit in das Innere verlegt wird, ist sicher eine Folge der episodischen Erinnerungskultur. Ich habe jedoch dargelegt, dass sie keine Form der inneren Wahrnehmung sein kann, sondern dass wir eine lineare Reihenfolge von Ereignissen wie z.B. Pendelausschläge durch rekursives, episodisches Erinnern erfahren. Dazu mussten wir zuvor die Ereignisse in der Reihenfolge beobachtet und uns eingeprägt haben. Die Ereignisse haben sich also tatsächlich in dieser Reihenfolge ereignet, die Reihenfolge ist nicht nur die Form, in der wir sie wahrnehmen.

5. Zeit und Zahl in der antiken griechischen Erinnerungskultur

Prolog

Die frühe griechische Antike wird gelegentlich mit dem Schlagwort »vom Mythos zum Logos« charakterisiert. In jener Zeit entstand die Philosophie, die mythisch bildhafte Vorstellungen durch das begriffliche Denken ablöste. In der Folge entstanden abstrakte Begriffe, von dem Bildhaften, den Erscheinungen wurde abgerückt. Die frühen griechischen Denker fassten Erscheinungen eher als vergänglichen Schein oder als Spiegelbild ewiger Ideen auf. Um diese zu erfassen, bemühten sich Denker wie Platon in der Philosophie oder Euklid in der Mathematik um geeignete Definitionen der Begriffe. Diese werden in das semantische Gedächtnis eingeprägt. Die Erscheinungen, die in das episodische Gedächtnis eingeprägt werden, hatten dagegen in der frühen griechischen Antike nur eine zweitrangige Bedeutung.

Wir haben gesehen, dass zu einem Existenzurteil ein Begriff notwendig ist. Wohl nicht zufällig wurde zu Beginn des begrifflichen Denkens und der semantischen Erinnerungskultur das Sein von Parmenides und seinem Schüler Zenon thematisiert. Von Letzterem sind zahlreiche Paradoxien überliefert, die deutlich sein begriffliches Denken vor Augen führen, in dem er letztlich sogar Erscheinungen für Schein und Trug hielt.

Ein Existenzurteil ist notwendig, um Merkschritte ausführen zu können, weshalb davon auszugehen ist, dass damit erst in der frühen griechischen Antike begonnen wurde. Durch Merkschritte erfuhren die Griechen Merkmale einer Kardinalzahl. Im letzten Kapitel wurde gezeigt, dass eine Kardinalzahl eine Menge von Seiendem ist, die sich paarweise unterscheiden. Die interpretationsbedürftige Definition Euklids kann jedenfalls so ausgelegt werden. Platon machte mit seinem Zeitbegriff Anleihen bei orientalischen, mythischen Bildern. Hier wird die Nähe des griechischen Denkens zu mythischen Vorstellungen deutlich, aber auch Unterschiede. Platon drückte Merkmale der zyklischen Zeit durch Prädikate aus, die er zu einem Begriff zusammenfasste. Erscheinungen der Zeit sind demnach Abbilder des Ewigen. Ein mythisches Bild wird aber nicht als Abbild aufgefasst, sondern als eine Einheit von Abgebildeten und Abbild.

Den Abschluss des Kapitels bildet die Auseinandersetzung mit zwei antiken philosophischen Kunstmythen, die in gewisser Weise die semantische Erinnerungskultur reflektieren. Der Theut-Mythos von Platon stellt den Nutzen der Schrift für das semantische Erinnern in Frage. Sie würde zur Bequemlichkeit verleiten und das Erinnerungsvermögen geradezu verkümmern lassen. Im Zusammenhang mit der Schrift als Gedächtnismedium wurden dem Mythos zufolge auch Zeit und Zahl erfunden. Zwischen Gedächtnis, Zeit und Zahl wird jener Zusammenhang angedeutet, der in diesem Buch beschrieben wurde. Noch deutlicher wird dieser Zusammenhang in dem Prometheus-Mythos von Aischylos. Bekanntlich stahl Prometheus den Göttern das Feuer und brachte es den Menschen. Das Feuer können wir als Metapher für Energieumwandlung und damit als eine Grundlage der Technik ansehen. Nach Aischylos brachte Prometheus den Menschen zudem das Vermögen der Erinnerung, die Fähigkeit, die Zeit zu bestimmen, indem sie den Lauf der Sterne deuteten, sowie die hohe Kunst der Zahlen. Auch diese Fähigkeiten sind zur technischen Beherrschung der Natur notwendig. Durch Zeit, Zahl und Erinnerungsvermögen erlange der Mensch ein gewisses Maß an Souveränität gegenüber den Göttern. Die in diesem Buch dargestellte historische Entwicklung des Zeit- und Zahlbegriffs im Zusammenhang mit der Entwicklung des Erinnerungsvermögens ging mit einer gleichermaßen zunehmenden Souveränität im Urteilsvermögen einher.

Antike semantische Erinnerungskultur

Parmenides (ca. 520–460) lebte in Elea, einer griechischen Stadt in Unteritalien. Er war ein renommierter Angehöriger der Eleaten, einer der ältesten philosophischen Schulen. Zu ihnen zählte auch sein Schüler Zenon, auf den ich später zurückkomme. Die beginnende Differenzierung in Begriff und Erscheinung können wir historisch bei Parmenides gut erkennen. Er suchte das unveränderliche Wesen in den wechselnden Erscheinungen der Natur. Parmenides erkannte in allen Erscheinungen der Natur das Seiende, das unverändert und ewig sei. Er grenzte es vom Nichtseienden ab, indem er die Prädikate des Begriffs des »Seienden« negierte. Dafür benötigte er keinen Bezug zu einer Erscheinung. Zum Begriff des »Nichtseienden« ist eine Erscheinung auch nur schwer vorstellbar. Ein Denken, das sich allein aus Begriffen ohne Bezug zu einer Erscheinung entwickelt, nennen wir ein *logisches Denken.*

Von Parmenides ist uns ein Lehrgedicht mit dem Titel »Über die Natur« überliefert. Zwar liegt es nur in Fragmenten vor, diese sind aber zusammenhängend und umfassen größere Teile, sodass eine recht gute Rekonstruktion seiner Philosophie möglich ist. Zwischen wechselnden und bewegten Phänomenen einerseits und den unveränderlichen, ewigen Begriffen Seiendes und Nichtseiendes andererseits entsteht beim Lesen des Gedichtes eine Spannung. Die Bilder des Gedichtes gleichen mythischen Sinnbildern, sind aber häufig metaphorisch. Parmenides kommt in seinem Gedicht zu dem Schluss, dass es kein Werden geben kann. Damit wäre auch die Vergänglichkeit, wie wir sie durch episodisches Erinnern erfahren, eine Illusion. Zenon wird diese Lehren seines Lehrers durch scharfsinnige Paradoxien der Bewegung untermauern. Auch Platon steht in gewisser Hinsicht in der Tradition des Parmenides und des Zenon.

> »[...] Rossegespann, das mich fährt, zog mich fürder, soweit ich nur wollte, nachdem es mich auf den vielgerühmten Weg der Göttin geleitet, der den wissenden Mann durch alle Städte führt. Dort also ging meine Fahrt; dort fuhren mich nämlich die vielverständigen Rosse, die den Wagen zogen, und die Mädchen wiesen den Weg. Die Achse knirschte sich heißlaufend in den Naben mit pfeifendem Tone (denn sie ward beiderseits von zwei wirbelnden Kreisen beflügelt), wenn die Heliadenmädchen, welche das Haus der Nacht verlassen und

nun den Schleier von ihrem Haupte zurückgeschlagen hatten, die Fahrt zum Lichte beeilten. Da steht das Tor, wo sich die Pfade des Tages und der Nacht scheiden. Türsturz und steinerne Schwelle hält es auseinander; das Tor selbst, das ätherische, hat eine Füllung von großen Flügeltüren; die wechselnden Schlüssel verwahrt Dike, die gewaltige Rächerin. Ihr nun sprachen die Mädchen mit Schmeichelworten zu und beredeten sie klug, ihnen den verpflöckten Riegel geschwind von dem Tore zu stoßen. Da sprang es auf und öffnete weit den Schlund der Füllung, als sich die erzbeschlagenen Pfosten, die mit Zapfen und Dornen eingefügten, nach einander in ihren Pfannen drehten. Dorthin mitten durchs Tor lenkten die Mädchen stracks dem Geleise nach Wagen und Rosse. Da nahm mich die Göttin huldreich auf. Sie ergriff meine Rechte und sprach mich mit folgendem Worte an: Jüngling, der du unsterblichen Lenkern gesellt mit dem Rossegespann, das Dich trägt, unserem Hause nahst, sei mir gegrüßt! Kein böser Stern leitete Dich auf diesen Weg (denn weit ab fürwahr liegt er von der Menschen Pfade), sondern Recht und Gerechtigkeit. So sollst du denn alles erfahren: der wohlgerundeten Wahrheit unerschütterliches Herz und der Sterblichen Wahngedanken, denen verlässliche Wahrheit nicht innewohnt. Doch wirst du trotzdem auch das erfahren, wie man bei allseitiger Durchforschung annehmen müsste, dass sich jenes Scheinwesen verhalte.

Doch von diesem Wege der Forschung halte Du Deinen Gedanken fern und lass Dich nicht durch die vielerfahrene Gewohnheit auf diesen Weg zwingen, [nur] Deinen Blick den ziellosen, Dein Gehör das brausende, Deine Zunge walten zu lassen: nein, mit dem Verstande bringe die vielumstrittene Prüfung, die ich Dir riet, zur Entscheidung. Es bleibt Dir dann nur noch Mut zu Einem Wege […].

Betrachte wie doch das Ferne Deinem Verstande zuverlässig nahetritt. Denn er wird ja das Seiende nicht aus dem Zusammenhange des Seienden abtrennen, weder so, dass es sich in seinem Gefüge überall gänzlich auflockere, noch so, dass es sich zusammenballe.

Ein Gemeinsames aber ist mir (das Seiende), wo ich auch beginne. Denn dahin werde ich wieder zurückkommen.

Wohlan, so will ich denn verkünden (Du aber nimm mein Wort zu Ohren), welche Wege der Forschung allein denkbar sind: der eine Weg, dass (das Seiende) ist und dass es unmöglich nicht sein kann, das ist der Weg der Überzeugung (denn er folgt der Wahrheit), der andere aber, dass es nicht ist und dass dies Nichtsein notwendig sei, dieser Pfad ist (so künde ich Dir) gänzlich unerforschbar. Denn das Nichtseiende kannst Du weder erkennen (es ist ja unausführbar) noch aussprechen.

Denn (das Seiende) denken und sein ist dasselbe.« (Diels, 1922)

Das Gedicht beginnt mit Metaphern der Bewegung. Die Achsen eines fahrenden Rossgespannes knirschen und laufen in den Naben mit pfeifendem Ton heiß. Das Tor, das Tag und Nacht scheidet, springt auf, die erzbeschlagenen Pfosten drehen sich in den Pfannen. Die Heliadenmädchen aus dem Gefolge des Sonnengottes helfen dem Wagenlenker bei seiner Fahrt dem Licht der Erkenntnis entgegen. Die Sonne ist hier eine Metapher für die Vernunft. Nachdem das Gedicht bewegt begann, nähert es sich im weiteren Verlauf jedoch der Erkenntnis, dass Bewegung unmöglich sei. Sie sei, genau wie die Veränderung, Vergänglichkeit, die wir durch episodisches Erinnern erfahren, eine Illusion der Sterblichen.

Auf dem Pfad der Erkenntnis soll man sich nicht von ziellosen Blicken und rauschendem Gehör leiten lassen, sondern vom Verstand, der sich vom semantischen Gedächtnis nährt. Wo Wahrnehmungen trügerischer Schein sind, kann das Seiende nur gedacht werden. Denken und Sein sind hier gar dasselbe. Das Nichtseiende kann hingegen nicht gedacht werden – wenn es nichts gibt, gibt es auch kein Denken des Nichtseienden. Was nicht gedacht werden kann, das ist nicht. Parmenides erhält nun Bestimmungen der Begriffe »Seiendes« und »Nichtseiendes«:

→ Das Seiende ist und kann unmöglich nicht sein.

→ Das Nichtseiende ist nicht und kann unmöglich sein.

Aus Nichtseiendem kann nie etwas anderes als Nichtseiendes entstehen, aus Seiendem nur Seiendes. Gäbe es ein Werden, dann könnte aus Nichtseiendem Seiendes entstehen oder aus Seiendem Nichtseiendes. Folglich wird und vergeht das Seiende nicht. Da es kein stärkeres oder schwächeres Sein oder Nichtsein gibt, ist das Seiende auch nicht teilbar. Das Seiende ist folglich zusammenhängend, ein Seiendes stößt an ein anderes. Es kann daher keine Bewegung geben.

Zenon (490-430) war ein Schüler Parmenides'. Er bestätigte die Lehre seines Lehrers, indem er die Annahme, dass es Bewegung gäbe, ad absurdum führte. Die Widersprüche leitete er rein logisch her, ohne sich auf die Erfahrung zu beziehen. Ihr Abweichen von den Paradoxien war ihm eine Bestätigung, dass Erfahrung trügerisch sei. Am bekanntesten ist sein Paradoxon des Wettlaufes zwischen dem berühmten Athleten Achilles und der Schildkröte. Achilles – vom sportlichen Geist der Fairness erfüllt – gewährt der Schildkröte einen Vorteil. Beide laufen los, der Startpunkt der Schildkröte ist nach vorne verlegt. Wenn Achilles den Punkt erreicht hat, wo die Schildkröte gestartet ist, dann befindet sich die Schildkröte bereits an einem anderen Punkt. Dort hat sie immer noch einen Vorsprung. Wenn nun Achilles diesen Punkt erreicht hat, dann hat sich die Schildkröte erneut weiterbewegt und besitzt immer noch einen Vorsprung. Jedes Mal, wenn Achilles den Punkt erreicht hat, an dem sich zuvor die Schildkröte aufgehalten hat, gilt dasselbe. Zenon schloss, dass Achilles die Schildkröte nie einholen könne. Da jedoch wahrzunehmen ist, dass Achilles die Schildkröte einholt, folgerte Zenon, dass die vergängliche Sinneswelt – an die wir uns episodisch erinnern – Schein und Trug sei.

Als Zeitgenossen einer episodischen Erinnerungskultur gehen wir mit dem Zenonschen Paradoxon anders um. Wir vermuten eher einen Fehler in der Schlussfolgerung, bevor wir den Wahrnehmungen und episodischen Erinnerungen misstrauen. Tatsächlich gibt es einen solchen Fehler: Eine Strecke, die in endlicher Zeit durchlaufen werden kann, lässt sich in unendlich viele Teilstrecken unterteilen – was Zenon übersah. Die Strecke zwischen dem Startpunkt und dem Überholpunkt der beiden ungleichen Wettläufer wird bei der Überlegung des Zenon in unendlich viele Teilstrecken unterteilt, an deren Endpunkten die Schildkröte jeweils einen Vorsprung hat, der jedoch immer kleiner wird, bis die Schildkröte schließlich überholt ist.

Auch Platon war der Ansicht, die Welt der Erscheinungen, also Inhalte des episodischen Gedächtnisses, sei ein Abbild der ewigen Ideen. Er rang um die Bestimmung zeitloser Begriffe und ihrer Prädikate – also um Inhalte des semantischen Gedächtnisses.

Der Titel »vom Mythos zum Logos« deutet an, dass in der griechischen Antike eine Entwicklung einsetzte, die von mythischen, bildhaften Vorstellungen ihren Ausgang nahm und zu einem begrifflichen Denken führte. Die Kultur der griechischen Antike zeichnet sich durch ihre Begriffsbildung und das begriffliche, logische Denken aus. Besonders ausgeprägt ist die Begriffsbildung bei Platon. Seine Werke kreisen um Begriffe wie »Gerechtigkeit«, »Wahrheit«, »Schönheit« oder »Tugend«. Es wird um ihre Definitionen gerungen. In der griechischen Antike werden zum ersten Mal in der Geschichte auch die Begriffe »Zeit« und »Zahl« definiert, die den Babyloniern mutmaßlich noch unbekannt waren (Damerow, Englund, & Nissen, 1994).

Das von Platon verwendete Wort ›Idee‹ (eidos) bedeutete ursprünglich Bild. Die etymologische Verwandtschaft könnte auf mythische Bilder hinweisen, aus denen sich abstrakte Begriffe entwickelt haben. Platon knüpft tatsächlich häufig an überlieferte mythische Bilder an, verwendet sie aber nicht als Sinnbilder, sondern als Metaphern. Zwischen beiden gibt es Gemeinsamkeiten: beides sind Bilder, die Merkmale in einen Zusammenhang stellen. Sie werden als Eigenschaften der dargestellten Gegenstände abgebildet. Es ist nicht immer eindeutig, ob ein Bild ein mythisches Bild oder eine Metapher ist. Mitunter kann ein Bild in unterschiedlichen Zusammenhängen als das eine oder das andere verwendet werden. Entscheidend ist, ob der Betrachter sich semantisch an den dargestellten Begriff erinnert oder nicht. Um ein mythisches Bild zu verstehen, müssen ihm die beschriebenen Merkmale vertraut sein.

Zyklische Zeit bei Platon

Die Vergänglichkeit der Erscheinungen erfahren wir durch episodisches Erinnern. Nach Platon sind aber nicht nur die Erscheinungen Abbilder ewiger Ideen, auch das Kommen und Gehen einiger Erscheinungen ist ein bewegtes Abbild der Ewigkeit. Wie ist das möglich? Damit das Kommen und Gehen der Erscheinungen ein Abbild der Ewigkeit sein kann, muss es mit der Ewigkeit etwas gemeinsam haben. Das ist dann der Fall, wenn es Merkmale gibt, die immer wieder von neuem erscheinen – in gewissen Erscheinungen ewig wiederkehren. Das sind z.B. Merkmale bestimmter astronomischer Konstellationen.

Platon stellt seine Zeitkonzeption in dem Dialog »Timaios« vor. An dem fiktiven Dialog nehmen Platons Lehrer Sokrates, der Astronom Timaios, Platons Urgroßonkel Kritias und der Feldherr und Politiker Hermokrates teil. Zu Beginn des Gespräches wird im sogenannten Atlantis-Mythos ein idealer Staat geschildert, der vor sehr langer Zeit existiert habe. Er sei jedoch in der Zwischenzeit in Vergessenheit geraten, es gibt keinerlei Überlieferungen. Diese Erzählung knüpft nicht nur an einen vorangegangenen Dialog an (es gibt hier Überschneidungen mit dem Staatsideal der »Politeia«), sondern sie liefert auch ein vorbereitendes Verständnis des platonischen Zeitbegriffs. Platon schildert dort eine semantische Erinnerungskultur und eine Chronologie der Überlieferungen von Generation zu Generation, die auf rekursiven, semantischen Erinnerungen beruht. In dem anschließenden Hauptteil des Dialoges beschreibt Timaios die Schöpfung des Kosmos und in diesem Zusammenhang die Erschaffung der Zeit.

Dabei ist es weniger der Inhalt als die Form des Atlantis-Mythos, der uns den Zugang zu Platons Zeitbegriff erleichtert.

> »Kritias. So höre also, Sokrates, eine höchst ungewöhnliche, aber völlig wahre Geschichte, wie Solon, der weiseste unter den Sieben Weisen, einst versicherte. Er war nämlich, wie er

selbst an vielen Stellen in seinen Dichtungen sagt, ein vertrauter und guter Freund meines Urgroßvaters Dropides. Zu meinem Großvater Kritias sagte er, wie auch der alte Mann mir gegenüber häufig erwähnte, dass die Stadt [Athen] in alter Zeit große und bewundernswerte Leistungen vollbracht habe, die im Laufe der Zeit und durch das Hinschwinden von Menschengenerationen in Vergessenheit geraten sind. Von allen aber sei eine die größte; daran jetzt zu erinnern dürfte für uns angemessen sein, um auf diese Weise dir den Dank abzustatten und zugleich die Göttin anlässlich ihres Festes in einer Art Hymnos gebührend und wahrhaftig zu preisen.
Sokrates. Das hast du schön gesagt. Aber von welcher Leistung berichtete Kritias da, die nicht nur erzählt, sondern von dieser Stadt in grauer Vorzeit auch wirklich vollbracht wurde nach dem Bericht Solons?
Kritias. Ich will eine alte Geschichte erzählen, die ich von einem nicht gerade jungen Mann gehört habe. Denn damals war Kritias, wie er sagte, beinahe schon neunzig Jahre alt, ich aber um die zehn Jahre; es war gerade der dritte Tag des Apaturienfestes. Die Feier nahm auch damals für die Jungen den gewohnten Verlauf. Die Väter hatten nämlich Preise für die besten Gedichtvorträge ausgesetzt. Es wurden also viele Gedichte vieler Dichter rezitiert. Eine große Zahl von uns Jungen trug Werke Solons vor, da sie zu jener Zeit modern waren.« (Platon, 2009, S. 17, 20d-21b)

Während des Festes schilderte Kritias, dem die Geschichte von seinem Vater Dropides erzählt worden war, dass Solon die Geschichte von ägyptischen Priestern gehört hatte.

»Kritias: Darauf habe einer der Priester, ein hochbetagter, gesagt: ›Ach Solon, Solon, Ihr Griechen bleibt doch immer Kinder und einen wirklich alten Griechen gibt es nicht!‹, ›Wie meinst du das?‹, habe er gefragt, nachdem er es vernommen. ›Jung seid ihr alle in euren Seelen‹, habe er geantwortet; ›denn ihr habt in ihnen keine durch altehrwürdige Tradition bewährte Meinung und kein mit der Zeit ergrautes Wissen. Die Ursache davon ist folgende: Viele Vernichtungen der

Menschen auf viele Arten hat es gegeben und wird es geben, die schlimmsten durch Feuer und Wasser, andere geringere auf unzählige andere Weisen […]. Was immer aber bei euch oder hier oder auch an einem anderen Ort, von dem wir durch Hörensagen wissen, (geschehen ist,) sofern irgendwo etwas Schönes, Bedeutendes oder sonst irgendwie Herausragendes sich ereignet hat, das alles ist von alters her in den Tempeln hier verzeichnet aufbewahrt. Bei euch und den anderen hingegen wird jedes Mal von Neuem alles mit Schrift und allem anderen, dessen die Städte bedürfen, eingerichtet, und dann bricht wieder nach der üblichen Anzahl von Jahren wie eine Krankheit eine Flut vom Himmel herein und lässt nur die von euch zurück, die weder Schrift noch Kunst kennen; daher werdet ihr immer wieder von neuem gleichsam jung ohne Wissen von all dem, was es hier oder bei euch in alter Zeit gab.« (Platon, 2009, S. 21-23,22b-23a)

Kritias berichtet von einer Geschichte, die er von seinem Großvater, der ebenfalls Kritias heißt, gehört hat. Der Großvater hörte sie vom Urgroßvater Dropides. Diesem wurde die Geschichte von Solon erzählt. Solon wurde die Geschichte ursprünglich von ägyptischen Priestern erzählt. Wir erkennen unschwer eine rekursive Erinnerung, die vier Mal weitererzählt wurde. Drei der vier Erzählungen drücken eine Erinnerung an die vorangegangene Erzählung aus. In der jeweils vorangegangenen Erzählung wird über eine Erinnerung eines anderen berichtet, die nicht von autonoetischem Bewusstsein begleitet wird. Der Chronologie der Überlieferung von Generation zu Generation liegt eine Rekursion semantischer Erinnerungen zugrunde. In ihr gibt es folglich keine subjektive Zeitperspektive. Stattdessen gehorcht sie der objektiven Handlungslogik des Erzählens. Die Chronologie steht daher nicht notwendigerweise mit einem linearen Zeitkonzept in einem Zusammenhang.

Kritias hörte die Geschichte von seinem Großvater auf einem Fest, auf dem Gedichte vorgetragen und die besten prämiert wurden. Auch hier wird eine Erinnerungskultur erkennbar. Auf dem Fest wird um das beste semantische Gedächtnis gewetteifert.

Die ägyptischen Priester, bei denen die Überlieferung ihren Anfang nahm, grenzten die griechische von der ägyptischen Erinnerungskultur ab. Schönes, Bedeutendes oder Herausragendes wurde demzufolge nur in den ägyptischen Tempeln verzeichnet. Das ägyptische Gedächtnis besteht aus Reliefen oder Piktogrammen an den Tempelmauern. Sie gleichen eher mythischen Bildern als begrifflichen Darstellungen. Um Sinnbilder zu verstehen, mussten die alten Ägypter nur mit ihren Merkmalen vertraut sein. Eine semantische Erinnerung an Begriffe ist dafür nicht notwendig. Dagegen ist das griechische Gedächtnis ein individuelles, semantisches Gedächtnis. Und dieses erlischt, wenn die Individuen etwa durch Katastrophen untergehen, ohne das Erinnerte weitergegeben zu haben.

In diese semantische Erinnerungskultur fügt sich Platons zyklischer Zeitbegriff ein. Was darunter zu verstehen ist, ergibt sich aus dem, was Timaios über die Erschaffung der Zeit zu sagen hat.

Eingangs erörtert Timaios das Verhältnis von Seiendem und Werdendem. Wie bei Parmenides ist das Seiende ewig und unvergänglich. Anders als bei Parmenides gibt es jedoch auch das Werdende. Das Werdende ist nie. Beständig entsteht und vergeht es. Jedoch kann nicht aus nichts etwas werden. Das Werdende setzt das Seiende voraus. Jenes ewig Seiende sind die ewigen Ideen. Sie bilden das Urbild – das Muster – des Kosmos.

> »Da das Muster [Urbild des Kosmos] nun selbst ein ewiges Lebewesen ist, machte er [der Schöpfer] sich nach Kräften daran, auch dieses All zu einem ebensolchen zu gestalten. Die Natur des Lebewesens aber war unvergänglich und dies dem Gewordenen vollständig zu übertragen, war nicht möglich. Also gedachte er, eine Art bewegliches Abbild der Ewigkeit zu schaffen, und indem er zugleich den Himmel ordnet, schafft er ein nach Zahlen fortschreitendes unvergängliches Abbild der im Einen verharrenden Ewigkeit, eben jenes, das wir Zeit genannt haben.« (Platon, 2009, 37d)

Warum kann das ewige Urbild des Kosmos nicht vollständig auf den gewordenen Kosmos übertragen werden? Nehmen wir an, hell und dunkel, warm und kalt seien Merkmale der Ewigkeit. Ihre Abbilder sind Tag und Nacht, Sommer und Winter. Weder Tag und Nacht noch Sommer und Winter können gleichzeitig existieren. Sie treten stets nacheinander in Erscheinung. Das Abbild der Ewigkeit ist also ein bewegtes Abbild. Da das Urbild jedoch keine Reihenfolge der ewigen Aspekte vorgibt, drückt die Wendung »nach Zahlen fortschreitendes Abbild« nur die Verschiedenheit der Aspekte aus, nicht ihre Reihenfolge. Deutlicher wird der Sachverhalt, wenn man berücksichtigt, dass das Abbild unvergänglich ist. Die Unvergänglichkeit des Abbildes ist nur verständlich, wenn wir uns denken, dass die verschiedenen Aspekte der Ewigkeit immer wieder von neuem erscheinen – wie das bei Tag und Nacht, Sommer und Winter auch der Fall ist. Hier sehen wir, dass Platon eine zyklische Zeitvorstellung hat, in der es ebenso wenig Vergänglichkeit wie in der Ewigkeit gibt. Platon fasst daher die zyklische Zeit als ein Abbild der Ewigkeit auf. Sie zeigt sich in der Wiederkehr astronomischer Konstellationen.

> »Das Muster existiert in alle Ewigkeit, die Zeit hingegen ist fortwährend die ganze Zeit geworden, ist und wird sein. Aufgrund einer solchen vernünftigen Überlegung bei der Erschaffung der Zeit sind, damit die Zeit entstehe, Sonne, Mond und fünf andere Sterne, mit dem Beinamen Planeten, zur Abgrenzung und Bewahrung der Zeitabschnitte entstanden. Nachdem der Gott die Körper von ihnen allen geformt hatte, setzte er sie in die Umlaufbahnen, wo die Kreisbahn des Anderen verlief [...].« (Platon, 2009, 38c)

> »[Es] lässt sich begreifen, dass die vollkommene Zahl der Zeit das vollkommene Jahr dann erfüllt, wenn die aufeinander bezogenen Geschwindigkeiten aller acht Umlaufbahnen vollendet sind und wieder ihren Ausgangspunkt erreichen, gemessen an dem Kreis des gleichmäßig laufenden Selben [Fixsterne].« (Platon, 2009, S. 39d)

Van der Waerden legte dar, dass Platons Vorstellung über das kosmische Jahr, also die zyklische Wiederholung einer bestimmten Planetenkonstellation, von den Pythagoreern beeinflusst und babylonischen Ursprungs ist sowie persische Einflüsse besitzt. Die babylonische Vorstellung eines kosmischen Jahres ist ein mythisches Bild, in dem die Sterne einen schicksalhaften Einfluss auf das irdische Geschehen ausüben. Sie bewirken kosmische Jahreszeiten wie Sommer und Winter. Im kosmischen Sommer entzünden sich Feuer und es finden Brandkatastrophen statt, während der kosmische Winter durch sintflutartige Überschwemmungen gekennzeichnet ist. Die Katastrophen haben in dem mythischen Bild des kosmischen Jahres eine moralisch reinigende Wirkung: »die Lehre vom Weltenbrand hängt zusammen mit der persischen Vorstellung von dem Feuerurteil am Ende der Zeiten.« Alles entstammt dem göttlichen Feuer und kehrt wieder in es zurück (van der Waerden, 1952). Eliade sieht ebenfalls einen persischen Einfluss: »[Platon selbst scheint] gleichfalls Kenntnis gehabt zu haben von der iranischen Vorstellung, nach der die Reinigung des Menschengeschlechts das Ziel dieser Katastrophen ist.« (Eliade, 2007)

Platon greift die mythischen Bilder der Katastrophen auf. Da heißt es im »Timaios«: »Wenn dagegen die Götter die Erde [...] mit Wasser überschwemmen, dann kommen die Rinder- und Schafhirten auf den Bergen davon [...].« (Platon, 2009, 22d) An gleicher Stelle werden Bahnabweichungen der um die Erde kreisenden Himmelskörper als Ursachen der Katastrophen angegeben. Bei Platon sind Überschwemmungen und Feuersbrünste allerdings keine moralischen Reinigungen. Anstelle der Moral tritt hier der Begriff des gerechten Staates, auf den im Eingangsdialog Bezug genommen wurde. Die Katastrophen sind Metaphern dafür, dass die Griechen vergaßen, was ein gerechter Staat ist. Das individuelle semantische Gedächtnis sowie schriftliche Überlieferungen waren ausgelöscht. Jedoch existiert in Platons fiktiver Handlung noch das mythische Gedächtnis der ägyptischen Priester. Dieses war kein individuelles Gedächtnis, sondern bestand aus steinernen Piktogrammen und Reliefen, welche die Zeiten überdauerten. Ein ägyptischer Priester benötigte lediglich eine entsprechende Vertrautheit mit den Merkmalen der in Stein gehauenen mythischen Bilder, um sie zu verstehen. Er wusste dann allerdings auch semantisch nicht, was ein gerechter Staat sei. Stellen wir uns vor, dass die alten Griechen ursprünglich ein mythisches Bild über das gesellschaftliche Zusammenleben in einem Staat besaßen – wie das bei den vorderorientalischen Völkern tatsächlich der Fall war – und sich schließlich von den mythischen Bildern abwandten. In der Folge entstanden unmoralisches Verhalten und Ungerechtigkeit. Dieser »Sündenfall« ist eine Voraussetzung, um Merkmale eines gerechten Staates zu erkennen. Nehmen wir weiter an, die Griechen waren noch mit den Merkmalen der mythischen Bilder vertraut, sie verfügten nur über die entsprechenden Bilder nicht mehr. Da sich nun nach dem »Sündenfall« die Merkmale ihres Staates von den ihnen vertrauten Merkmalen unterschieden, konnten sie im Kontrast erkennen, wodurch sich ein gerechter von einem ungerechten Staat unterscheidet, und zu einem Begriff gelangen – wie es Platon in seinem »Staat« vorgeführt hat. Zwar charakterisiert auch Timaios die Katastrophen als Reinigung – im Zusammenhang mit dem Vergessen der mythischen Bilder und der damit einhergehenden Entstehung des begrifflichen Denkens ist diese Reinigung jedoch als eine durch Einsicht der Menschen hervorgebrachte zu verstehen. Im babylonischen Mythos hingegen ist sie eine göttliche Strafe.

Auch bei der Frage nach dem Ursprung des Kosmos entlehnte Platon Motive aus der babylonischen Mythologie. In dem babylonischen Schöpfungsmythos *Enuma elisch* geht der Erschaffung des Kosmos ein chaotischer Urzustand voran. Die Schöpfung ist keine Schöpfung aus dem Nichts. Stattdessen ordnete der Gott Marduk das Chaos. Die Zeit erschuf er durch eine Ordnung der astronomischen Verhältnisse. Da nach babylonischer Überzeugung die Sterne und ihre Konstellationen das irdische Geschehen bestimmen, ergibt sich aus der astronomischen Ordnung auch eine Ordnung des Staates und seiner Gesetzgebung (Gloy, 2006, S. 109). Im »Timaios« findet ebenfalls keine Schöpfung aus dem Nichts statt, vielmehr setzt das Werden das ewige Sein voraus. Anstelle des mythischen Bildes der

Zähmung des Chaos bestimmt Platon die Begriffe »Sein« und »Werden«. Auch bei der Frage nach dem Ursprung des Kosmos entlehnte Platon Motive aus der babylonischen Mythologie. Die Katastrophen des kosmischen Sommers und Winters haben jedoch bei Platon keine astrologisch schicksalhafte Bedeutung, sondern sind Metaphern. Schließlich ist in dem Schöpfungsmythos und bei Platon die Zeit identisch mit astronomischen Konstellationen. Für die Babylonier mit ihrem Glauben an die Astrologie sind astronomische Konstellationen ein mythisches Bild der Ordnung schlechthin. Platon bestimmte dagegen einen Zeitbegriff durch astronomische Konstellationen, die nach Zahlen fortschreiten. Zahlen dienen hier der begrifflichen Unterscheidung der astronomischen Konstellationen. Dagegen sind die astronomischen Konstellationen für die Babylonier auch Merkzeichen, die an landwirtschaftliche Verrichtungen und Rituale erinnern. Indem die Babylonier sich an astronomischen Konstellationen orientierten, fügten sie sich der kosmischen Ordnung, glaubten gar, sie durch Riten aufrechtzuerhalten – anstatt sich ihr ausgeliefert zu fühlen. Durch periodisch wiederkehrende rituelle Handlungen versuchten die Babylonier Kontrolle über das Chaos zu erlangen. Dagegen beabsichtigte Platon den »kosmischen Reigen« der Gestirne mit einem Begriff zu erfassen – ihre »Choreographie« zu begreifen.

Der Zahlbegriff bei Euklid

Die babylonische Kultur kannte trotz ihrer hoch entwickelten Rechentechniken keinen Zahlbegriff (Damerow, Englund, & Nissen, 1994, S. 111, und Damerow, 1981, S. 112f.). Ein Indiz dafür liefert ein Vergleich des Zeitbegriffs bei Platon mit der handlungsorientierten Zeit der Babylonier, wie wir ihn im vorangegangenen Abschnitt vorgenommen haben. Platon charakterisierte die Zeit als ein Fortschreiten astronomischer Konstellationen in Zahlen. Ein Babylonier fasste astronomische Konstellationen wie Merkzeichen auf, die an rituelle Handlungen und landwirtschaftliche Verrichtungen erinnern sollen. Merkzeichen sind aber eine Vorform der Zahlen. Warum kannten die Babylonier dann ein Zahlensystem, nämlich das Sexagesimalsystem, das sie in der Astronomie anwendeten? Im zweiten Kapitel habe ich dargelegt, dass die Zeichen des Sexagesimalsystems Merkzeichen und Bündelungen von Merkzeichen darstellen. In diesem System gibt es außerdem eine Regel, wie zu jedem Zeichen ein nachfolgendes Zeichen konstruiert werden kann. Die Regel ist ein Merkmal der Handhabung der Merkzeichen, um sich etwas zu merken. Mit dem Merkmal dürften die babylonischen Schreiber vertraut gewesen sein. Dagegen kann sich ein Babylonier mithilfe von astronomischen Konstellationen nichts merken, sie können ihn lediglich an etwas erinnern. Nach babylonisch mythischer Vorstellung ordnet der Gott Marduk mit ihnen die Welt und prägt mit ihnen gleichsam diese Ordnung der Welt in das »Weltgedächtnis« ein. Die Babylonier konnten so astronomische Konstellationen mit Merkmalen des Einprägens verbinden. So prägten sie hintereinander Merkzeichen auf eine Tontafel – ähnlich wie z.B. nacheinander, jeden Monat die Sonne vor einem der zwölf Tierkreiszeichen erscheint. Vor dem Hintergrund der babylonischen, mythischen Kultur, die einen Einfluss auf die griechische Kultur ausübte, erkennen wir, wie griechische Denker um einen Zahlbegriff rangen. Der Mathematikhistoriker Hans-Joachim Waschkies schreibt: »Die Zahlentheorie der Griechen setzt […] stillschweigend bei den Zahlvorstellungen an, die man (bis heute) ohne theoretische Reflexion in der Rechenpraxis zu erwerben pflegt«, und verweist auf vorderorientalische Zahlsysteme (Waschkies, 1989, S. 70). Eine Zahlvorstellung, die man ohne theoretische Reflexion aus der Rechenpraxis erwirbt, ist ein vorbegriffliches Konzept. Die vorderorientalischen Zahlkonzepte bestehen aus Regeln, wie Merkzeichen bzw. Rechensteine zu handhaben sind – insbesondere aus Regeln, wie mit einem Merkzeichen etwas gemerkt und wie sukzessive Merkzeichen zu einer Menge zusammengefasst werden können. Etwas, das wir nach den letzten beiden Regeln konstruieren, hat Eigenschaften, die wir in den Prädikaten des Zahlbegriffs wiedererkennen, der uns von Euklid überliefert ist. Im VII. Buch der Elemente heißt es:

> 1. Einheit ist das, wonach jedes Ding eines genannt wird.
>
> 2. Zahl ist die aus Einheiten zusammengesetzte Menge. (Euklid, 2010, S. 141, VII. Buch)

Die Definition der Einheit ist erläuterungsbedürftig, doch Euklid äußerte sich nicht weiter dazu. Vermutlich traf sie auf ein Allgemeinverständnis auf der Grundlage eines vorbegrifflichen Konzepts des Umgangs mit Merkzeichen. Auch ein Merkzeichen und das, was es bezeichnet, können wir *eines* nennen. Umgekehrt können wir ein Ding, das wir eines nennen, mit einem Merkzeichen belegen. Nach Waschkies verwendeten bereits die voreuklidischen griechischen Mathematiker das Wort ›Einheit‹, mit dem sie einen Rechenstein bezeichneten. Mit Rechensteinen wurden auf Rechenbrettern Figuren ausgelegt, um arithmetische Zusammenhänge zu erkennen. Eine solche Figur fasst Rechensteine zu einer Menge zusammen und stellt so eine Zahl dar (Waschkies, 1989, S. 55ff.). Euklid geht jedoch über den Umgang mit vertrauten Merkzeichen bzw. Rechensteinen hinaus. Zu erkennen, wonach wir ein Ding eines nennen, ist ein Urteil, für das wir Begriffe benötigen.

Da Euklid an Platons Akademie studiert hatte, können wir davon ausgehen, dass er von dessen Lehre beeinflusst worden ist (Szabo, 1962). Und Platon charakterisierte die Einheit als unteilbar. Im »Staat« schreibt er:

> »Du weißt ja, wenn einer versucht, die reine Eins in Gedanken zu zerteilen, dann lachen ihn die Fachmathematiker aus und lehnen das ab; während du also die Einheit zerteilst, arbeiten sie mit Vervielfältigung, aus Sorge, es könnte die Eins nicht als Einheit, sondern als Vielheit erscheinen. Sehr richtig! Was meinst du nun, mein Glaukon, wenn sie jemand fragte: oh ihr Käuze, von welchen Zahlen sprecht ihr denn, bei denen die Eins so ist, wie ihr annehmt, jede der andern völlig und bis ins Kleinste gleich und ohne Teilungsmöglichkeit in sich? Was glaubst du, würden sie antworten? Ich meine dies: Wir sprechen von Zahlen, die man nur mit dem Verstand erfassen kann, anders aber nicht.« (Platon, 2010, VII 525d-526a)

Es sei hier daran erinnert, was bei einem Merkschritt mit dem Verstand erfasst wird. Die Person urteilt, dass es einen zusätzlichen Gegenstand gibt. Festgestellt wird die Existenz eines Gegenstandes, der sich von den anderen bereits registrierten Gegenständen jeweils unterscheidet. Eine Einheit ist hier ein Seiendes. Warum ist eine Einheit unteilbar – also *ein* Seiendes?

In Platons »Parmenides« lesen wir:

> »Sokrates: ›[...] wenn jemand zeigte, dass den Gattungen und Begriffen selbst diese entgegengesetzten Beschaffenheiten zukommen, das wäre wert, es zu bewundern; wenn aber von mir jemand zeigen kann, dass ich Eins bin und Vieles, was Wunder, indem er ja nur zu sagen braucht, wenn er zuerst mich als Vieles zeigen will, dass etwas anderes mein Rechtes ist und anderes mein Linkes, anderes das Vordere und anderes das Hintere, wie auch oben und unten auf gleiche Weise: denn so, denke ich, habe ich Vielheit an mir. Wenn aber hernach als Eins, wird er sagen, dass unter uns sieben hier ich *ein* Mensch bin, an mir habend insofern auch Einheit, so dass er beides ganz richtig gezeigt hätte. Wenn nun jemand unternimmt, dergleichen zugleich als Eins und Vieles zu erweisen, Steine, Holz und solcherlei: so wollen wir sagen, er habe uns etwas als Vieles und Eins gezeigt, aber nicht, dass das Eins Vieles oder das Viele Eins ist, und er bringe also gar nichts Wunderbares vor, sondern was wir alle gern zugeben. Wenn aber jemand, wie ich eben sagte, zuvörderst die Begriffe selbst aussonderte, die Ähnlichkeit und Unähnlichkeit, die Vielheit und die Einheit, die Bewegung und die Ruhe und alle von dieser Art, und dann zeigt, dass diese auch unter sich miteinander vermischt und voneinander getrennt werden können, das, oh Zenon, habe er gesagt, würde mir gewaltige Freude machen. Jenes nun glaube ich hier sehr wacker durchgeführt zu sehen; weit mehr aber, wie gesagt, würde es mich auf diese Art erfreuen, wenn jemand diese nämliche Schwierigkeit auch als in die Begriffe selbst auf vielfache Art verflochten, wie ihr an den sichtbaren Dingen sie durchgegangen seid, ebenso auch an dem, was mit dem Verstande

aufgefasst wird, aufzeigen könnte.« (Platon *Parmenides*, 129 d,f)

Eines ist etwas nur in Hinsicht auf einen Begriff, z.B. ist Sokrates *ein Mensch*. Ein Teil des Sokrates fällt nicht unter den Begriff »Mensch«. In dieser Hinsicht ist er unteilbar.

Nach den Regeln eines vorbegrifflichen Zahlkonzeptes kann man mit Merkzeichen eine Zahl im Sinne Euklids konstruieren. Wie aber konnte Euklid ihre Prädikate einsehen? Dazu musste er zweierlei erkennen: eine Einheit, d.h. ein Seiendes und eine Menge aus Einheiten. Um etwas als ein Seiendes zu erkennen, ist ein Existenzurteil notwendig, in dem wir gewisse Sinneseindrücke unter einem Begriff zu einer *Einheit* zusammenfassen. Eine Menge aus Einheiten erfassen wir dann durch eine Verknüpfung von Existenzurteilen. Dazu müssen wir uns rekursiv, semantisch an sie erinnern. Das können wir unabhängig von Merkzeichen tun, aber ihre Verwendung ist auch nicht ausgeschlossen, um das semantische Gedächtnis zu unterstützen.

Die antike griechische Sprache kannte neben Kardinalzahlen auch Ordinalzahlen. Es gab jedoch nur ein Wort für Zahl: Aritmo (αρίτμω). Euklid definierte eine Zahl nicht als Ordinalzahl, gleichwohl dieser Begriff in der Umgangssprache Verwendung fand. Sie waren kein Gegenstand der antiken, griechischen Mathematik, und griechische Mathematiker charakterisierten Zahlen nicht durch eine Nachfolgerbeziehung, wie es erst die Mathematiker der Neuzeit mit ihrer episodischen Erinnerungskultur taten. Ordinalzahlen wurden in der griechischen Antike verwendet, um zeitliche Reihenfolgen von konkreten Ereignissen auszudrücken. Sie wurden nicht losgelöst von den konkreten Ereignissen untersucht und waren daher nicht Gegenstand der Mathematik. Eine Passage aus Herodots »Historien« illustriert dies:

»Als vordem der Geschichtsschreiber Hekataios in Theben seinen Stammbaum vorrechnete und die Herkunft seines Geschlechtes väterlicherseits auf einen Gott als sechzehnten Ahnherrn zurückführte, taten die Priester des Zeus mit ihm das gleiche, was sie auch mit mir getan haben, obwohl ich ihnen nichts von meinem Stammbaum gesagt habe: Sie führten ihn in den gewaltigen Tempel und zeigten, sie herzählend, eine Reihe hölzerner Kolossalfiguren, so viele, wie ich oben angegeben habe. Denn jeder Oberpriester stellt dort bereits zu seinen Lebzeiten seine eigene Statue auf. Die Priester zählten und zeigten mir alle nacheinander zum Nachweis, dass immer der Sohn dem Vater folgte. So gingen sie von dem Bild des zuletzt Verstorbenen alle der Reihe nach bis zum Anfang durch. Dem Hekataios aber, der seinen Stammbaum mit der Behauptung angegeben hatte, im sechzehnten Glied stamme er von einem Gott ab, wiesen sie ihrerseits die Geschlechter auf Grund der Zählung nach und nahmen ihm die Abstammung eines Menschen von einem Gott nicht ab. Ihre Gegenrechnung lautete so: Sie sagten, jeder der Kolosse bedeute einen Piromis, der von einem anderen Piromis abstamme, wobei sie im Ganzen 345 solche Standbilder nachwiesen. Trotzdem aber führten sie diese weder auf einen Gott noch auf einen Heros zurück.« (Herodot, 2004, S. 166 f.; 143,2)

Wir erkennen hier eine Nachfolgerbeziehung zwischen Vater und Sohn bzw. zwischen zwei aufeinanderfolgenden Statuen. Wir können eine Rekursion feststellen, da sie von dem Bild des zuletzt Verstorbenen alle der Reihe nach bis zum Anfang durchgingen.

Aufschlussreich ist in diesem Zusammenhang Herodots Zeitverständnis, das nicht zuletzt deswegen bemerkenswert ist, weil Herodot als Begründer der Geschichtsschreibung gilt. Sein Zeitverständnis zeichnet sich durch einen Mangel an durchgehender Chronologie aus. Günter Dux schreibt: »Es gab für Herodot noch keine von den Geschehensverläufen abgezogene Weltzeit.« (Dux, 1992, S. 279) Reihenfolgen könnten nur aufgrund einer Handlungslogik bestimmt werden, und Ordinalzahlen drücken eine solche Reihenfolge aus. In dem Beispiel besteht die Handlungslogik darin, dass der Sohn dem Vater nachfolgt. Während Ordinalzahlen im Kontext einer Handlungslogik verwendet wurden, untersuchten griechische Mathematiker Kardinalzahlen unabhängig von gezählten Gegenständen oder Gegenständen, mit denen gerechnet wurde.

Antike Mythen

Theut-Mythos

In dem Dialog »Phaidros« warnte Platon vor den Gefahren, die der Gebrauch der Lautschrift als Gedächtnismedium mit sich brächte. Sie würde das Gedächtnis nicht stärken, sondern schwächen und die Erinnerungsfähigkeit verkümmern lassen. Zu der damaligen Zeit entwickelte sich die griechische Kultur von einer Oralkultur zu einer Schriftkultur, die das gesprochene Wort in Schriftform festhielt (Assmann, 2007, S. 267). So waren etwa die »Ilias« und »Odysseus« von Generation zu Generation weitererzählt worden, bevor sie von Homer aufgeschrieben wurden. Die Dialogform, die Platon für seine Werke wählte, ist ein Nachklang der Oralkultur. Von seinem Lehrer Sokrates sind keine schriftlichen Werke überliefert. Er teilte sich seinen Schülern nur mündlich mit.

Die Befürchtung, dass durch eine neue Informationstechnologie, wie es die Lautschrift damals war, mentale Fähigkeiten verkümmern, ist hochaktuell. Die Gefahren des Gebrauchs der Lautschrift kleidete Platon in einen Mythos. Laut diesem hatte der Gott Theut die Buchstaben als Gedächtnisstütze erfunden, aber auch Zahlen, Brett- und Würfelspiel und Rechnung sowie die Sterndeutung. Letztere diente der Zeitbestimmung. Die Erfindungen deuten einen Zusammenhang zwischen Erinnerung, Zahl und Zeit an – es ist kaum anzunehmen, dass Platon den Gott Theut wahllos irgendwelche Dinge erfinden lässt.

Mit seinen Erfindungen soll sich der Gott zu Thamus, dem König von Ägypten, begeben haben, um diesen von ihrem Nutzen zu überzeugen.

> »Vieles nun soll Thamus dem Theut über jede Kunst dafür und dawider gesagt haben, welches weitläufig wäre alles anzuführen. Als er aber an die Buchstaben gekommen, habe Theut gesagt: Diese Kunst, o König, wird die Ägypter weiser

machen und gedächtnisreicher, denn als Mittel der Weisheit und Erinnerung ist sie erfunden. Jener aber habe erwidert: o kunstreicher Theut, einer weiß, was zu den Künsten gehört, ans Licht zu bringen; ein anderer zu beurteilen, wie viel Schaden und Vorteil sie denen bringen, die sie gebrauchen werden. So hast du jetzt als Vater der Buchstaben, aus Liebe das Gegenteil dessen gesagt, was sie bewirken. Denn diese Erfindung wird den Seelen der Lernenden vielmehr Vergessen einflößen aus Vernachlässigkeit der Erinnerung, weil sie im Vertrauen auf die Schrift sich nur von außen vermittels fremder Zeichen, nicht aber innerlich sich selbst und unmittelbar erinnern werden. Nicht also für die Erinnerung, sondern für das Erinnern hast du ein Mittel erfunden, und von der Weisheit bringst du deinen Lehrlingen nur den Schein bei, nicht die Sache selbst. Denn indem sie nun vieles gehört haben ohne Unterricht, werden sie auch sich vielwissend zu sein dünken, obwohl sie größtenteils unwissend sind, und schwer zu behandeln, nachdem sie dünkelweise geworden statt weise.« (Platon, *Phaidros*, 274c-275b)

Theut hatte die Buchstaben zur Entlastung des Gedächtnisses erfunden. Aber auch Zahlen entlasten das Gedächtnis – nämlich von den Mühen des rekursiven Erinnerns. Im antiken Griechenland wurde auf Rechenbrettern mit Steinen gerechnet. Auch sie sind Gedächtnisstützen, um sich Zwischenergebnisse einer Rechnung zu merken. Die Rechenbretter fanden auch als Spielbretter Verwendung. Wenn wir daran denken, dass es Schachspieler gibt, die blind spielen, dann erkennen wir auch in den Spielbrettern Gedächtnisstützen. Ein Würfel ist hingegen so ziemlich genau das Gegenteil einer Gedächtnisstütze. Die Augenzahl eines geworfenen Würfels ist völlig unabhängig von der Augenzahl eines vorangegangenen Wurfes. An sie wird nicht erinnert. Der Würfel ist »gedächtnislos«.

Für die Messkunst und Sternkunde sind Zahlen nützlich. Die Sternenkunde diente kalendarischen Zwecken. Zur Zeitbestimmung können periodisch wiederkehrende astronomische Ereignisse wie Sonnenaufgänge, Mondphasen, Sonnenwenden etc. gezählt werden. Auch hier entlasten Zahlen das Gedächtnis von den Mühen des rekursiven Erinnerns. Das Gleiche gilt für die Messkunst, weil beim Messen Vergleichsmaße wie Einheitslängen oder Gewichte gezählt werden können.

Die Erfindungen des Theut sollten das Gedächtnis unterstützen und dem nun unterstützten Gedächtnis neue Anwendungen ermöglichen. Der Mythos deutet auf eine Umbruchphase der Geschichte, in der die Anforderungen an das individuelle Gedächtnis, insbesondere an das semantische Gedächtnis, sprunghaft anstiegen. In dem Atlantis-Mythos ist bereits erwähnt, dass die Anforderungen an das individuelle Gedächtnis in der ägyptischen Gesellschaft gering waren. Da in einer mythischen Gesellschaft kaum Begriffe, stattdessen mythische Bilder verwendet wurden, wird in ihr das individuelle Gedächtnis kaum gefordert.

Der gefesselte Prometheus

Der Prometheus-Mythos war im antiken Griechenland überaus lebendig. So gab es in Athen einen Tempel, in dem das Feuer des Prometheus aufbewahrt wurde. Jährlich wurden in Athen Feiertage zu Ehren des Prometheus abgehalten. Während der Festtage liefen Fackelläufer von seinem Tempel in den Athener Stadtteil Keramikos. Dort befanden sich die Werkstätten der Töpfer. Mit den Fackeln wurden die Öfen der Töpfereien angezündet. Es ist bemerkenswert, dass die Entmachtung der Götter zugunsten der Menschen in einem Ritus gefeiert wurde.

Es gibt mehrere Überlieferungen des Prometheus-Mythos. Die jüngste stammte von Aischylos (525-456), der den Mythos in einer Dramentrilogie verarbeitete, von der nur der mittlere Teil überliefert ist. Er trägt den Titel »Der gefesselte Prometheus«. Zeus lässt darin Prometheus zur Strafe für seinen Frevel vor den Göttern an einen Felsen ketten. Dort klagt jener in dem Drama sein Leid und eröffnet den Zuschauern, dass er nicht nur das Feuer geraubt habe, sondern den Menschen auch Zahl, Zeit und Erinnerung brachte.

»Vordem ja, wenn sie sahen, sahen sie ganz umsonst;

Vernahmen, wenn sie hörten, nichts, nein: nächtgen Traums
Wahnbildern gleich, vermengten all ihr Leben lang
Sie blindlings alles, wussten nichts vom Backsteinhaus
Mit sonngebrannten Ziegeln noch von Holzbaus Kunst
Und hausten eingegraben gleich leicht wimmelnden Ameisen
in Erdhöhlen ohne Sonnenstrahl.
Es gab kein Merkmal für sie, das des Winters Nahn
Noch blütenduftgen Frühling noch, an Früchten reich,
Den Herbst klar angab, nein, ohne Einsicht war all
Ihr Handeln, ehe nunmehr ihnen Aufgang ich
Der Sterne zeigte und schwer deutbarn Untergang.
Sodann die Zahl, den höchsten Kunstgriff geistger Kraft,
Erfand ich für sie, der Schriftzeichen Fügung auch,
Erinnerung wahrende Mutter allen Musenwerks.« (Aischylos, 1927)

Die Mutter der Musen war Mnemosyne, die Göttin der Erinnerung. Sicher gäbe es ohne Erinnerung keine Künste. Auch die Existenz der Göttin der Erinnerung deutet auf eine semantische Erinnerungskultur, mit ihrem Wissen über den Lauf der Sterne und die Jahreszeiten, über die Zahlen und die Schrift.

Die Gaben des Prometheus sind Fähigkeiten, die der sesshafte Mensch benötigt, wie etwa beim Bauen von Häusern aus Ziegeln oder Holz. Für die Landwirtschaft, die mit der Sesshaftigkeit einherging, war es notwendig, die Jahreszeiten zu bestimmen – also den Lauf der Sterne zu deuten. Prometheus gab den Menschen dazu noch die Zahl, die Erinnerung und die Schrift als Gedächtnismedium an die Hand. Auch sie sind für eine Kultur der Sesshaftigkeit nützlich bzw. notwendig. Zahlen leisten beispielsweise bei der Planung von Produktion und Lagerhaltung gute Dienste. Da Zahlen Eigenschaften rekursiver Erinnerung haben, erfahren wir durch sie zeitliche Verhältnisse. Eine gewisse Erfahrung mit zeitlichen Verhältnissen ist notwendig, um für die Zukunft zu planen.

Wir können die Häuser aus Backstein oder Holz auch als Metaphern lesen. Sie stellen den Innenraum des Bewusstseins dar. Durch ihn grenzt sich der Mensch von der Außenwelt ab. Aus seinem Innenraum schöpft er seine Erinnerungen. Könnte der Mensch sich nicht von der Außenwelt abgrenzen, dann wäre er eins mit der Natur und »hauste gleich leicht wimmelnden Ameisen in dunklen Erdlöchern«. Ohne Erinnerung hätte er keine Einsicht in den Verlauf der Zeit, die Abfolge der Jahreszeiten oder den Lauf der Gestirne. Auch wäre ein Zahlbegriff ohne Erinnerung nicht möglich. Somit verweist Aischylos auf den Zusammenhang zwischen Zeit, Zahl und Erinnerung.

Fazit

Während in den vorderorientalischen Kulturen der Frühgeschichte Bild und Sinn im Mythos eine Einheit bildeten, setzte mit der griechischen Antike eine Differenzierung in Begriff und Erscheinung ein. Das ließ sich an dem Lehrgedicht des Parmenides gut erkennen. Es beginnt bildhaft, endet aber mit der Erkenntnis, dass Erscheinungen nur Schein und Trug seien, während der Begriff des Seins gedacht werden könne, und damit das einzig Wahre sei. Begriffe, die gedacht werden können – Inhalte des semantischen Gedächtnisses –, seien ewig und wahr, im Gegensatz zu den vergänglichen Erscheinungen bzw. den Inhalten des episodischen Gedächtnisses.

Es wurde gezeigt, wie der platonische Zeitbegriff und der euklidische Zahlbegriff in den Kontext der aufkeimenden semantischen Erinnerungskultur der frühen griechischen Antike gestellt werden können. Erscheinungen und episodische Erinnerungen an sie werden von Platon als Abbilder der ewigen Ideen angesehen. Der Wandel der astronomischen Konstellationen sei ein Abbild der Ewigkeit. Da nicht alle Aspekte der Ewigkeit gleichzeitig abgebildet werden können, wandeln sich die astronomischen Konstellationen. Ihre Verschiedenheit kann nach Platon durch Zahlen ausgedrückt werden. Der Euklidische Zahlbegriff lässt nur eine endliche Anzahl der Aspekte der Ewigkeit zu. Daher müssen sich die astronomischen Konstellationen irgendwann wiederholen. Platon definierte davon ausgehend einen zyklischen Zeitbegriff.

Nach Euklid ist eine Zahl eine Menge von Einheiten, wobei eine Einheit dasjenige ist, nach dem etwas *eines* genannt wird. Wonach wird etwas eines genannt? Um etwas eines zu nennen, benötigen wir einen Begriff, unter den der Gegenstand fällt. Weiterhin müssen wir ein Existenzurteil fällen, um etwas eines zu nennen. Wir haben es durch das Existenzurteil als ein Seiendes identifiziert. Beim Zählen urteilen wir während eines Zählschrittes, dass das Seiende ein zusätzliches Seiendes sei. Eine Zahl ist eine Menge von Seiendem, das sich paarweise unterscheidet.

In einem Merkschritt mit semantischer Erinnerung wird geurteilt, dass ein Gegenstand, der unter einen vorgegebenen Begriff fällt und noch nicht registriert worden ist, existiert. Schritt für Schritt wird ein zusätzliches Seiendes in das Gedächtnis eingeprägt, registriert. In jedem Merkschritt erhalten wir eine Menge von Seiendem, das sich paarweise unterscheidet, also eine Zahl im Sinne Euklids ist. Wenn die Anzahl überschaubar ist, vielleicht bei zwei oder drei Gegenständen, dann sind solche Merkschritte auch ohne Überforderung des Gedächtnisses ausführbar. Vorausgesetzt wird zur Erinnerung an den vorangegangenen Merkschritt und für ein Existenzurteil ein semantisches Erinnerungsvermögen. Für das Existenzurteil wird ein Begriff benötigt, an den wir uns semantisch erinnern können.

Sowohl dem Zeit- als auch dem Zahlbegriff sind vorbegriffliche Konzepte vorderorientalischen Ursprungs vorausgegangen. Für die Zeit ist das das babylonisch mythische Bild des großen Jahres. Der Gott Marduk ordnet demzufolge mithilfe der astronomischen Konstellationen den Kosmos und erinnert so die Menschen daran, dass die Ordnung immer wieder von neuem durch rituelle Handlungen oder landwirtschaftliche Verrichtungen herzustellen sei. Astronomische Konstellationen wurden als Merkzeichen angesehen. Regeln für den Umgang mit Merkzeichen bilden ein vorbegriffliches Zahlkonzept.

Schließlich haben wir zwei antike Kunstmythen kennengelernt. Sie thematisieren den hier dargestellten Zusammenhang zwischen Erinnerungsvermögen, Zeit und Zahl in bildhafter Form. Sie sind jedoch keine mythischen Bilder, sondern Metaphern bestimmter Begriffe und Gedanken. Sie sind also selbst ein Ausdruck der semantischen Erinnerungskultur. Es ist bemerkenswert, dass der hier thematisierte Zusammenhang zwischen Zeit, Zahl und Erinnerung von Schriftstellern aufgegriffen wurde, als das bewusste Erinnern in der Geschichte, die Kultur zu prägen begann und die mythische Erinnerungskultur des Vertrautseins ablöste.

6. Eine Entwicklungslogik

Prolog

Lässt sich in der Entwicklung des Zahl- und Zeitbegriffs eine Entwicklungslogik erkennen? Die Frage schließt sich an die Genese des Zahl- und Zeitbegriffs seit archaischer Urzeit bis zur Neuzeit an. Während der kulturhistorischen Untersuchung bin ich teilweise in umgekehrter Reihenfolge vorgegangen – von der selbstbewussten Neuzeit über die griechische Antike bis zu mythischen Kulturen. Dabei habe ich Epochen von den vorangegangenen abgegrenzt und mich rekursiv auf sie bezogen. In dieser Vorgehensweise spiegelt sich ein wesentlicher Aspekt des dargestellten Zusammenhangs wider – nämlich das rekursive Erinnern. Zahl- und Zeitbegriffe haben Merkmale des rekursiven Erinnerns und hängen von der Erinnerungskultur der jeweiligen Epoche ab.

Wir haben drei Arten des Erinnerns kennengelernt, nämlich das Vertraut-Sein, das semantische Erinnern und das episodische Erinnern. Mythische Kulturen zeichnen sich durch eine Erinnerungskultur des Vertraut-Seins aus. Die semantische Erinnerungskultur war in der griechischen Antike ausgeprägt, wir lernten sie aber auch im Mittelalter kennen. Erst mit Beginn der Neuzeit entwickelte sich eine episodische Erinnerungskultur. Auch das individuelle Gedächtnis entwickelt sich in dieser Reihenfolge. Zuerst macht sich ein kleines Kind mit den Menschen und Gegenständen seiner Umwelt vertraut. Dann fasst es vertraute Merkmale zu Begriffen zusammen und prägt sie sich in das semantische Gedächtnis ein. Das semantische Gedächtnis ist eine Voraussetzung dafür, in den Sinneseindrücken Gegenstände zu erkennen. Ihre Wahrnehmung wird in das episodische Gedächtnis eingeprägt.

Unter einer Entwicklungslogik des Gedächtnisses verstehe ich, dass die Entwicklung gewisser Erinnerungsfähigkeiten bestimmte andere voraussetzt. Die Entwicklung betrifft die kulturhistorische wie die individuelle Entwicklung gleichermaßen.

Letztere ist für die Pädagogik und Mathematikdidaktik bedeutsam.

Vertraut-Sein

Das Vertraut-Sein ist eine Vorstufe des bewussten Erinnerns. Es ist jedoch selbst keine bewusste Erinnerung, sondern eine unbewusste, routinierte Reaktion auf vertraute Merkmale. Durch bildgebende Verfahren wurde festgestellt, dass das Vertraut-Sein dem Wiedererkennen vorausgeht, z.B. dem Wiederkennen eines Gesichtes oder eines Gegenstandes. Um ein Gesicht oder einen Gegenstand wiederzuerkennen, muss ich mit einigen seiner Merkmale vertraut sein. In einer mythischen Kultur werden vertraute Merkmale zu einem Sinnbild zusammengefasst. Sie stellen göttliche Handlungen dar, die oft rituell aufgeführt wurden. Durch die dargestellte Handlung erfährt der mythische Mensch einen sinnvollen Zusammenhang der Merkmale, ohne notwendigerweise Begriffe zu verwenden. Das semantische oder episodische Gedächtnis wird dafür nicht oder kaum beansprucht. Durch Märchen, Kinderlieder oder Reime erfahren auch kleine Kinder Sinnbilder. Sie machen sich aber auch mit Merkmalen vertraut, die sie durch Bewegungen erfahren. Dazu gehören z.B. Merkmale des Gleichgewichts, die sie beim Aufrichten und Laufen erfahren. Das Vertraut-Sein mit diesen Merkmalen ist eine Voraussetzung für sensomotorische Fähigkeiten wie Laufen, Fahrradfahren etc. Ein bewusstes Erinnern würde sensomotorischen Fähigkeiten und ihrer routinierten Anwendung entgegenstehen. Das Vertraut-Sein macht sich daher durch routinierte Handlungen bemerkbar. In einer mythischen Kultur, die durch Vertraut-Sein geprägt ist, finden wir entsprechend auch eine Handlungszeit – eine Zeit ohne bewussten Zeitbegriff, auf der Vertrautheit mit periodisch wiederkehrenden Ereignissen der Natur wie Jahreszeiten oder astronomische Konstellationen beruht. Sie erinnern an landwirtschaftliche oder rituelle Handlungen und strukturieren ihren Zeitverlauf. Anstelle von Zahlen haben wir Merkzeichen wie Kerben, Tonkügelchen oder Ähnliches. Das vertraute Merkmal ist hier die Existenz. Ein Merkzeichen erfüllt seine Funktion dadurch, dass es existiert.

Semantisches Erinnern

Das semantische Gedächtnis enthält unser begriffliches Wissen. Es setzt voraus, dass wir über Begriffe verfügen, deren Merkmale wir durch ein Prädikat ausdrücken können. Die Merkmale müssen wir dazu erkennen. Das geschieht durch einen Kontrast zu anderen Merkmalen. Wir müssen also bereits mit gewissen Merkmalen vertraut sein, bevor wir das semantische Gedächtnis entwickeln können. Nehmen wir an, jemand aus einem anderen Land, mit anderen klimatischen Verhältnissen, in dem keine Kastanienbäume wachsen, möchte wissen, was ein Kastanienbaum ist. Wir werden ihm vermutlich einen solchen Baum zeigen oder vielleicht ein Foto oder eine Abbildung aus einem botanischen Lehrbuch. Da er Bäume aus seiner Heimat kennt, wird er auch einen Kastanienbaum als Baum erkennen. Dann wird er aber die Merkmale wie Form der Blätter, das Aussehen der Blüten oder Früchte oder den Wuchs des Stammes und der Äste erkennen, in denen sich ein Kastanienbaum von jenen Bäumen unterscheidet, die er kennt und deren Merkmale ihm vertraut sind. Bei Platon ist uns ein anderes Beispiel begegnet. Er mühte sich, einen »gerechten Staat« zu charakterisieren, d.h. er wollte Merkmale eines solchen Staates erkennen. Dabei bezog er sich auf vorderorientalische mythische Bilder mit ihren vertrauten Merkmalen. Dadurch dass er Eigenschaften staatlichen Zusammenlebens erfuhr, die von den vertrauten Merkmalen abwichen, konnte er Merkmale eines »gerechten Staates« erkennen. Z.B. gab es in Babylon entsprechend der babylonischen mythischen Weltordnung eine Kaste der Bauern und Handwerker, eine Kaste der Soldaten und eine Kaste der Priester und Gelehrten. Platon erfuhr auch demokratische und tyrannische Verhältnisse der griechischen Stadtstaaten. Durch den Kontrast zur babylonischen, mythischen Weltordnung meinte er erkannt zu haben, dass die Existenz eines Nährstandes, eines Wehrstandes und eines Lehrstandes Merkmal eines »gerechten Staates« sei. Das Merkmal ist ihm nicht nur vertraut – wie etwa den Babyloniern –, sondern er hat es als Merkmal des Begriffs eines »gerechten Staats« erkannt. Mit diesem Begriff konnte Platon die Verhältnisse eines tatsächlich existierenden Staates beurteilen.

Erscheinungen werden in einer semantischen Erinnerungskultur oft als Schein oder als Spiegelbild ewiger Ideen angesehen, wie Platon es in seinem bekannten Höhlengleichnis darstellte. Da in einer Erscheinung Merkmale erkannt werden, spiegeln sie ewige Ideen, d.h. Begriffe wider. Ein Gegenstand wird häufig als ein Zeichen oder ein Symbol einer ewigen Idee angesehen. So trugen im Mittelalter auch Gegenstände religiössymbolische Bedeutungen.

Der zyklischen Zeit liegen periodisch wiederkehrende Ereignisse zugrunde, wie Jahreszeiten oder astronomische Konstellationen. In einer semantischen Erinnerungskultur bezeichnen Erscheinungen der periodisch wiederkehrenden Ereignisse gewisse Begriffe. Es erscheint periodisch immer wieder der gleiche Begriff. Die ewige Wiederkehr des Gleichen ist aber ein charakteristisches Merkmal der zyklischen Zeit. Platon bestimmte die Zeit als nach Zahlen fortschreitende astronomische Konstellationen, die sich zyklisch wiederholen. Sie sei damit ein Abbild der Ewigkeit.

Man kann Merkzeichen – Vorläufer der Zahlen – routiniert verwenden, sofern man mit dem Merkmal der Existenz vertraut ist. Wenn jemand ein semantisches Gedächtnis entwickelt hat, kann er aber auch ein Existenzurteil bilden. Dafür muss er seinem semantischen Gedächtnis einen geeigneten Begriff entnehmen. Das Existenzurteil kann er sich in das semantische Gedächtnis einprägen. Euklid definierte eine Zahl als eine Menge von Einheiten, wobei eine Einheit dasjenige sei, wonach wir ein Ding *eines* nennen. Ein Ding nennen wir hinsichtlich eines Begriffs eines, vorausgesetzt, das Ding existiert, sonst würden wir es *keines* nennen. Durch ein Existenzurteil erfassen wir eine Einheit. Wenn wir uns rekursiv semantisch an Existenzurteile erinnern, dann fassen wir Einheiten zu einer Menge zusammen. Ein Merkschritt mit rekursiver, semantischer Erinnerung ist eine Zahl im Sinne Euklids.

Es ist bezeichnend für die semantische Erinnerungskultur des antiken Griechenlands, die die mythische Erinnerungskultur des Vertraut-Seins ablöste, dass in ihr zum ersten Mal in der Geschichte ein Zahl- und Zeitbegriff definiert wurde.

Episodisches Erinnern

Das episodische Gedächtnis ist nach Tulving das jüngste Gedächtnis in der Entwicklung des Menschen. Die neurologischen Korrelate einer episodischen Erinnerung finden in Gehirnregionen statt, die sich erst relativ spät entwickelt haben. Die frühkindliche Amnesie zeigt, dass sich das episodische Gedächtnis nach dem semantischen Gedächtnis entwickelt. Auch gewinnen episodische Erinnerungen erst relativ spät kulturprägende Bedeutung, nach dem semantischen Erinnern und dem Vertraut-Sein.

Wenn ich mich episodisch erinnere, dann erinnere ich mich daran, dass ich einen Bewusstseinsakt vollzogen habe – z.B. dass ich etwas wahrgenommen, vorgestellt, gedacht oder gewollt habe. Den Bewusstseinsakt habe ich zuvor innerlich wahrgenommen. Eine Erinnerung an eine innere Wahrnehmung eines Bewusstseinsaktes ist eine episodische Erinnerung. In einem Bewusstseinsakt nehme ich einen Gegenstand wahr, erkenne ihn, stelle ihn mir vor, denke über ihn nach, begehre ihn, will ihn oder fürchte ihn. Dafür ist es notwendig, dass ich ein semantisches Wissen über den Gegenstand habe. Episodisches Erinnern setzt dann semantisches Erinnern voraus.

Durch eine episodische Erinnerung erfahre ich, dass ich selbst den erinnerten Bewusstseinsakt vollzogen habe. Eine episodische Erinnerung wird mit autonoetischem Bewusstsein begleitet. Eine episodische Erinnerungskultur zeichnet sich durch Selbstbewusstsein aus.

Allein durch episodisches Erinnern kann ich Vergänglichkeit erfahren. Ein Ereignis, an das ich mich episodisch erinnere, habe ich in der Vergangenheit erlebt. Wenn ich mich an ein Ereignis *A* episodisch erinnere und daran, dass ich mich während des Ereignisses episodisch an ein anderes Ereignis *B* erinnert habe, dann habe ich das Ereignis *B* vor dem Ereignis *A* erlebt. Als ich nämlich *A* erlebte, war *B* bereits vergangen. Durch rekursives, episodisches Erinnern erfahre ich eine lineare Reihenfolge der erinnerten Ereignisse. Eine lineare Anordnung von Ereignissen ist aber das charakteristische Merkmal der linearen Zeit.

Stellen wir uns periodisch wiederkehrende Ereignisse vor – z. B. Pendelausschläge. Nehmen wir an, ich beobachte nacheinander jeden Pendelausschlag. In einem Merkschritt präge ich mir in mein episodisches Gedächtnis ein, dass ich

- → einen Pendelausschlag beobachte,
- → mich an den unmittelbar vorangegangenen Merkschritt episodisch erinnere, insofern ich ihn vollzogen habe.

Ich habe mir nun eine Menge von Merkschritten in das episodische Gedächtnis eingeprägt. In dieser Menge hat jeder Merkschritt einen Nachfolger, oder es kann ein Nachfolger gebildet werden. Durch die Nachfolgerbeziehung kann jeder Merkschritt eindeutig bestimmt werden. Peano charakterisierte mit einer solchen Nachfolgerbeziehung die Struktur der Ordinalzahlen.

Erinnern	**Zeit**	**Zahl**	**Epoche**
Vertraut-Sein	Handlungszeit	Merkzeichen	Vorgeschichte, Frühgeschichte
Semantisches Erinnern	Zyklische Zeit, eschatologische Zeit	Kardinalzahlen	Antike, Mittelalter
Episodisches Erinnern	Lineare Zeit	Ordinalzahlen	Neuzeit

Zusammenfassung

Wie entstand der Zahl- und Zeitbegriff? Die Untersuchung belegt die These, dass historisch dem Zahl- und Zeitbegriff vorbegriffliche Konzepte vorangegangen sind. Ein vorbegriffliches Konzept besteht aus impliziten Regeln, wie ein bestimmter Gegenstand hergestellt wird. Eine implizite Regel wird routiniert, aus Gewohnheit ausgeführt, ohne über sie nachzudenken. Dadurch werden die Eigenschaften des hergestellten Gegenstandes zu einem Ganzen zusammengefasst. Dagegen werden durch einen geeigneten Begriff die Eigenschaften gedanklich zusammengefasst. Ein Begriff ist eine gedankliche Zusammenfassung gewisser Merkmale. Wenn wir uns unter einem Begriff etwas vorstellen, dann konstruieren wir mental einen Gegenstand, indem wir seine Eigenschaften zusammenfassen. Ebenso konstruieren wir in Gedanken einen Gegenstand, wenn wir in gewissen Sinneseindrücken Merkmale eines Begriffs erkennen. Eine Sonderstellung nimmt der Zahl- und Zeitbegriff ein, weil er keine sinnlich wahrnehmbaren Merkmale hat. Die Gegenstände, die mit ihren vorbegrifflichen Konzepten hergestellt werden können, können daher keine physischen Gegenstände sein.

Vorbegriffliche Zahl- und Zeitkonzepte bestehen aus Regeln, wie die Gedächtnisoperationen Merken und Erinnern auszuführen sind. Eine zentrale Rolle spielen dabei Erinnerungen, deren Gegenstände wiederum eine Erinnerung enthalten. Eine solche Erinnerung wird *rekursive Erinnerung* genannt. Wenn z.B. ein Kind fragt, warum der Donner dem Blitz nachfolgt, dann erinnert es sich daran, dass es Donnern hörte, und daran, dass es sich während des Donnerns daran erinnerte, einen Blitz gesehen zu haben. Eine zeitliche Reihenfolge können wir durch rekursives Erinnern erfahren. Immer dann, wenn wir aus dem Gedächtnis heraus Ereignisse zeitlich anordnen, erinnern wir uns rekursiv, ohne dass wir uns dessen bewusst sind. Das Handlungsschema, sich rekursiv zu erinnern, ist ein vorbegriffliches Zeitkonzept. Welchen Gegenstand stellen wir mit ihm her? Wir setzen durch rekursives Erinnern Ereignisse in eine zeitliche Beziehung. Diese rekonstruieren wir.

Wenn wir zählen, dann beginnen wir mit dem ersten Zählschritt. In ihm fällen wir ein Existenzurteil: »Es gibt einen zu zählenden Gegenstand.« In allen anderen Zählschritten erinnern wir uns zusätzlich an den unmittelbar vorangegangenen Zählschritt. In diesem haben wir uns eventuell wiederum an den ihm unmittelbar vorangegangenen Zählschritt erinnert. Wir können uns also rekursiv an die Zählschritte erinnern – müssen es aber nicht tun. Die Zahlen entlasten uns von den Mühen des rekursiven Erinnerns. Angenommen, wir kennen keine Zahlen, dann können wir stattdessen Merkschritte ausführen. In einem Merkschritt merken wir uns:

→ ein Existenzurteil,
→ eine Erinnerung an den unmittelbar vorangegangenen Merkschritt, falls er stattgefunden hat.

Das Handlungsschema eines Merkschrittes ist ein vorbegriffliches Zahlkonzept. Die Menge der bereits ausgeführten oder noch ausführbaren Merkschritte hat die gleiche Struktur wie die Menge der natürlichen Zahlen. Sie kann jeweils in identischer Weise durch eine Nachfolgerbeziehung charakterisiert werden. Da eine Rechnung mit natürlichen Zahlen sich aus der Bestimmung eines Nachfolgers oder eines Vorgängers zusammensetzt, kann mit Merkschritten genauso gerechnet werden wie mit natürlichen Zahlen. Letztere entlasten aber erheblich das Gedächtnis. Eine Rechnung mit Merkschritten setzt sich aus den Gedächtnisoperationen Merken und Erinnern zusammen. Daher ist eine Rechnung mit natürlichen Zahlen eine gedachte Gedächtnisoperation.

Es gibt verschiedene Gedächtnisarten. Menschen haben ein *explizites* und ein *implizites Gedächtnis*. Einen Inhalt des expliziten Gedächtnisses machen wir uns bei einer Erinnerung bewusst, er kann in Worte gekleidet werden. Daher heißt es auch *deklaratives Gedächtnis*. Es untergliedert sich in das *semantische* und das *episodische Gedächtnis*. Eine Erinnerung aus dem episodischen Gedächtnis wird mit dem reflexiven Verb

›sich erinnern‹ bezeichnet. Es drückt einen Selbstbezug aus, nämlich dass ich mich daran erinnere, dass ich selbst das Erinnerte erlebte. Diesen Selbstbezug nennt man *autonoetisches Bewusstsein*. Dagegen wird eine Erinnerung aus dem semantischen Gedächtnis mit den Verben ›wissen‹, ›glauben‹ oder ›überzeugt sein‹ bezeichnet. Sie ist von *noetischem Bewusstsein* begleitet, d.h. von wissendem Bewusstsein. Durch Nachahmen und wiederholtes Üben prägen wir uns Fertigkeiten in das *prozedurale Gedächtnis* ein, das Teil des impliziten Gedächtnisses ist. Ein Inhalt des prozeduralen Gedächtnisses ist ein vorbegriffliches Konzept. Dadurch, dass ein Mensch wiederholt nach einem vorbegrifflichen Konzept einen Gegenstand herstellt, gewinnt er Vertrautheit mit den Merkmalen der Gegenstände. Diese Vertrautheit ist ebenfalls in das implizite Gedächtnis eingeprägt.

Weil der Gegenstand einer rekursiven Erinnerung wiederum eine Erinnerung enthält, kann sie nur eine bewusste Erinnerung sein. Nur Bewusstsein ist nämlich intentional, d.h. es ist ein Bewusstsein über einen Gegenstand, wie eine Erinnerung. Daher ist eine rekursive Erinnerung entweder eine semantische oder episodische Erinnerung. Dennoch sind implizite Erinnerungen für die Genese des Zahl- und Zeitbegriffs keineswegs bedeutungslos.

In archaischen Kulturen werden Merkzeichen verwendet. Sie sind physische Gegenstände, mit denen je ein Gegenstand gemerkt wird. Das gemeinsame Merkmal eines Merkzeichens und des gemerkten Gegenstandes ist die Existenz, die bei einer Berührung oder einem Stoß gespürt wird. Mit ihm waren die archaischen Menschen vertraut. Mit Merkzeichen konnte gerechnet, etwa addiert werden, indem Merkzeichen hinzugefügt wurden, oder subtrahiert, indem Merkzeichen entfernt wurden. Jede Rechnung mit Merkzeichen setzt sich aus dem Hinzufügen eines Merkzeichens, gleichsam dem Merken, und dem Entfernen eines Merkzeichens, gleichsam dem Erinnern, zusammen. Der Umgang mit Merkzeichen ist eine Fertigkeit, die die archaischen Menschen ihrem prozeduralen Gedächtnis entnahmen. Sie besaßen bereits ein archaisches, vorbegriffliches

Zahlkonzept, aber auch ein archaisches, vorbegriffliches Zeitkonzept. Sie waren mit periodisch wiederkehrenden Ereignissen der Natur vertraut, die sie wie Merkzeichen verwendeten. Sie erinnerten an landwirtschaftliche oder rituelle Verrichtungen. Einen Zeitbegriff kannten sie genauso wenig wie einen Zahlbegriff.

Während also die vor- und frühgeschichtlichen Kulturen von vorbegrifflichen Konzepten geprägt waren, entwickelte sich während der griechischen Antike das begriffliche Denken. Diese Entwicklung wird mit dem Schlagwort »vom Mythos zum Logos« charakterisiert. Ein Mythos stellt eine Handlung eines Gottes oder Helden dar wie die Schöpfung der Welt, eine göttliche Strafe oder Offenbarung, einen Sieg oder eine tragische Niederlage eines Helden. Durch die Handlung wird irgendetwas erschaffen. Daher stellt ein Mythos ein vorbegriffliches Konzept dar, also einen Inhalt des impliziten Gedächtnisses. Inhalte des begrifflichen Denkens werden dagegen in das semantische Gedächtnis gespeichert.

Das semantische Gedächtnis eines Menschen enthält sein begriffliches Wissen, insbesondere kennt er Begriffe mit ihren Merkmalen. Es befähigt ihn, zu urteilen, etwa ein Existenzurteil zu fällen sowie Gegenstände zu unterscheiden oder als gleich anzusehen. Angenommen, jemand bildet das Urteil »Es gibt den Tag«. Diesen Sachverhalt prägt er sich in das semantische Gedächtnis ein. Später bildet er das Urteil »Es gibt die Nacht«. Auch diesen Sachverhalt prägt er sich zusammen mit einer semantischen Erinnerung an den ersten Sachverhalt in das semantische Gedächtnis ein. Wenn er sich dann rekursiv, semantisch an das Eingeprägte erinnert, dann weiß er, dass es die Nacht gibt, und er weiß, dass der Tag existiert. Nun kann er urteilen, dass es Tag und Nacht gibt, und er kann Tag und Nacht voneinander unterscheiden. Die Begriffe Tag und Nacht unterscheiden sich in gewissen Merkmalen, jedoch können jeweils Tage und Nächte durch die Merkmale der beiden Begriffe nicht unterschieden werden. Für die zyklische Zeit ist es charakteristisch, dass wiederkehrende Ereignisse nicht unterschieden werden, sie werden als gleich angesehen. Merkmale der zyklischen

Zeit werden durch semantische, rekursive Erinnerungen erfahren.

Platon identifizierte die Zeit mit wechselnden astronomischen Konstellationen, die sich nach einer gewissen Zeit, die er das große Jahr nannte, wiederholen. (Platon, *Timaios*, 2009) Platons großes Jahr hat Merkmale, die durch bestimmte rekursive, semantische Erinnerungen erfahren werden können. Sie können nicht anders erfahren werden, weil Existenzurteile wie »Es gibt eine bestimmte astronomische Konstellation« nur nacheinander gefällt werden können – wie Existenzurteile über den Tag und die Nacht. Die Existenzaussagen können dann nur durch rekursives, semantisches Erinnern verbunden werden. Daher ist das Handlungsschema gewisser rekursiver, semantischer Erinnerungen ein vorbegriffliches Konzept der zyklischen Zeit, das Platons Zeitbegriff notwendig vorausging.

Euklids Zahlbegriff hat Merkmale eines Merkschrittes mit semantischer Erinnerung:

- → Einheit ist das, wonach jedes Ding eines genannt wird.
- → Zahl ist die aus Einheiten zusammengesetzte Menge (Euklid, 2010, S. 141, VII. Buch).

Wonach wird jedes Ding eines genannt? Es ist hinsichtlich eines Begriffs eines. Ein Wald ist hinsichtlich des Begriffs »Wald« eines, aber nicht hinsichtlich des Begriffs »Baum«. Hinsichtlich des Begriffs »Venusmond« ist kein Ding eines. In einem Merkschritt wird ein Existenzurteil gefällt, nämlich dass ein Gegenstand existiert, der unter einen vorgegebenen Begriff fällt. In einem Merkschritt wird eine Einheit im Sinne Euklids erfasst. Durch rekursives, semantisches Erinnern an Einheiten werden sie zu einer Menge zusammengefasst. Das Handlungsschema eines Merkschrittes mit semantischer Erinnerung ist daher ein vorbegriffliches Konzept des Euklidischen Zahlbegriffs. Weil Existenzurteile nur nacheinander gefällt werden und die so erfassten Einheiten nur durch rekursives, semantisches Erinnern zu einer Menge zusammengefasst werden können, lassen sich die charakteristischen Merkmale des Euklidischen Zahlbegriffs nur durch Merkschritte mit semantischer

Erinnerung erfahren. Sie gingen daher notwendig dem Euklidischen Zahlbegriff voran.

Das mittelalterliche Zeitkonzept war ebenfalls von semantischen Erinnerungen geprägt – anders als in der griechischen Antike war es nicht zyklisch, sondern linear. Es orientierte sich an dem göttlichen Heilsplan, begann mit der Schöpfung und dem Sündenfall und endete mit dem Jüngsten Gericht. Die Linearität ergab sich aus der Handlungslogik des Heilsplans – einer semantischen Überzeugung, dagegen orientierten sich die Menschen der Renaissance zunehmend an ihren persönlichen Zeiterfahrungen. Sie erlebten zeitliche Verhältnisse durch episodisches Erinnern. Ein Ereignis, an das sie sich episodisch erinnerten, erfuhren sie als vergangen. Durch rekursives, episodisches Erinnern erfuhren sie eine zeitliche, lineare Ordnung. Das Handlungsschema einer rekursiven, episodischen Erinnerung ist ein vorbegriffliches Konzept der linearen, zeitlichen Ordnung. Sie wird durch rekursives, episodisches Erinnern rekonstruiert.

Durch rekursives, episodisches Erinnern machen wir uns auch heute mit dem Merkmal der Transitivität der linearen Zeit vertraut, d.h. wenn *A* früher als *B* stattfand, und *B* wiederum früher als *C*, dann fand auch *A* früher als *C* statt. Den meisten modernen Menschen scheint dieser Sachverhalt so selbstverständlich, dass sie ihn nicht weiter hinterfragen. Wenn ich mich rekursiv, episodisch an die drei Ereignisse erinnere, dann erfahre ich, dass *A* früher als *B* und *B* früher als *C* stattfand. Diese rekursive Erinnerung enthält eine episodische Erinnerung an eine episodische Erinnerung an das Ereignis *A*. Wenn *ich mich* episodisch daran erinnere, dass *ich* das Ereignis *A* erlebt habe, dann bin ich ein Teil der episodischen Erinnerung an *A*. Daher kann ich mir diese episodische Erinnerung nicht *vor*-stellen wie einen physischen Gegenstand oder ein äußeres Ereignis, die ich durch eine Vorstellung in dem episodischen Gedächtnis repräsentieren kann. Wenn ich mich an eine episodische Erinnerung episodisch erinnere, dann bilde ich sie nicht durch eine Vorstellung ab, sondern vollziehe die Erinnerung erneut. Dadurch erfahre ich, dass *A* vergangen war, als *C* stattfand. Wir haben hier ein Beispiel, wie sich Menschen durch vorbegriffliche Konzepte mit gewissen Merkmalen vertraut machen – hier das Merkmal der Transitivität der linearen Zeit.

Episodisches Erinnern prägte das gesamte gesellschaftliche Leben der Renaissance. Politische Macht ersteckte sich auf die lineare Zeit der Neuzeit, in ihr wurden gesellschaftliche Vorgänge zeitlich organisiert, dagegen herrschten mittelalterliche Machthaber über Ländereien mit allem, was sich auf ihnen befand, einschließlich der Menschen. Es entwickelten sich Arbeitsteilung und Handel, mit ihnen das Bank- und Kreditwesen. Geld ist ein Äquivalent für Arbeitszeit, wie sie durch episodisches Erinnern erfahren wurde. Die Naturwissenschaften entstanden während der Renaissance. Naturwissenschaftler untersuchten den neuzeitlichen linearen Zeitverlauf gewisser Bewegungsvorgänge wie Fallbewegungen, Schwingungen eines Pendels oder der Bewegung von Planeten und Monden.

Das Interesse an Bewegungen und die Mobilität der Menschen der Renaissance ist ein Ausdruck der episodischen Erinnerungskultur. Durch episodisches Erinnern erlebte der Mensch der Renaissance einen Wechsel der Erscheinungen. Dieser weist auf Bewegungen. Durch das autonoetische Bewusstsein einer episodischen Erinnerung erfährt der Mensch, dass er im Wechsel der Erscheinungen stets derselbe bleibt – er gewinnt Selbstbewusstsein.

Eine Bewegung, und mit ihr die Zeit, die durch Bewegung gemessen wird, und die reellen Zahlen, mit denen die Zeit gemessen werden kann, wurde als kontinuierlich aufgefasst. Stellen wir uns eine Bewegung längs einer Zahlengerade in Richtung aufsteigender Zahlen vor. In jedem Moment befinden wir uns auf einem Punkt der Zahlengerade, der die Menge der vergangenen und der zukünftigen Punkte verbindet. Er wird nicht übersprungen, sondern die Zahlengerade wird kontinuierlich durchlaufen. Eigenschaften einer Bewegung erfahren wir bei einer Eigenbewegung. Eine Fremdbewegung rekonstruieren wir mit einer Eigenbewegung, indem wir den bewegten Gegenstand mit unseren Blicken verfolgen, unsere Augen, den Kopf oder Rumpf bewegen. Das Handlungsschema der Eigenbewegung ist ein vorbegriffliches Konzept einer kontinuierlichen Bewegung. In jedem Moment einer Eigenbewegung entschließen wir uns zu einer Richtung und Geschwindigkeit einer Eigenbewegung, die wir zur Kontrolle mit dem Bewegungssinn wahrnehmen. Die Übereinstimmung von Bewegungsentschluss und Bewegungswahrnehmung erleben wir als Gegenwartsmoment, weil die Wahrnehmung vergänglich und der Entschluss in die Zukunft gerichtet ist. Wir entscheiden uns dann, eine vergangene Eigenbewegung in die Zukunft, d.h. kontinuierlich fortzusetzen. Obwohl uns unser Bewegungsentschluss gewahr wird, können wir ihm in dem Gegenwartsmoment keine Aufmerksamkeit widmen, da sie bereits durch den Gegenstand des Entschlusses absorbiert ist. Erst in einer nachträglichen, episodischen Erinnerung kann ihm Aufmerksamkeit gewidmet werden. Die Entdeckung des Kontinuums einer Bewegung, der neuzeitlich linearen Zeit und der reellen Zahlen ist daher ein Ausdruck der neuzeitlichen, episodischen Erinnerungskultur.

Bereits während der Renaissance wurden die natürlichen Zahlen als Ordinalzahlen, also als linear angeordnet behandelt. Aus dem 15. Jahrhundert ist ein Beweis überliefert, der von dem Ordinalzahlcharakter Gebrauch macht, aber erst Ende des 19. Jahrhunderts bildete sich der moderne Ordinalzahlbegriff heraus. Daher haben sich die Menschen in der Renaissance noch an einem vorbegrifflichen Konzept der Ordinalzahlen orientiert. Es ist das Handlungsschema der Merkschritte mit episodischen Erinnerungen.

Warum nun ist die Mathematik für viele Menschen so schwer zugänglich und doch so elementar wichtig für unsere heutige Zeit und Kultur? Mathematische Begriffe haben eine Besonderheit. Wir sind es gewohnt, Begriffe an Gegenständen zu bilden, etwa durch hinweisende Gesten. Wir erkennen dann an ihnen gemeinsame Merkmale, die wir zu einem Begriff zusammenfassen. Diesen Begriff können wir anschließend zu unseren Erfahrungen mit solchen Gegenständen in Beziehung setzen, wir können uns unter ihm einen solchen Gegenstand vorstellen. Ein Zahlbegriff scheint jedoch keine Beziehung zur Erfahrung zu haben, wir können uns unter ihm auch erst einmal nichts vorstellen. Das liegt daran, dass er aus einem vorbegrifflichen Konzept entwickelt wurde. Es besteht aus Regeln, wie die Gedächtnisoperationen Merken und Erinnern hintereinander auszuführen sind. Merkmale eines Zahlbegriffs können daher nur durch die Bewusstseinsakte des Merkens und des Erinnerns erfahren werden, die zudem nicht mit Aufmerksamkeit beobachtet werden können, um Merkmale eines Begriffs zu erkennen. Dagegen können Merkmale durch einen Zahlbegriff gedacht werden. Wie werden sie gedacht? Ein moderner Zahlbegriff wird durch wenige definierende Sätze, die Axiome genannt werden, charakterisiert. Aus ihnen können Merkmale des Zahlbegriffs logisch durch einen mathematischen Beweis hergeleitet werden. Während der Verwendung eines Zahlbegriffs werden die Bewusstseinsakte des Merkens und Erinnerns eines vorbegrifflichen Konzeptes durch Akte des logischen Folgerns ersetzt. Weil zwei Bewusstseinsakte wie Merken oder Erinnern und logisches Denken nicht gleichzeitig vollzogen werden können, stehen die vorbegrifflichen Zahlkonzepte der Verwendung eines Zahlbegriffs im Wege. Sie werden daher in der wissenschaftlichen Praxis und der Lehre nicht thematisiert. Eigenschaften gewisser Gegenstände unter einem Zahlbegriff werden dann durch Merkmale eines Begriffs bestimmt, und nicht die Merkmale an Eigenschaften gewisser Gegenstände erkannt, was die zeitgenössischen Denkgewohnheiten auf den Kopf stellt. Es ist also die fehlende Einsicht in die Bedeutung vorbegrifflicher Konzepte für die mathematische Begriffsbildung, die den Zeitgenossen einen Zugang zur Mathematik erschwert, aber auch das mangelnde Verständnis, warum in den empirischen Wissenschaften Sachverhalte durch mathematische Begriffe erfasst werden können.

Warum die Mathematik in den empirischen Wissenschaften angewendet wird, erkennen wir weniger an ihren Begriffen mit ihren logischen Schlussfolgerungen, sondern an ihren vorbegrifflichen Konzepten. Wir können durch die Tätigkeiten eines vorbegrifflichen, mathematischen Konzepts Erfahrungen über die Wirklichkeit gewinnen, etwa bei einem Experiment über die Reihenfolge oder Anzahl gewisser Ereignisse, und in diesen Erfahrungen mathematische Gegenstände erkennen. Moderne vorbegriffliche Zahlkonzepte sehen episodisches oder rekursives, episodische Erinnern vor. Erfahrungen sind ausschließlich durch episodisches bzw. rekursives episodisches Erinnern möglich, ohne dieses würden Wahrnehmungen sofort im Dunkel des Vergessens versinken und wir könnten keine Erfahrungen gewinnen – auch nicht durch logisches Schließen aus einem mathematischen Begriff.

In Wissenschaft und Technik haben wir es mit Bewegungen, Veränderungen zu tun. So ist die Physik aus der Kinematik, der Lehre der Bewegungen entstanden. Bis heute werden physikalische Größen durch Ortsveränderung gemessen. Sie werden operational definiert, also durch Regeln, wie ihre Werte bestimmt werden. Den physikalischen Größen liegen Konzepte einer Fremdbewegung zugrunde. Andererseits sind moderne vorbegriffliche Konzepte der Mathematik Konzepte einer Eigenbewegung oder eines rekursiven, episodischen Erinnerns, mit dem zeitliche Eigenschaften der Eigenbewegung erfahren werden können. Eine Fremdbewegung kann aber mit einer Eigenbewegung rekonstruiert werden.

Glossar

autonoetisches Bewusstsein
Wenn ich einen Bewusstseinsakt ausführe, dann ist mir bewusst, dass ich ihn ausführe, dass ich z.B. etwas denke, vorstelle, will, fühle oder wahrnehme. Wenn ich mich daran erinnere, dass ich einen Bewusstseinsakt ausführte, dann ist mir bewusst, dass ich, der Erinnernde, derselbe bin wie der, der den erinnerten Bewusstseinsakt ausführte. So kann *ich* mich z.B. daran erinnern, dass *ich* etwas wahrnahm. Diese Eigenschaft ist charakteristisch für das episodische Erinnern. Tulving nannte sie das autonoetische Bewusstsein einer episodischen Erinnerung.

Begriff
Unter einem Begriff verstehen wir eine Zusammenfassung von Merkmalen, über die wir etwas aussagen können. Sie sind Eigenschaften eines Gegenstandes, der unter den Begriff fällt. Wir können auf Grund eines Begriffs urteilen, ob ein Gegenstand unter einen bestimmten Begriff fällt. Hier kann eine Eigenschaft auch eine Beziehung des Gegenstandes zu einem oder mehreren anderen Gegenständen sein.

Ein *Prädikat* eines Begriffs ist eine Aussage über eine Eigenschaft eines unbestimmten Gegenstandes unter dem Begriff, z.B. »Ein Lebewesen ist sterblich« ist ein Prädikat des Begriffs »Lebewesen«. »Sterblich« ist dann ein Merkmal des Begriffs »Lebewesen«. Ein Merkmal eines Begriffs kann durch ein Prädikat ausgedrückt werden. Die Menge der Gegenstände, die unter einen Begriff fallen, ist der *Begriffsumfang* oder die *Extension* des Begriffs. Der *Inhalt* oder *Intension* eines Begriffs sind Prädikate, die einen Begriff hinreichend charakterisieren. D. h. Der Inhalt eines Begriffs besteht nicht notwendigerweise aus allen Prädikaten des Begriffs, aber aus allen, die nötig sind, um den Begriff zu definieren. Der Begriffsumfang würde sich nicht ändern, wenn zu der Intension noch zusätzliche Prädikate hinzugenommen werden.

Bewegungssinn ⇒ *Kinästhetischer Sinn*

Bewusstseinsakt
Bewusstsein ist Bewusstsein von etwas. Es ist auf etwas gerichtet. Dieses geschieht durch eine Aktivität des Bewusstseins wie Denken, Vorstellen, Wollen, Fühlen oder Wahrnehmen. Eine solche Aktivität des Bewusstseins ist ein Bewusstseinsakt.

Eigenbewegung
Eine Eigenbewegung ist eine Bewegung, die ich mit meinem Körper bewusst ausführe. D. h. ich entscheide mich in jedem Moment zu einer Richtung und Geschwindigkeit der Bewegung, die ich zur Kontrolle mit dem kinästhetischen Sinn wahrnehme.

Entwicklungslogik
Eine Entwicklung, die zu einem Entwicklungsschritt einen anderen notwendig voraussetzt, unterliegt einer Entwicklungslogik. Auf Grund der Logik können wir urteilen, dass einem Entwicklungsschritt ggf. gewisse andere vorangegangen sein mussten.

Erinnerung
Wir unterscheiden zwei Arten des bewussten Erinnerns, das episodische und das semantische Erinnern. Eine bewusste Erinnerung können wir verbalisieren. Sie nennen wir auch explizite Erinnerung. Eine implizite Erinnerung können wir nicht verbalisieren. Sie liegt aber routinierten Handlungen und dem Gefühl des Vertrautseins zugrunde.

explizite Erinnerung
Explizite Erinnerungen umfassen episodische und semantische Erinnerungen. Sie sind uns bewusst, d.h. wir können sie explizit in Worte ausdrücken.

episodische Erinnerung
Eine episodische Erinnerung ist eine bewusste Erinnerung an ein persönliches Erlebnis – an eine Episode meines Lebens. Charakteristisch ist das autonoetische Bewusstsein einer episodischen Erinnerung, d.h. mir ist bewusst, dass ich – der Erinnernde – derselbe bin, der das Erinnerte erlebt hat. Durch episodisches Erinnern erfahre ich zeitliche Verhältnisse. Dasjenige, an das ich mich episodisch erinnere, ist vergangen.

semantische Erinnerung
Eine semantische Erinnerung ist ein begriffliches Wissen, das wir uns in das Gedächtnis eingeprägt haben, ohne es notwendigerweise selbst erlebt zu haben. Z.B. können wir wissen, dass Caesar 44 v. Chr. ermordet wurde, ohne uns persönlich an das Ereignis zu erinnern.

implizite Erinnerung
Eine implizite Erinnerung ist uns nicht als Erinnerung bewusst. Sie tritt als ein Vertrautsein oder eine Routine, mit der wir gewisse Tätigkeiten ausführen, in Erscheinung. Merkmale, die uns vertraut sind, haben wir schon mal erlebt und uns mit ihnen vertraut gemacht. Ebenso haben wir Tätigkeiten, die wir routiniert ausführen, gelernt und in das prozedurale Gedächtnis eingeprägt.

prozedurales Gedächtnis
In das prozedurale Gedächtnis prägen wir uns durch wiederholtes Üben Fertigkeiten ein, die wir i. A. nicht verbalisieren können. So können wir routiniert unsere Schnürsenkel binden, aber uns nur schwer einen Begriff von der Tätigkeit bilden. Inhalte des prozeduralen Gedächtnisses haben wir als vorbegriffliche Konzepte charakterisiert.

Vertraut-Sein
Durch Erfahrungen, insbesondere während der Kindheit, sind uns viele Merkmale von Dingen vertraut, ohne dass wir uns bewusst an sie erinnern. Als wir z.B. uns aufgerichtet und laufen

gelernt haben, haben wir uns mit Merkmalen der Schwerkraft vertraut gemacht. Ein Leben lang reagieren wir routiniert auf die vertrauten Merkmale, ohne uns bewusst zu erinnern.

Erscheinung
Eine Erscheinung eines Gegenstandes besteht aus Sinneseindrücken, die wir als Eigenschaften des Gegenstandes erkannt haben. Häufig ergänzen wir dann die Sinneseindrückte durch zusätzliche Vorstellungen über den Gegenstand.

Euklidische Geometrie
Die antike griechische Geometrie ist uns von Euklid in seinen »Elementen« (ca. 300 v. Chr.) überliefert. Die Geometrie, die er dort vorstellt, nennen wir Euklidische Geometrie.

explizite Erinnerung ⇨ Erinnerung

Extension ⇨ *Begriff*

frühkindliche Amnesie
Unter frühkindlicher Amnesie verstehen wir das Unvermögen, uns an Erlebnisse zu erinnern, die wir vor dem ca. dritten Lebensjahr erfahren haben. Dennoch verwenden wir ein Leben lang Wörter, die wir bereits zuvor gelernt hatten. Die frühkindliche Amnesie wird als Beleg für die beiden Arten des deklarativen Gedächtnisses angesehen.

Gegenstand
Über einen Gegenstand können wir etwas aussagen – er ist ein Gegenstand einer Aussage und fällt unter einen Begriff. Eine Aussage über den Gegenstand ist ein Prädikat des Begriffs.
Wir verwenden den Begriff »Gegenstand« auch in einem eingeschränkten Sinn wie z.B. physischer Gegenstand. In welchem Sinn ist i. A. aus dem Zusammenhang zu erkennen. Wenn hier dennoch Missverständnisse zu befürchten sind, dann habe ich die Einschränkung näher charakterisiert, z.B. durch ein Adjektiv. Unter einem Gegenstand verstehen wir hier ja nach Kon-

text einen physischen Gegenstand als einen Gegenstand, an dem wir uns stoßen können, einen Gegenstand der Wahrnehmung wie z.B. einen Regenbogen, einen Gegenstand eines Bewusstseinsaktes wie z.B. einen Gegenstand unseres Wollens, Vorstellens oder Denkens, aber auch unserer Wahrnehmung, oder einen Gegenstand, der unter einen Begriff fällt.

Wir können auch über den Gegenstand eines Bewusstseinsaktes einen Begriff bilden und etwas aussagen. Die Begriffe »Gegenstand, der unter einen Begriff fällt«, »Gegenstand einer Aussage« und »Gegenstand eines Bewusstseinsaktes« haben den gleichen Begriffsumfang.

Der Begriffsumfang oder die Extension eines Begriffs ist die Menge der Gegenstände, die unter den Begriff fallen.

Gegenstand eines Bewusstseinsaktes
Ein Bewusstseinsakt bezieht sich auf einen Gegenstand, wir stellen uns z.B. *etwas* vor, nehmen *etwas* wahr, wollen *etwas*.

physischer Gegenstand
Ein physischer Gegenstand ist ein Gegenstand, an dem wir uns stoßen können.

Gegenstand der Wahrnehmung
Einen Gegenstand nehmen wir wahr, indem wir gewisse Sinneseindrücke als Eigenschaften eines Gegenstandes erkennen. Dafür benötigen wir einen geeigneten Begriff. Da wir die haptische Wahrnehmung eines Stoßes als Eigenschaft eines Gegenstands erkennen können, ist ein physischer Gegenstand auch ein Gegenstand der Wahrnehmung, aber z.B. auch ein Regenbogen. Wenn wir die Eigenschaften eines Ereignisses wie einer Sonnenfinsternis oder einer Theateraufführung wahrnehmen können, dann ist auch er ein Gegenstand der Wahrnehmung. Da Wahrnehmen ein Bewusstseinsakt ist, ist ein Gegenstand einer Wahrnehmung auch ein Gegenstand eines Bewusstseinsaktes.

Gegenstandsbewusstsein
Gegenstands- und Selbstbewusstsein treten zusammen auf. Ich bin mir meiner selbst nur dann bewusst, wenn ich mich von den Gegenständen unterscheiden kann. Gegenstandsbewusstsein ist das Bewusstsein darüber, dass es außer mir Gegenstände gibt, die mir gleichsam gegenüberstehen.

Gegenwart
Das Wort stammt aus dem altdeutschen und bedeutete ursprünglich Anwesenheit. Erst in der Neuzeit gewann das Wort die Bedeutung einer Zeitbestimmung zwischen Vergangenheit und Zukunft. Während der Gegenwart ist Vergangenes nicht mehr, und Zukünftiges noch nicht. Dennoch ist uns das unmittelbar Vergangene noch bewusst (*Retention*), und wie erwarten das unmittelbar anschließende Zukünftige (*Protention*).

punktförmige Gegenwart
Wir erfahren einen punktförmigen Gegenwartsmoment, wenn wir uns zu einer Richtung und Geschwindigkeit einer Eigenbewegung entschließen, den Entschluss unmittelbar umsetzen und die Umsetzung mit unserem Bewegungssinn oder haptischen Sinn wahrnehmen. Ich bin dann mit meinem Bewegungsentschluss und der simultanen Wahrnehmung anwesend, ich spüre meine Selbstwirksamkeit. Die Umsetzung meines Entschlusses zu einer Richtung und Geschwindigkeit einer Eigenbewegung und die gleichzeitige Wahrnehmung der Umsetzung kann ich nicht unterteilen. Bewegungsentschluss und Bewegungswahrnehmung konstituieren einen Zeitpunkt. Weil unser Entschluss in die Zukunft gerichtet und unsere Wahrnehmung vergänglich ist, verbindet dieser Zeitpunkt Vergangenheit und Gegenwart.

Intension ⇒ Begriff

kinästhetischer Sinn oder Bewegungssinn
Er besteht aus Sinneszellen in den Muskeln, Sehnen und Gelenken. Richtung und Geschwindigkeit einer Bewegung eines Körperteils nehmen wir mit ihm wahr.

Kontinuum

Ein Kontinuum ist etwas Zusammenhängendes. Wird es in zwei Teile untergliedert, so gibt es etwas, das die beiden Teile miteinander verbindet wie z. B. der punktförmige Gegenwartmoment die Vergangenheit und die Zukunft miteinander verbindet.

Konzept

(Lat.: conceptus = Zusammenfassung) Ein Konzept ist eine Zusammenfassung, ein Erfassen, ein Begreifen. Das Wort wird auch für einen Plan oder eine mentale Vorwegnahme einer Handlung verwendet. Ein Begriff fasst Merkmale durch seine Prädikate zusammen. Ein vorbegriffliches Konzept hat Regeln, wie durch die Herstellung eines Gegenstandes oder einer Handlung Merkmale zusammengefasst werden. Die Regeln kein bewusster, verbalisierbarer Plan, sondern werden unbewusst, routiniert ausgeführt. Hier wird »Konzept« als Oberbegriff von Begriff und vorbegrifflichem Konzept verwendet.

Leib-Seele-Problem

Wie können physiologische Vorgänge z. B. beim Wahrnehmen zu einem bewussten Erleben führen? Wie kann ein Willensimpuls, ein Entschluss eine Eigenbewegung hervorrufen? Diese Fragen umkreisen das Leib-Seele-Problem.

Lineares Kontinuum

Das lineare Kontinuum ist eine lineare Ordnung mit einer zusätzlichen Eigenschaft. Wird die Grundmenge der linearen Ordnung in zwei Klassen unterteilt, sodass jedes Objekt der einen Klasse kleiner oder früher als jedes Objekt der zweiten Klasse ist, dann gibt es genau ein Objekt der Grundmenge, das beide Klassen »miteinander verbindet«. Es ist in genau einer der beiden Klassen enthalten. Ist es in der ersten Klasse enthalten, dann ist es in ihr maximal und kleiner oder früher als jedes Objekt der zweiten Klasse. Ist es in der zweiten Klasse enthalten, dann ist es dort minimal und größer oder später als jedes Objekt der ersten Klasse. Würde es fehlen, dann klaffte zwischen den beiden Klassen eine Lücke. Der Mathematiker nennt das lineare Kontinuum daher vollständig. Z. B. ist die Menge der rationalen Zahlen nicht vollständig, aber die Menge der reellen Zahlen. Wenn wir nur die Punkte einer Zahlengerade betrachten, denen eine rationale Zahl zugeordnet ist, dann lassen wir unendlich viele Punkte aus. Wenn wir die Zahlengerade genau an diesem Punkt unterteilen, dann verbindet dieser Punkt die beiden Teile. Ihm ist aber keine rationale Zahl zugeordnet, sondern eine andere reelle Zahl – eine irrationale Zahl. Daher sind die reellen Zahlen vollständig, die rationalen Zahlen nicht.

lineare Ordnung

Wenn wir Objekte einer Menge in einer Reihenfolge anordnen können, dann sprechen wir von einer linearen Ordnung. Eine lineare Ordnung ist eine Struktur auf einer Menge, der Grundmenge der linearen Ordnung, mit den Merkmalen:

für je zwei Objekte der Menge gilt, dass sie entweder gleich sind oder angeordnet, d.h. eines von ihnen ist kleiner oder früher als das andere,

ist ein Objekt der Menge kleiner oder früher als ein anderes und dieses kleiner oder früher als ein drittes Objekt der Menge, dann ist das erste Objekt kleiner oder früher als das dritte Objekt.

Z.B. sind die reellen Zahlen linear geordnet, was man sich an einer Zahlengerade anschaulich vorstellen kann. Wir können uns denken, sie so zu durchlaufen, dass die kleineren Zahlen früher erreicht werden als die Größeren. Auch die Momente einer Eigenbewegung sind linear geordnet.

Menge

Eine Menge ist eine Zusammenfassung von Gegenständen, die sich paarweise unterscheiden. Ein beliebiger Gegenstand ist entweder ein Gegenstand der Menge oder nicht.

Merkmal
Eine Eigenschaft, hinsichtlich der sich Gegenstände gleichen, nennen wir ein Merkmal. Z.B. ist ein Merkmal eines Lebewesens, sterblich zu sein. Mit Merkmalen werden Gegenstände unter einen Begriff gefasst, z.B. unter den Begriff »Lebewesen«.

Merkschritt
In einem Merkschritt werden ein Existenzurteil und eine Erinnerung an den unmittelbar vorangegangenen Merkschritt, insofern er vollzogen worden ist, gemerkt.

Merkzeichen
Ein Merkzeichen ist ein Gegenstand, der an etwas erinnern soll, wie der berühmte Knoten im Taschentuch. Kieselsteine, Kerben in einem Stück Holz oder Knochen oder Knoten einer Schnur können Merkzeichen sein. Das gemeinsame Merkmal eins Merkzeichens mit dem zu merkenden Gegenstand ist die Existenz. Daher können wir ein Merkzeichen haptisch wahrnehmen und so seine Existenz spüren.

Moment
Einen unteilbaren Teil einer Bewegung nennen wir einen Moment der Bewegung. Z.B. kehrt ein schwingendes Pendel seine Richtung in einem Moment um. Wird mit einer Bewegung die Zeit gemessen, dann kann mit einem Moment der Bewegung ein Zeitmoment, ein Zeitpunkt bestimmt werden.

noetisches Bewusstsein
Ein noetisches Bewusstsein ist ein wissendes Bewusstsein. Es ist das Bewusstsein einer semantischen Erinnerung.

Protention ⇨ Gegenwart

Prädikat ⇨ Begriff

Peano-Axiome

Die Peano-Axiome charakterisieren die Struktur der Ordinalzahlen, die in diesem Kontext auch natürliche Zahlen genannt werden. Sie lauten:
Eins ist eine natürliche Zahl.
Jede natürliche Zahl hat einen eindeutigen Nachfolger.
Eins ist nicht Nachfolger einer natürlichen Zahl.
Alle anderen natürlichen Zahlen außer die Eins sind Nachfolger einer eindeutigen natürlichen Zahl.
Enthält eine Teilmenge der natürlichen Zahlen die Eins und mit jeder natürlichen Zahl ihren Nachfolger, dann ist die Teilmenge die Menge der natürlichen Zahlen.

Phänomen

Phänomen und Erscheinung werden häufig synonym verwendet. Hier verstehen wir unter einem Phänomen ein Bewusstseinsphänomen. Es ist ein Inhalt des Bewusstseins, das sich nicht auf einen äußeren Gegenstand bezieht. Wenn ich mich z.B. daran erinnere, dass ich einen äußeren Gegenstand wahrnahm, dann bezieht sich die Wahrnehmung auf einen äußeren Gegenstand, die Erinnerung aber darauf, dass ich ihn wahrnahm. Das autonoetische Bewusstsein der Erinnerung ist ein Bewusstseinsphänomen, ebenso die Vergangenheit der erinnerten Wahrnehmung. Vergänglichkeit erfahren wir als Bewusstseinsphänomen.

prozedurales Gedächtnis ⇒ *Erinnerung*

Rekursion

Wenn eine Handlung auf das Ergebnis der gleichen, aber zuvor vollzogenen Handlung angewendet wird, spricht man von Rekursion. Dann rekurriert man auf die vorangegangene Handlung, d.h. man geht auf sie zurück. Z.B. liegt eine Rekursion vor, wenn der Gegenstand einer Erinnerung wiederum eine Erinnerung enthält.

Rekursion in der Mathematik
In der Mathematik spricht man von Rekursion, wenn man eine Rechnung auf das Ergebnis der gleichen Rechnung mit kleineren Ausgangswerten anwendet. Da man in den natürlichen Zahlen keine beliebig kleine Ausgangswerte wählen kann, besteht nicht die Gefahr des unendlichen Regresses. Stattdessen muss die Rechnung für die kleinsten der möglichen Ausgangswerte gesondert bestimmt werden.

Rekursionstiefe
Die Rekursionstiefe ist die Anzahl der Handlungen bzw. Rechnungen, die bei einer Rekursion ausgeführt werden. Z.B. ist die Rekursionstiefe einer rekursiven Erinnerung die Anzahl der Erinnerungen.

rekursive Erinnerung
Enthält der Gegenstand einer Erinnerung wiederum eine Erinnerung, dann nennen wir sie eine rekursive Erinnerung. Ist der Gegenstand einer episodischen Erinnerung wiederum eine episodische Erinnerung, dann nennen wir sie eine rekursive episodische Erinnerung. Ist der Gegenstand einer semantischen Erinnerung wiederum eine semantische Erinnerung, dann nennen wir sie eine rekursive semantische Erinnerung

Retention ⇨ Gegenwart

Transitivität
Transitivität ist ein Merkmal einer linearen Ordnung. Wenn *A* kleiner oder früher als *B* ist, und wenn *B* kleiner oder früher als *C* ist, dann ist auch *A* kleiner oder früher als *C*.

Vertrautsein ⇨ Erinnerung

vorbegriffliches Konzept
Ein vorbegriffliches Konzept besteht aus Regeln, wie eine Handlung auszuführen ist. Meist wird sie routiniert, d.h. unbewusst ausgeführt. Durch die Handlung stellen wir etwas her

oder dar. Dadurch fassen wir die Eigenschaften des Her- oder Dargestellten zusammen, ohne notwendigerweise etwas über die Eigenschaften aussagen zu können. Dagegen fassen wir mit einem Begriff seine Merkmale so zusammen, dass wir über die Eigenschaften eines Gegenstandes unter dem Begriff etwas aussagen können. Ein vorbegriffliches Konzept geht der entsprechenden Begriffsbildung häufig voraus.

Wahrnehmung
Unter einer Wahrnehmung verstehen wir jede Art des Gewahrwerdens, z.B. auch Fühlen oder Empfinden. Wir unterscheiden zwischen äußerer und innerer Wahrnehmung. Eine *äußere Wahrnehmung* besteht aus Sinnesreizen, die wir als Eigenschaften eines Gegenstandes erkannt haben. Dafür ist eine Aktivität des Bewusstseins notwendig – ein Bewusstseinsakt. Zustände unseres Gemütes nehmen wir mit dem *inneren Sinn* wahr. Nach Brentano ist ein charakteristisches Unterscheidungskriterium, dass wir einen Gegenstand, den wir äußerlich wahrnehmen, beobachten können, d.h. ihm unsere Aufmerksamkeit widmen können. Dagegen können wir einen Zustand unseres Gemütes nur wahrnehmen, aber nicht beobachten. Würden wir unsere Aufmerksamkeit dem Zorn widmen, der in uns glüht, dann wäre er erloschen. An eine innere Wahrnehmung können wir uns aber später erinnern und ihr unsere Aufmerksamkeit widmen.

Zahl
Älteste Darstellungen einer Quantität sind Mengen von Merkzeichen wie gekerbte Knochen oder Hölzer, Knotenschnüre, Mengen von Zählmarken, Kieselsteine oder Muschelschalen. Soll eine Quantität in das Gedächtnis eingeprägt werden statt in ein äußeres Medium, dann müssen Merkschritte vollzogen werden. Eine rekursive, semantische Erinnerung an Merkschritte liefert eine Aussage über eine Anzahl, nämlich die Aussage »Es gibt einen Gegenstand, und es gibt noch einen Gegenstand …« Eine Anzahl wird durch eine Menge repräsentiert und heißt *Kardinalzahl.* Durch eine rekursive, episodische Er-

innerung an Merkschritte erfahren wir die Reihenfolge, in der wir sie vollzogen haben. Die Reihenfolge ist durch eine Nachfolgerbeziehung gegeben, die die Peano-Axiome auf der Menge der vollzogenen und noch vollziehbaren Merkschritte erfüllt. Die Struktur der *Ordinalzahlen* wird durch die Peano-Axiome charakterisiert.

Einer natürlichen Zahl wird ein Kardinalzahl- und ein Ordinalzahlaspekt zugeschrieben. Die Menge der natürlichen Zahlen erfüllt einerseits die Peano-Axiome, andererseits ist die Menge $\{1, 2, 3\ldots, n\}$ ein Repräsentant einer Kardinalzahl, die wir ebenfalls mit der natürlichen Zahl n bezeichnen.

Der moderne Mathematiker kennt noch umfassendere Zahlbereiche, wie die ganzen Zahlen, die rationalen Zahlen oder die reellen Zahlen. Es sei hier an die einschlägige Fachliteratur verwiesen.

Zeit
Eine Struktur wechselnder Ereignisse nennen wir Zeit. Es gibt verschiedene Zeitkonzepte:

Handlungszeit: vorgeschichtliche Kulturen waren mit den Merkmalen der Jahreszeiten und den damit zusammenhängenden astronomischen Konstellationen vertraut. Diese strukturierten ihre landwirtschaftlichen und rituellen Verrichtungen. Die Handlungszeit ist ein vorbegriffliches Konzept, das die Abfolge von Tätigkeiten festlegt. Sie ergibt sich häufig aus der Handlungslogik, z.B. muss der Ernte die Aussaat vorangegangen sein.

zyklische Zeit: periodisch wiederkehrende Ereignisse wie Mondphasen, Sonnenstände oder andere astronomische Konstellationen werden als gleich angesehen. Die zyklische Zeit ist durch die ewige Wiederkehr des Gleichen charakterisiert. Z.B. wurde in der frühen griechischen Antike die Zeit mit den astronomischen Konstellationen identifiziert. Platon meint, dass sie sich periodisch wiederholen.

lineare Zeit: Die Struktur der linearen Zeit ist die einer linearen Ordnung. Die lineare Zeit der Neuzeit hat die Struktur des linearen Kontinuums ohne Anfang und ohne Ende – das ist die Struktur der reellen Zahlen. Gemessenen Zeitpunkten, z.B. Beginn und Ende eines Ereignisses, kann dann je eine reelle Zahl zugeordnet, und so in das umfangreiche Beziehungsgeflecht der reellen Zahlen eingebettet werden. Zeitpunkte und Ereignisse können dann in einem umfassenden Zusammenhang verstanden werden.

Eschatologische Zeit: Sie hat ein Anfang, ein Ende und ein Ziel. In der eschatologischen Zeit soll eine göttliche Absicht verwirklicht werden. Z.B. liegt dem mittelalterlichen Zeitkonzept ein göttlicher Heilsplan zugrunde. Nach ihm beginnt die Zeit mit der Schöpfung und endet mit dem Jüngsten Gericht. Sie besitzt eine lineare Ordnung, jedoch nicht die Struktur des linearen Kontinuums ohne Anfang und Ende.

modale Zeit: Ich kann ein Ereignis gegenwärtig erleben, mich an es episodisch erinnern und so als vergangen erleben oder es in der Zukunft erwarten. Eine modale Zeitbeziehung zu einem Ereignis ist eine Beziehung zu meiner Gegenwart.

Lagezeit: Sie ist eine Beziehung zwischen zwei Ereignissen. Eines kann früher oder später als das andere oder beide können gleichzeitig eintreten.

Literaturverzeichnis

Aischylos. (1927). *Der gefessellte Prometheus.* Leipzig.

Aristoteles. (2005). *Metaphysik.* Reinbek.

Aristoteles. (2016). *Physik.* Online-Ressource

Assmann, J. (2007). *Das kulturelle Gedächtnis. Schrift, Erinnerung und politische Identität in frühen Hochkulturen.* München.

Augustinus, A. (2009). *Confessiones, 11. Buch.* Hamburg.

Bedürftig, T. & Murawski, R. (2010). Philosophie der Mathematik. Berlin, New York.

Bellone, E. (1998). Galilei: Leben und Werk eines unruhigen Geistes. *Spektrum der Wissenschaften.*

Bodmer, F. (1975). *Die Sprachen der Welt. Geschichte, Grammatik, Wortschatz in vergleichender Darstellung.* Köln, Berlin.

Brentano, F. (1973). *Psychologie vom empirischen Standpunkt.* Hamburg.

Brooks, A. S., & Smith, C. C. (1987). Ishango revisited: New Age Determinations and Cultural Interpretations. In: *The African Archaeological Review* 5, S. 65-78.

Burckhardt, J. (2009). *Die Kultur der Renaissance in Italien: Ein Versuch.* Frankfurt am Main.

Carnap, R. (1993). Mein Weg in die Philosophie. Stuttgart.

Conard, N. J., & Janas, A. (2018). Fortsetzung der Ausgrabungen am Hohle Fels und die Entdeckung einer markierten Mammutrippe aus dem Gravettien. In: Landesamt für Denkmalpflege im Regierungspräsidium Stuttgart (Hrsg.), *Archäologische Ausgrabungen in Baden-Württemberg 2017*, S. 52-55. Darmstadt.

Damerow, P. (1981). Die Entstehung des arithmetischen Denkens. In: P. Damerow, & W. Lefevre (Hrsg.), *Rechenstein, Experiment, Sprache: historische Fallstudien zur Entstehung des exakten Wissen*, S. 11-113. Stuttgart.

Damerow, P., Englund, R., & Nissen, H. (1994). Die ersten Zahldarstellungen und die Entwicklung des Zahlbegriffs. In: B. Riese (Hrsg.), *Schrift und Sprache*, S. 102-111. Heidelberg.

Dedekind, R. (2017). Was sind und sollen die Zahlen. In: R. Dedekind, & S. Müller-Stach (Hrsg.), *Was sind und sollen die Zahlen? Stetigkeit und irrationale Zahlen.* Berlin.

Descartes, R. (1972). *Von der Methode des richtigen Vernunftgebrauchs und der wissenschaftlichen Forschung.* Hamburg

Diels, H. (1922). *Die Fragmente der Vorsokratiker* (Bd. 1). Berlin: Weidmann.

Dixon, R. (2007). *Australian Languages: Their Nature and Development.* Cambridge.

Dux, G. (1992). *Die Zeit in der Geschichte: ihre Entwicklungslogik vom Mythos zur Weltzeit.* Frankfurt am Main.

Edgerton, S. Y. (2002). *Die Entdeckung der Perspektive.* München.

Einstein, A. (1921). *Geometrie und Erfahrung.* Berlin.

Eliade, M. (2007). *Kosmos und Geschichte. Der Mythos der ewigen Wiederkehr.* Frankfurt am Main, Leipzig.

Elias, N. (1988). Über die Zeit. Frankfurt am Main.

Euklid. (2010). *Die Elemente* (übers. v. C. Thaer). Frankfurt am Main.

Frazer, J. G. (1920). *The Golden Bough, Studies in Magic and Religion (*Bd 1.). London.

Galilei. (1623). *Il Saggiatore.* Florenz: Edition Nazionale.

Galilei, G. (2007). *Dialog über die beiden hauptsächlichen Weltsysteme.* Paderborn.

Ganzenmüller, W. (1974). *Das Naturgefühl im Mittelalter* (= Beiträge zur Kulturgeschichte des Mittelalters und der Renaissance, Bd. 18). Hildesheim.

Gloy, K. (2006). *Zeit: eine Morphologie.* Freiburg, München.

Goetz, H.-W. (2008). *Europäische Mentalitätsgeschichte* (P. Dinzelbacher, Hrsg.). Stuttgart.

Goodstein, R. L. (1965). *Essays on the Foundations of Mathematics.* Leicester.

Gurjewitsch, A. J. (1978). *Das Weltbild des mittelalterlichen Menschen.* Dresden.

Heinzelin, J. d. (1962). Ischango. In: *Scientific American* 206, S. 105-116.

Helmholtz, H. v. (1959). Zählen und Messen erkenntnistheoretisch betrachtet. In: H. v. Helmholtz, *Die Tatsachen der Wahrnehmung.* Darmstadt.

Hemleben, J. (1969). *Galileo Galilei in Selbstzeugnissen und Bilddokumenten.* Reinbek.

Herodot. (2004). *Historien* (hrsg. u. übers. v. J. Feix). Düsseldorf.

Hinz, A. (2003). *Zeit als Bildungsaufgabe in theologischer Perspektive.* Münster.

Husserl, E. (1985). *Texte zur Phänomenologie des inneren Zeitbewusstseins.* Hamburg.
Ifrah, G. (1993). *Universalgeschichte der Zahlen.* Frankfurt am Main.
Jäger, T. M. (2016). Intra- and Inter-Item Associations Doubly Dissociate the Electrophysiological Correlates of Familiarity and Recollection. In: *Neuron* 10, S. 535-545.
James, W. (2007). Die Wahrnehmung der Zeit. In: Zimmerli W.C. & Sandbothe, M., *Klassiker der modernen Zeitphilosophie*, S. 31-67. Darmstadt.
Jaspers, K. (1973). *Allgemeine Psychopathologie.* Berlin, New York.
Köhnken, G. (2015). Wie erkennt man, ob jemand lügt? In: *Gehirn und Geist* 15, S. 38f.
Kant, I. (1786). *Metaphysische Anfangsgründe der Naturwissenschaft.*
Kant, I. (1787). Kritik der reinen Vernunft. Leipzig.
Kant, I. (1979). *Prolegomena zu einer jeden künftigen Metaphysik , die als Wissenschaft wird auftreten können.* Leipzig.
Kepler, J. (2011). *Der Traum, oder: Mond Astronomie.* Berlin.
Leibniz, G. W. (1998). *Monadologie* (hrsg. u. übers. v. H. Hecht). Ditzingen.
Menghin, W. (2000). Der Berliner Goldhut und die goldenen Kalebdarien der alteuropäischen Bronzezeit. In: *Acta Praehistorica et Archaeologica* 32, 31-108.
Newton, I. (1872). *Mathematische Prinzipien der Naturlehre.* Berlin.
Newton, I. (1730). Opticks.
Newton, I., & Halley, E. (1720). *Universal Arithmetick, Or, A Treatise of Arithmetical Composition and Resolution* (übers. v. J. Raphson). London.
Petrarca, F. (2010). *Die Besteigung des Mont Ventoux.* Stuttgart.
Platon (2010). *Der Staat.* Stuttgart: Reclam.
Platon (2007). *Sämtliche Werke.* Reinbek.
Platon (2014). Siebter Brief. In Platon, *Platon, Gesammelte Werke.* e-artnow .
Platon (2009). *Timaios* (übers. v. T. Paulsen, & R. Rehn). Stuttgart.
Sacks, O. (2010). *Der Mann, der seine Frau mit einem Hut verwechselte.* Reinbek.
Sacks, O. (2014). *Eine Anthropologin auf dem Mars.* Reinbek.

Scheurle, H.-J. (1993). *Die Gesamtsinnesorganisation. Überwindung der Subjekt-Objekt-Spaltung in der Sinneslehre.* Stuttgart, New York.

Schneider, G. (2013). Über die Mathematik zur Philosophie. Platonischer Erkenntnisweg und moderne Mathematik. In: *Mathematik im Prozess Philosophische, Historische und Didaktische Perspektiven* (Hrsg. Rathgeb, M. u.a.). Wiesbaden.

Szabo, A. (1962). Der älteste Versuch einer definitorisch axiomatischen Grundlegung der Mathematik. In: *The History of Science Society*, 308-369.

Tulving, E. (2002). Episodic Memory: From Mind to Brain. In: *Annual Review of Psychology* 53, S. 1-25.

Tulving, E. (1972). Episodoc and semantic memory. In: E. Tulving, & W. Donaldson, *Organization of Memory.* Academic Press.

Tulving, E. (1985). How Many Memory Systems Are There. In: *American Psychologist* 40.

van der Waerden, B. L. (1952). Das Grosse Jahr und die Ewige Wiederkehr. In: *hermes* 80.2, S. 129-155.

Waschkies, H.-J. (1989). *Anfänge der Arithmetik im alten Orient und bei den Griechen.* Amsterdam.

Wendorff, R. F. (1980). *Zeit und Kultur. Geschichte des modernen Zeitbewusstseins in Europa.* Wiesbaden.

Weule, K. (1915). *Vom Kerbstock zum Alphabet: Urformen der Schrift.* Stuttgart.

Wolfschmidt, G. (1994). Der Weg zum modernen Weltbild. In: G. Wolfschmidt, *Nicolaus Copernicus, Revolutionär wider Willen*, S. 9-70. Stuttgart.

Wußing, H. (2008). *6000 Jahre Mathematik: Eine kulturgeschichtliche Zeitreise.* Berlin.

Yarbus, A. L. (1967). *Eye Movement and Vision.* New York.